U0251281

高等学校计算机应用规划教材

Java 简明教程

林巧民　主　编

马子超　何　良　毛金锋　副主编

清华大学出版社

北　京

内 容 简 介

本书以 Java 为描述语言，详细介绍计算机语言的结构化编程和面向对象编程。全书共分 12 章，主要内容包括：Java 入门、Java 编程基础、Java 程序基本结构、方法和数组、类和对象、继承、多态与接口、字符串、多线程与 Applet 技术、图形用户界面、Java I/O、Java 游戏开发基础以及游戏开发实例等。如果说结构化编程的特征是方法，那么面向对象编程的体现就是类的设计和使用，全书对这两种不同的设计思想都作了充分介绍。此外，每章最后都配有思考练习，习题有选择题、填空题、简答题、编程题等多种类型，选择题、填空题和简答题有助于读者对所学知识的理解与掌握，编程题则可以提高读者的动手实践能力。

本书结构清晰、内容翔实，既可以作为高等院校相关专业的教材，也可作为从事软件开发工作的专业技术人员的参考书。

本书对应的电子教案、实例源代码和习题答案可以到 http://www.tupwk.com.cn/downpage/index.asp 网站下载。

本书封面贴有清华大学出版社防伪标签，无标签者不得销售。

版权所有，侵权必究。侵权举报电话：010-62782989　13701121933

图书在版编目(CIP)数据

Java 简明教程/林巧民 主编. —北京：清华大学出版社，2013.3（2016.8 重印）

(高等学校计算机应用规划教材)

ISBN 978-7-302-31477-6

Ⅰ．①J… Ⅱ．①林… Ⅲ．①Java 语言—程序设计—高等学校—教材 Ⅳ．①TP312

中国版本图书馆 CIP 数据核字(2013)第 023860 号

责任编辑：胡辰浩　袁建华
装帧设计：牛静敏
责任校对：成凤进
责任印制：何　芊

出版发行：清华大学出版社
　　　　网　　址：http://www.tup.com.cn，http://www.wqbook.com
　　　　地　　址：北京清华大学学研大厦 A 座　　　　邮　　编：100084
　　　　社 总 机：010-62770175　　　　　　　　　　邮　　购：010-62786544
　　　　投稿与读者服务：010-62776969，c-service@tup.tsinghua.edu.cn
　　　　质 量 反 馈：010-62772015，zhiliang@tup.tsinghua.edu.cn
　　　　课 件 下 载：http://www.tup.com.cn，010-62796045

印 装 者：北京国马印刷厂
经　　销：全国新华书店
开　　本：185mm×260mm　　　　印　张：22.5　　　　字　　数：519 千字
版　　次：2013 年 3 月第 1 版　　　　　　　　　　印　　次：2016 年 8 月第 2 次印刷
印　　数：5001～6000
定　　价：36.00 元

产品编号：047959-01

前　言

Java 语言自从面世至今一直受到大学生和广大软件研发人员的青睐。目前，许多高校已改变先讲授 Pascal 语言或 C 语言，再让学生选修 Java 语言的惯例，开始让学生在大学低年级就学习 Java 语言。还有不少高校甚至对非计算机专业的大一新生也开设了 Java 课程。但目前，市面上大多数 Java 教程在讲述面向对象技术时几乎都忽视了对 Java 语言基础的介绍，片面追求技术的新、奇、特，无法满足编程初学者的入门需要。

本书旨在突破市面上大多数 Java 教材的局限，尝试用一种语言来充分阐述两种编程思想，即结构化程序设计和面向对象程序设计，以满足普通初学者的需要。事实上，结构化程序设计是面向对象程序设计的基础，面向对象程序的基本组成还是结构化程序。面向对象程序设计引入了类的概念，使得编程人员可以站在设计类(而不是方法)的高度，对程序进行设计和实现，同时必须重视结构化程序设计基本功的锻炼，因为类的设计恰恰是建立在结构化设计的基础之上的。因此，本书以 Java 语言为工具，从结构化程序设计和面向对象程序设计两种不同编程思想的角度，分别对 Java 编程的相关基础知识予以介绍，希望能对广大编程爱好者尤其是初学者有所裨益。

全书共分 12 章，各章主要内容如下。

第 1 章是 Java 入门，简要介绍 Java 的诞生、Java 语言的特点、Java 开发工具以及具体的开发步骤等。

第 2 章是 Java 编程基础，主要介绍 Java 的基本数据类型、赋值语句、条件表达式、运算以及复合语句等。

第 3 章是 Java 程序基本结构，详细介绍程序的 3 种基本流程结构：顺序结构、分支结构和循环结构。

第 4 章是方法和数组，主要介绍方法的概念和定义、方法的调用、变量的作用域、数组以及数组与方法的关系等。

第 5 章是类和对象，详细介绍类的概念和定义、对象的创建与使用、访问控制符和包等。

第 6 章是继承、多态与接口，详细介绍了继承与多态技术、抽象类和接口等知识。

第 7 章是字符串，主要介绍 Java 提供的 String 和 StringBuffer 类。

第 8 章是多线程与 Applet 技术，详细介绍线程的概念、创建、生命周期及状态、线程同步、优先级和调度等；还介绍了 Applet 的概念和原理、基本开发技术以及多媒体编程等。

第 9 章是图形用户界面，详细介绍 AWT 组件集中的常用组件，包括容器类组件、布局类组件、普通组件以及事件处理机制等。此外，本章还简要介绍了 Swing 组件集。

第 10 章是 Java 输入输出，详细介绍 Java 输入输出流的概念、字节流类、字符流类、File 类以及 RandomAccessFile 类等。

第 11 章是 Java 游戏开发基础，介绍游戏编程的相关基本知识，包括图形环境的坐标体系、图形图像的绘制、各种坐标变换、动画的生成和动画闪烁的消除等。

第 12 章是游戏开发实例，以星球大战这款游戏为例介绍 Java 游戏的开发过程，同时还介绍独立应用程序和小应用程序两种不同形式的游戏开发。

本书在编写过程中力求做到概念清楚、由浅入深、通俗易懂、论述详尽、实例丰富以方便读者自学。全书内容具有较强的实用性。

本书由林巧民、马子超、何良和毛金锋共同编著，林巧民任主编。南京邮电大学秦军教授、吴伟敏副教授等老师在百忙之中，认真细致地审阅了全部书稿，提出了许多有益的修改意见。此外，参加本书编写的人员还有姜玻、肖艳、何丽萍、刘训星、马晓松、苏文明、刘永志、张小奇、龚勇、胡敏、何学成、张海民、王玉、薛琛、刘煜、李泽峰、张洪军、王显波、陈华东等，在此一并表示由衷的感谢。在编写本书的过程中参考了相关文献，在此向这些文献的作者深表感谢。

由于作者水平所限，书中难免会有不足之处，敬请广大同行和读者给予批评和指正。我们的邮箱是 huchenhao@263.net，电话是 010-62796045。

作　者

2012 年 10 月

目 录

第1章　Java入门

本章学习目标:

- 了解 Java 语言的历史和特点
- 理解 Java 与其他编程语言的关系
- 掌握 Java 程序的基本构成
- 了解流行的 Java 程序集成开发环境
- 掌握 Java Application 的一般开发步骤

1.1　概　　述

Java 是由美国 Sun 公司(现已被 Oracle 公司收购)开发的支持面向对象程序设计的计算机语言。它最大的优势就是借助于虚拟机机制实现的跨平台特性,实现所谓的"一次编译,随处运行",使移植工作变得不再复杂。也正因为此,Java 迅速流行起来,成为一种深受广大开发者喜欢的编程语言。目前,随着 Java ME、Java SE 和 Java EE 的发展,Java 已经不仅仅是一门简单的计算机开发语言了,它已经拓展出了一系列的业界先进技术。

Microsoft、IBM、DEC、Adobe、SiliconGraphics、HP、Toshiba、Netscape 和 Apple 等大公司均已购买 Java 的许可证,Microsoft 还在其 IE 浏览器中增加了对 Java 的支持。另外,众多的软件开发商也开发了许多支持 Java 的软件产品,如美国 Borland 公司的 JBuilder,蓝色巨人 IBM 的 Eclipse 和 Visual Age for Java, Sun 公司的 NetBeans 与 Sun Java Studio 5 以及 BEA 公司的 WebLogic Workshop 等。数据库厂商 Sybase 也在开发支持 HTML 和 Java 的 CGI(Common Gateway Interface),Oracle 公司甚至将自己的数据库产品用 Java 来进行开发。Intranet 正在成为企业信息系统的最佳解决方案,它具有便宜、易于使用和管理等优点,用户不管使用何种类型的机器和操作系统,界面都是统一的 Web 浏览器,而数据库、Web 页面(HTML 和用 Java 编的 JSP、Servlet 等)、中间件(Java Bean 或 Enterprise Java Bean 等)则存在 WWW 和应用服务器上。开发人员只需维护一个软件版本,管理人员也省去了为用户安装、升级客户端以及培训人员之繁琐,用户则只需一个操作系统和一个 Internet 浏览器,即采用 B/S(浏览器/服务器)模式,B/S 与 C/S(客户/服务器)模式的显著不同之处在于其是"瘦客户端"的,即程序运行对客户端的要求降至很低的水平,一般将 C/S 模式开发的软件称为两层架构的,而 B/S 模式的软件为三层(或多层)架构的,Java EE 系列技术就是致力于帮助客户构建多层架构的应用。Java ME、Java SE 和 Java EE 的侧重点各有不同,现将其列举如下。

- Java ME(Java Micro Edition)是 Java 的微型版，常用于嵌入式设备及消费类电器(如手机等)上的开发。
- Java SE(Java Standard Edition)是 Java 的标准版，用于针对普通 PC 的标准应用程序开发，现已改名为 Java SE。
- Java EE(Java Enterprise Edition)是 Java 的企业版，用来针对企业级应用服务的开发。

Java ME、Java SE、Java EE 是 Java 针对不同的应用而提供的不同服务，即提供不同类型的类库。初学者一般可从 Java SE 入手学习 Java 语言。Java SE 是一个优秀的开发环境，开发者可以基于这一环境创建功能丰富的交互式应用，并且可以把这些应用配置到其他平台上。Java SE 1.4 版本具有 GUI 控制功能、快速的 Java 图形功能、支持国际化与本地化扩展以及新的配置选项，并对 Windows XP 提供扩展支持。本书后面的内容以 1.4 版本为例(虽然该版本有点老，但用于初学者的学习已经足够)。此外，Java SE 是多种不同风格软件的开发基础，包括客户端 Java 小程序和应用程序，以及独立的服务器应用程序等，同时 Java SE 也是 Java ME 和 Java EE 的基础。事实上，大部分非企业级软件还是在 Java SE 上开发部署的比较多。首先，这是因为很多的应用软件都是在 Java SE 上开发的；其次，Java SE 和 Java EE 是兼容的，企业版是在标准版上的扩充，在 Java SE 的版本上开发的软件，拿到企业版的平台上是一样可以运行的；再次，通常的手机及嵌入式设备的应用开发还是在 Java SE 的环境中完成的，因为毕竟 Java ME 提供的只是微型版的一个环境，而人们完全可以在 Java SE 上将这个环境虚拟出来，然后再将开发出来的应用软件拿到微型版的实际环境中去运行。

1.1.1　Java 的诞生

早在 1990 年 12 月，SUN 公司就由 Patrick Naughton、Mike Sheridan 和 James Gosling 成立了一个叫做 Green Team 的小组。该小组的主要目标是要发展一种分散式系统架构，使其能在消费性电子产品作业平台上执行，如 PDA、手机、资讯家电(IA，全称 Internet/Information Appliance)等。1992 年 9 月 3 日，Green Team 发表了一款名为 Star Seven(*7)的机器，它有点像现在人们熟悉的 PDA(个人数字助理)，不过它有着比 PDA 更强大的功能，如无线通信(Wireless Network)、5 寸彩色的 LCD、PCMCIA 界面等。

Java 语言的前身 Oak 就是在那个时候诞生的，其主要的目的当然是用来撰写在 Star 7 上的应用程序。为什么叫 Oak 呢？原因是 James Gosling 办公室的窗外，正好有一棵橡胶树(Oak)，顺手就取了这么个名字。Java 所提供的一些特性，在 Oak 中就已经具备了，像安全性、网络通信、面向对象、垃圾收集(Garbage Collected)、多线程等。Oak 是一个相当优秀的程序语言。至于为什么 Oak 会改名为 Java 呢？这是因为当时 Oak 要去注册商标时，发现已经有另外一家公司先用了 Oak 这个名字。既然 Oak 这个名字不能用，那要取啥新名字呢？工程师们边喝着咖啡讨论着，看看手上的咖啡，突然灵机一动，就叫 Java 好了。就这样，它就变成了业界所熟知的 Java 了。

在 1995 年 5 月 23 日，JDK(Java Development Kits) 1.0 版本正式对外发表，它标志着 Java 的正式诞生。2011 年 7 月 28 日，Oracle 正式发布 Java 7(JDK 1.7)。它是 Java 的最新

发行版，其中包含许多新功能、增强功能和 bug 修复，从而提高了开发和运行 Java 程序的效率。

1.1.2　Java 的特点

Java 之所以流行，和它的优秀特性是分不开的。

1. 平台独立性

平台独立性意味着 Java 可以在支持 Java 的任何平台上"独立于所有其他软硬件"而运行。例如，不管操作系统是 Windows、Linux、Unix 还是 Macintosh，也不管机器是大型机，小型机还是微机，甚至是 PDA 或者手机、智能家电，Java 程序都能运行，当然在这些平台上都应装有相应版本的 JVM(Java 虚拟机)，即平台必须支持 Java。

现在很多的手机都是支持 Java 的，大多数手机游戏也都是用 Java 开发的，这样任何支持 Java 的手机都能玩这些游戏，这是平台独立所带来的好处，如图 1-1 所示。

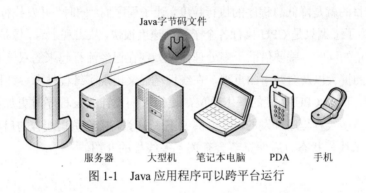

图 1-1　Java 应用程序可以跨平台运行

平台独立保证了软件的可移植性，而软件的可移植性是软件投资在未来的保证。用 Java 开发的软件保证了程序在将来无须再移植。可移植性一直是业界所宣扬的最大卖点和亮点，但以前从未实现过，是 Java 使软件行业真正实现了软件的可移植性。

2. 安全性

现今的 Java 语言主要用于网络应用程序的开发，因此对安全性有很高的要求。如果没有安全保证，那么用户运行从网络上下载的 Java 语言应用程序是十分危险的。Java 语言通过一系列的安全措施，在很大程度上避免了病毒程序的产生和网络程序对本地系统的破坏，具体体现如下。

(1) 去除指针这种数据类型，简化了编程，更是避免了对内存的非法访问。

(2) Java 是一种强类型的程序设计语言，要求显式的声明，保证编译器可以提前发现程序错误，提高程序的可靠性。

(3) 垃圾自动回收机制，让程序员从繁琐的内存管理工作中解脱出来，专注于程序开发。更重要的是，通过这种内存自动回收机制，可以很好地确保内存管理的正确性，避免出现"内存泄露"现象。

(4) Java 语言提供了异常处理机制。

(5) Java 程序在运行时，解释器会对其进行数组和字符串等的越界检查，确保程序的安全。

3. 多线程

在 DOS 时代，人们一次只能运行一个程序，执行完才能运行另一个。后来出现了视窗 Windows 之后，人们可以同时运行几个程序，并可以在各个运行程序之间切换，如一边听音乐一边编辑 Word 文档。这时的操作系统出现了进程的概念，每个运行中的程序都是一个进程。再后来，为了提高程序的并发性，又引入了线程的概念，线程也称为轻量级进程。进程是系统分配资源的基本单位，而线程则是系统 CPU 调度执行的基本单位，一个进程可以只有一个线程，也可以有多个线程。在很多情况下，开发多线程的程序还是很有必要的。例如，在早期单线程进程时代，安装软件开始安装后，就只能一路安装下去了，而现在的软件安装程序一般都提供了"取消"操作，允许安装者在安装过程中的任意时刻取消安装，这也是软件安装程序"多线程"的一个表现。

多线程的目的就是降低总程序的执行粒度，让子程序们"同时"并发执行，这里的"同时"加引号是为了强调只是 CPU 执行各个子程序速度很快，从宏观上看，像是同时在执行。如果要实现真正的同时，就要借助于多处理器，如现在已经流行起来的双核 CPU。另外，随着程序规模的扩大以及对效率的重视，在线程之后又出现了纤程技术。纤程对线程又做了进一步细分，成为 CPU 调度的基本单位，使得人们设计并发程序时更加灵活。

Java 是支持多线程程序开发的，它提供了 Thread 类，由它负责线程的启动运行、终止线程，并可测试线程状态。后面章节会有关于多线程的介绍。

4. 网络化

在网络环境中，对象可以在本地或远程机器上执行。Java 程序可以通过网络打开和访问对象，就像访问本地系统一样简单。Java 语言提供的丰富类库保证了其可以在 HTTP、FTP 和 TCP/IP 协议中良好运行。Java Applet 程序需要客户端浏览器的支持，并且通过标签对<applet>< /applet >将程序嵌入 HTML 文件中。当用户浏览该 Web 页时，Java Applet 程序才被从服务器端下载到客户端解释执行。因此也称 Java Applet 是可移动代码，这种移动性为分布式程序开发提供了一种新的技术途径。关于 Java Applet，后面会有详细介绍。

5. 面向对象

随着软件业的发展，面向对象的程序设计方法已经流行起来，出现了很多面向对象的程序设计语言，如 Java、C++、SmallTalk 等。现在用面向对象的编程语言进行软件开发已很普遍。简单说，面向对象主要是通过引入类，使得原本的面向过程程序设计有了质的飞跃。类中不仅包含数据部分，而且还包含操作方法。这个囊括了数据和算法的类成为面向对象程序设计中最关键的要素。可以说，所有功能的实现都是围绕类而展开的。同样，面向对象技术的特征也是由类体现出来的。面向对象最主要的 3 大特征如下。

(1) 封闭性

类定义的一般形式如下：

```
class Name
{
    细节
};
```

其中的细节被以类的形式封装起来了。该细节就是类的成员方法。它可以是数据，也可以是操作这些数据的方法(在面向过程程序设计中称为函数)。当这些数据和方法的访问权限被设置为私有后，它们就不能被对象从外部进行访问，就像是被隐藏起来了，而对外部只暴露那些访问权限被设置为公有的成员。

(2) 继承性

类是可继承的，就像遗产一样，这可以大大提高程序的复用性，提高程序的开发效率，同时也能降低系统复杂性，提升代码的可读性。

(3) 多态性

多态性也是面向对象技术的三大特征之一。

1.1.3　Java 与其他编程语言间的关系

程序开发语言可分为 4 代：机器语言、汇编语言、高级语言和面向对象程序设计语言。机器语言是机器最终执行时所能识别的二进制序列，任何其他语言编写的程序最后都要转换为相应的机器语言才能运行。在电子计算机刚刚诞生的一小段时间内，人们只能用 0、1 进行编程，后来为了提高编程效率，引入了英文助记符，才出现了汇编语言。汇编语言的出现，大大提升了代码的编写速度，同时也使代码可读性和可维护性大大提高。直到今天，仍然有人在用汇编语言进行编程，当然这主要是为底层使用(如一些硬件驱动之类)，毕竟汇编的执行效率高。但是，汇编对于程序员的自身要求还是很高的，一般需要程序员是专业出身的。这就限制了其他领域的科技工作者们利用计算机进行辅助工作。因此，为了普及计算机使之作为社会各行各业的一种工具，需要开发语法简单，编写容易的编程语言。Bill Gates 的第一桶金据说就是从这个需求中赚来的，他在大学时代设计开发了 Basic 语言，并将其出售给 IBM 公司。除了 Basic，还有很多其他的高级语言，如 Pascal、Fortran、C 等。随着软件业的不断发展，软件规模变得越来越大，迫切需要更高效的编程语言。应此需求，Java、C++、Visual Basic 和 Delphi 等应运而生。除此之外，世界上还有很多其他编程语言，只不过它们不是很流行，并不被人们熟知。每一种流行的开发语言都有其优势；C 语言适合用来开发系统程序，很多的操作系统及驱动程序都是用 C 语言来编写的；Fortran 适合于用来进行数值计算；Pascal 语言结构严谨，适合作为教学语言；Visual Basic 和 Delphi 适合用来开发中小型的应用程序；C++适合开发大型的应用程序；Java 适于开发跨平台的应用程序。

总之，每种语言都有其特色，至于选用什么语言作为开发工具，关键要看具体的开发任务。没有最好的，只有合适的。很多开发任务可能需要同时使用几种开发语言一起来完成。本教程主要面向没有任何编程基础的初学者而编写。下面就开始简单的 Java 之旅吧。

1.2 第一个 Java 程序

用Java编写的程序有两种类型：Java应用程序(Java Application)和Java小应用程序(Java Applet)。虽然二者的编程语法是完全一样的，但后者需要客户端浏览器的支持才能运行，并且在运行前必须先将其嵌入 HTML 文件的<applet>和</applet>标签对中。当用户浏览该 HTML 页面时，首先从服务器端下载 Java Applet 程序，进而被客户端已装的 Java 虚拟机解释和运行。由于 Applet 与 HTML 联系紧密，且编程相对复杂些，因而将其放至后面章节中讲述，这里只对 Java Application 程序进行介绍。下面看一个最简单的 Java 程序。

```
public class Hello {
    public static void main(String args[])
    {
        System.out.println("Hello,welcome to Java programming.");
    }
}
```

Java 源程序是以文本格式存放的，文件扩展名必须为.java。如上面这个程序，本书将其保存为 Hello.java 文件。这里有个非常细小但千万要注意的问题：文件名务必与(主)类名一致，包括字母大小写也要一致；通常定义类时，类名的第一个字母都大写。所以，在正确编辑以上代码后，保存时应确保文件名是正确，否则后面将不能通过编译，更运行不了。所有的 Java 语句都必须以英文的";"结束，编辑程序时千万注意别误输入中文的"；"，因为中文"；"不能被编译器识别。此外，Java 是大小写敏感的，编辑程序时应注意区分关键字及标识符中的大小写字母。

下面通过图 1-2 对该程序的构成做一简要介绍。

图 1-2　第一个 Java 程序

上述程序中，首先用关键字 class 来声明一个新类，类名为 Hello，它是一个公共类(public)，整个类定义由大括号{}括起来。在该类中定义了一个 main()方法。其中，public 表示访问权限，指明所有的类都可以调用(使用)这一方法；static 指明该方法是一个静态类方法，它可以通过类名被直接调用；void 则指明 main()方法不返回任何值。对于一个应用程序来说，main()方法是必需的，而且必须按照如上的格式来定义。Java 解释器在没有生成任何实例的情况下，以 main()方法作为入口来执行程序。Java 程序中可以定义多个类，每个类中也可以定义多个方法，但是最多只能有一个公共类，main()方法也只能有一个。在 main()方法定义中，括号()中的 String args[ ]是传递给 main()方法的参数，参数名为 args，它是类 String 的一个实例，参数可以为 0 个或多个，每个参数用"类名参数名"来指定，多个参数之间用逗号分隔。在 main()方法的实现(大括号中)时，只有一条语句：System.out.println ("Hello,welcome to Java programming."); ，它用来实现字符串的输出，这条语句实现与 C 语言中的 printf 语句和 C++中 cout＜＜语 句具有相同的功能。

　　图 1-2 中，除了类名的定义和唯一的一个程序语句外，其他部分可以将其看作模板，照抄即可，但要注意大小写和大括号的配对。

　　简单 Java 程序的模板如下：

```
public class  类名  {
    public static void main(String args[])
    {
        //程序代码
    }
}
```

提示：

- 类名称后面的大括号标识着类定义的开始和结束，而 main 方法后面的大括号则标识着方法体的开始和结束。Java 程序中的大括号都是成对出现的，因而在写左大括号后，最好也把右大括号写上，这样可以避免漏掉，否则可能会给程序编译调试带来不便。初学者常在这里犯错，花了很多时间查错，最后发现原来是大括号不配对。
- 通常，习惯将类名的首字母用大写，而变量则以小写字母打头，变量名由多个单词组成时，第一个单词后边的每个单词首字母大写。
- 程序中应适当使用空格符和空白行来对程序语句元素进行间隔，增加程序的可读性。一般在定义方法内容的大括号中，将整个方法体的内容部分缩进，使程序结构清晰，一目了然。编译器会忽略这些间隔用的空格符及空白行，也就是说，它们仅仅起到提高程序可读性的目的，而不对程序产生任何影响。
- 在编辑程序时，最好一条语句占一行。另外，虽然 Java 允许一条长的语句分开写在几行中，但前提是不能从标识符或字符串的中间进行分割。另外，文件名与 public 类名在拼写和大小写上必须保持一致。
- 一个 Java Application 程序必须定义有且仅有一个 main 方法，它是程序的执行入口。除了 main 方法外，程序还可以有其他方法，后面章节会有介绍。

1.3　Java 开发工具

编写 Java 源程序的工具软件有很多，只要是能编辑纯文本的都可以，如 notepad(记事本)、wordpad(写字板)、UltraEidt、EditPlus 等。Java 软件开发人员一般用一些 IDE(Integreted

Development Environment，集成开发环境)来编写程序，以提高效率和缩短开发周期。下面介绍一些比较流行的 IDE 及其特点。

1. Borland 的 JBuilder

有人说 Borland 的开发工具都是里程碑式的产品，从 Turbo C、Turbo Pascal 到 Delphi、C++ Builder 等都是经典。JBuilder 是第一个可开发企业级应用的跨平台开发环境，支持最新的 Java 标准，它的可视化工具和向导使得应用程序的快速开发变得可以轻松实现。

2. IBM 的 Eclipse

Eclipse 是一种可扩展、开放源代码的 IDE，由 IBM 出资组建。Eclipse 框架灵活、易扩展，因此深受开发人员的喜爱。目前，它的支持者越来越多，大有成为 Java 第一开发工具之势。

3. Oracle 的 JDeveloper

JDeveloper 的第一个版本采用的是购买的 JBuilder 的代码设计的，不过已经完全没有了 JBuilder 的影子。现在 JDeveloper 不仅是很好的 Java 编程工具，而且还是 Oracle Web 服务的延伸。

4. Symantec 公司的 Visual Cafe for Java

很多人都知道 Symantec 公司的安全产品，但很少有人知道 Symantec 的另一项堪称伟大的产品：Visual Cafe。有人认为 Visual Cafe 如同当年 Delphi 超越 Visual Basic 一样，今天，它也超越了 Borland 的 Delphi。

5. IBM 的 Visual Age for Java

Visual Age 是一款非常优秀的集成开发工具，但用惯了微软开发工具的朋友在开始时可能会感到非常不舒服。这是因为 Visual Age for Java 采取了与微软截然不同的设计方式。为什么会这样呢？那是因为蓝色巨人怎么能跟着微软的指挥棒转呢！

6. Sun 公司的 NetBeans 与 Sun Java Studio 5

以前叫 Forte for Java，现在 Sun 将其统一称为 Sun Java Studio 5。出于商业考虑，Sun 将这两个工具合在一起推出，不过它们的侧重点是不同的。

7. Sun 公司的 Java WorkShop

Java WorkShop 是完全用 Java 语言编写的，是当今市场上销售的第一个完整的 Java 开发环境。目前，Java WorkShop 支持 Solaris 操作环境 SPARC 和 Intel 版、Windows 95、Windows NT 以及 HP/UX。

8. BEA 公司的 WebLogic Workshop

BEA WebLogic Workshop 8.1 是一个统一、简化、可扩展的开发环境。除了提供便捷的 Web 服务外，它还能用于创建更多种类的应用。作为整个 BEA WebLogic Platform 的开发环境。不管是创建门户应用、编写工作流，还是创建 Web 应用，Workshop 8.1 都可以帮助开发人员更快更好地完成。

9. Macromedia 公司的 JRUN

提起 Macromedia 公司，人们可能会马上想到 Flash、Dreamweaver，但很少有人知道它还有一款出色的 Java 开发工具 JRUN。JRun 是第一个完全支持 JSP 1.0 规格书的商业化产品。

10. Sun 公司的 JCreator

JCreator 的设计接近 Windows 界面风格，用户对它的界面比较熟悉，但其最大特点却是与 JDK 的完美结合，这是其他任何一款 IDE 所不能比的。

11. Microsoft Visual J++

严格地说，Visual J++已经不是真正的 Java 了，而是微软版的 Java。作为开发工具，它保留了微软开发工具一贯具有的亲和性。

12. Apache 开放源码组织的 Ant

国内程序员中 Ant 的使用者很少，但它却很受硅谷程序员的欢迎。Ant 在理论上有些类似于 C 中的 make，但没有 make 的缺陷。

13. IntelliJ IDEA

IntelliJ IDEA 的界面非常漂亮，堪称 Java 开发工具中的第一"美女"，但用户在一开始很难将它的功能配置达到"完美"境界。不过正是由于可自由配置功能这一特点，让不少程序员眷恋难舍。

综上所述，可以用来开发 Java 的利器很多。在计算机开发语言的历史中，从来没有哪种语言像 Java 这样受到如此众多厂商的支持，有如此多的开发工具。Java 菜鸟们如初入大观园的刘姥姥，看花了眼，不知该何种选择。的确，这些工具各有所长，没有绝对完美的，就算是老鸟也很难做出选择。但要记住的是，它们仅仅是集成的开发环境，而在这些环境中，有一样东西是共同的，也是最核心和关键的，那就是 JDK(Java Development Kits)，中文意思是 Java 开发工具集，JDK 是整个 Java 的核心，包括了 Java 运行环境(Java Runtime Envirnment)、一堆 Java 工具和 Java 的基础类库(rt.jar)等，所有的开发环境都需要围绕它来进行，缺了它就什么都做不了。对于初学者的建议是：JDK+记事本就足够了，因为掌握 JDK 是学好 Java 的第一步也是最重要的一步。首先用记事本来编辑源程序，然后再利用 JDK 来编译、运行 Java 程序。这种开发方式虽然简陋，但不失为学 Java 语言的好途径。第一个 Java 程序已经编辑好了，并保存为 Hello.java，接下来就开始编译和运行它。

1.4　Java 程序开发步骤

要编译和运行 Java 程序，首先要下载并安装 JDK。

1.4.1 软件安装

从网络上下载安装包 j2sdk-1_4_0_03-windows-i586.exe，网址为 http://www.oracle.com/ technetwork/java/javasebusiness/downloads/java-archive-downloads-javase14-419411.html。 j2sdk-1_4_0_03-windows-i586.exe 是一个自解压文件，双击即可解压缩，并进行安装工作。 安装程序首先收集一些信息，用于安装的选择，然后才开始复制文件、设置 Windows 注册 表等。安装过程中，只需按照提示一步一步操作即可。假定安装目录设置为 C:\jdk1.4(注意: 该路径后面配置环境变量时要用到)，安装完毕后，切换至 C:\jdk1.4 目录，可以发现有如 下一些子目录。

(1) bin 文件夹：bin 文件夹中包含编译器(javac.exe)、解释器(java.exe)、Applet 查看器 (appletviewer.exe)等 Java 命令的可执行文件，如图 1-3 所示。

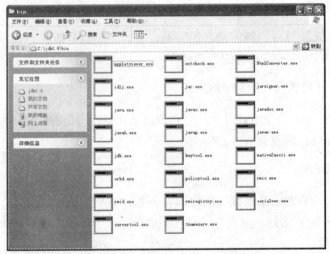

图 1-3   bin 文件夹

(2) demo 文件夹：demo 文件夹包含一些源代码的程序示例。

(3) lib 文件夹：lib 文件夹存放了一系列 Java 类库。

(4) jre 文件夹：jre 文件夹存放 Java 运行时可能需要的一些可执行文件和类库。

(5) include 文件夹：include 文件夹存放一些头文件。

以上目录中，bin 目录是需要特别注意的，因为这个目录中的编译器(javac.exe)、解释 器(java.exe)是后面需要用到的。另外，最好将这个目录的绝对路径(C:\jdk1.4\bin)设置到环 境变量 path 中，这样在进入命令行窗口后就可以直接调用编译和执行命令了。

下节介绍如何设置环境变量。

1.4.2 环境变量配置

配置环境变量主要是为了让程序知道到哪去找到它所需要的文件，设置的内容是一些 路径。在 Windows 操作系统中，环境变量的具体操作如下。

(1) 在桌面上右击"我的电脑"图标，从弹出的快捷菜单中选择"属性"命令，打开 "系统属性"对话框，如图 1-4 所示。

（2）打开"系统属性"对话框中的"高级"选项卡，单击"环境变量"按钮，打开"环境变量"对话框，如图 1-5 所示。

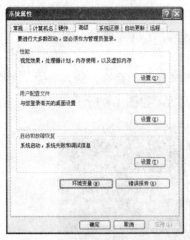　

图 1-4　"系统属性"对话框　　　　　　图 1-5　"环境变量"对话框

（3）在"环境变量"对话框中，"cm 的用户变量"选项组中是用户的环境变量，而"系统变量"选项组中是系统变量。它们的区别是：用户变量只对本用户有效，且设置后无须重新启动计算机；系统变量对任何用户均有效，但设置后需要重启机器才能生效。一般情况下，配置为用户变量即可。这里共需要配置两个用户变量：path 和 classpath。

（4）若原本没有 path 用户变量，就新建一个，并将变量值设置为 C:\jdk1.4\bin，如图 1-6 所示。

若原本就有 path 用户变量，则只需重新编辑它，并在变量值的最后添加";C:\jdk1.4\bin"，然后单击一系列"确定"按钮后即可生效，生效后在命令行窗口中输入 javac 命令，将有如图 1-7 所示的信息。

图 1-6　新建 path 用户变量

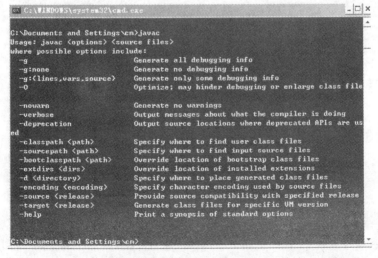

图 1-7　path 设置生效后可直接调用 Java 命令

(5) 若原本没有 classpath 用户变量，则新建一个，设置其变量值为 "C:\jdk1.4\lib"。此外，当运行所编写的 Java 程序时，一般还需要将相应的工作目录(即存放 Java 程序及编译过的字节码文件的目录)也添加到 classpath 的变量值中，以便程序运行时能找到用户所编写的 Java 类。这一点一定要格外注意，因为很多人在初学 Java 时会忘记，导致程序运行失败。

设置完上述环境变量后，可以通过选择 "开始" | "运行" 命令，输入 cmd，在打开的命令行窗口中输入 set 命令，验证刚才的设置是否成功，如图 1-8 所示。

图 1-8　查看环境变量命令 set

1.4.3　编译运行

设置好环境变量后，就可以在命令行模式下进行编译和运行 Java 程序的操作了。下面以上述的第一个程序为例来说明编译过程。假定程序 Hello.java 存放在 "F:\工作目录" 文件夹中，如图 1-9 所示。

图 1-9　存放 Java 程序的目录

打开 Dos 命令行窗口，输入 "javac Hello.java" 命令对源程序进行编译操作，如图 1-10 所示。

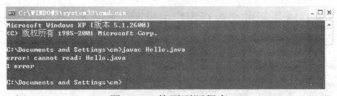

图 1-10　找不到源程序

通过图 1-10 可以看到，由于找不到源程序，编译出错，解决办法是进入工作目录，然后再运行"javac Hello.java"命令，如图 1-11 所示。

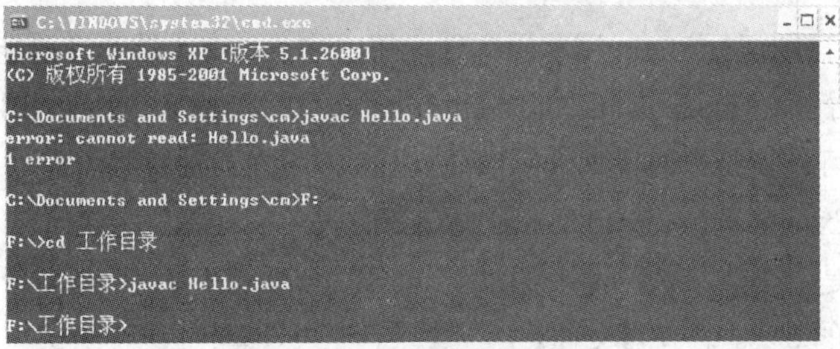

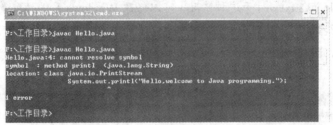

图 1-11　编译 Java 源程序

此时，源程序编译成功，系统自动在工作目录下生成一个字节码文件 Hello.class，这是一个二进制格式的文件，供解释运行时使用。由于程序一般都不太可能一次编写成功，尤其对于初学者来说。因此，当试图编译带错误(如语法错误)的源程序时，系统不会生成二进制的字节码文件，而是在命令行窗口中用"^"符号将可能出错的地方指示出来，并给出适当的信息提示程序员改正。如图 1-12 所示就是编译失败的情形。

图 1-12　编译失败

图 1-12 的出错信息提示方法名 printl 不能被识别，原因是编辑源程序时漏掉了"println"最后面的"n"字符。有些时候程序前面的一个错误会导致程序后面出现一系列的连锁错误，因此，当编译程序出现非常多的错误时，应从第一个错误处开始纠正。

编译成功后就可以执行该程序了，运行 Java 程序的命令为"java Hello"。这里要注意的是，java 命令和字节码文件名(不含扩展名.class)之间要至少有一个空格间隔开。然后按回车键，如图 1-13 所示。

图 1-13　执行 Java 字节码

程序中仅有一条 System.out.println()输出语句，输出内容为"Hello,welcome to Java programming."。图 1-13 所示的命令行窗口中显示了该字符串的原样输出。

    有些初学者会碰到这样的情形，上次编译运行成功的程序，后来再运行却失败了，如图 1-14 所示，而程序一点也没动！这是怎么回事呢？

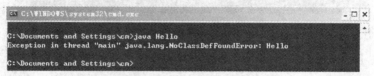

图 1-14   程序执行失败

    图 1-14 中，试图运行 Hello 字节码文件，却失败了。细心的读者可能会发现这次执行命令的路径变成了"C:\Documents and Settings\cm>"，与原来"F:\工作目录>"不一样，原来的路径保证可以找到本路径下的字节码文件，而现在当前路径不一样了，就找不到了，因此系统提示：Exception in thread "main" java.lang.NoClassDefFoundError: Hello。解决上述问题的有效办法是将工作目录的路径添加到 classpath 环境变量中，这样不管当前路径是什么都能找到相应的 class 字节码文件。

    提示：

- 源程序文件名的扩展名必须为.Java，这点初学者需牢记。例如，有些人直接通过 Windows 系统的右键进行文本文件的创建，然后对该文本文件进行重命名，但是 Windows 系统的默认配置是不显示文件的扩展名，因而经常会发生这样的现象。比如本来想命名为 Hello.java，却由于自己对 Windows 系统的不熟悉，而实际文件名为 Hello.java.txt。对于这种情况，可以修改 Windows 系统的配置，在"Windows 资源管理器"窗口中选择"工具"|"文件夹选项"命令，打开"文件夹选项"对话框，打开"查看"选项卡，取消"隐藏已知文件类型的扩展名"复选框，如图 1-15 所示，再对文件名进行修改即可，如图 1-16 所示。

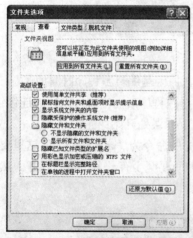

图 1-15   "文件夹选项"对话框

图 1-16   修改扩展名为.java

- 开发 Java 程序时，开发人员必须用到 JDK，而运行或使用 Java 程序时，用户则只需要 JRE(Java Run-time Environment，Java 运行时环境)。一般在安装 JDK 时，JRE

也会跟着一起安装了，因此对于不开发 Java 程序的用户来说，只要到网络上下载专门的 JRE 软件并进行安装，就可以运行 Java 程序。

- 编译型语言 C/C++直接可以编译成操作系统可以识别的可执行文件，不需要经过第二次编译。而 Java 编译，第一次编译成 Java 自己的可执行文件格式(.class 文件)，.class 字节码文件在执行时需要 Java 虚拟机对.class 中的代码一行一行地进行解释。
- Java 虚拟机可以理解为一个以字节码为机器指令的 CPU。对于不同的运行平台，有不同的虚拟机。但 Java 虚拟机机制屏蔽了底层运行平台的差别，实现了"一次编译，随处运行"。

1.5　小　　结

本章对 Java 做了初步的介绍，使读者对 Java 的特点有所了解，并通过一个最简单的 Java Application 程序对 Java 的开发工具和开发步骤进行了具体的说明。由于 Java Applet 程序相对较复杂，因而将其放到后面章节中介绍。

下面对 Java Application 的开发步骤做个归纳，主要步骤如下：

(1) 下载 JDK 软件并安装；
(2) 配置相应的环境变量(path 和 classpath)；
(3) 编写 Java 源程序(文本编辑器或集成开发环境 IDE)；
(4) 编译 Java 源程序，得到字节码文件(javac *.java)；
(5) 执行字节码文件(java 字节码文件名)。

1.6　思 考 练 习

1. Java 语言有哪些主要特点？
2. 目前，美国 Sun 公司提供的适于不同开发规模的 JDK 有哪些？
3. Java Application 的开发步骤有哪些？
4. 什么是环境变量？设置环境变量的主要目的是什么？
5. 不参考书本，试着编写一个简单的 Java Application 程序，实现在屏幕上输出"Welcome to Nanjing City!"字符串，并对该程序进行编译和运行。
6. 编写一个 Java Application 程序，实现分行显示字符串"Welcome to Nanjing City"中的 4 个单词。

第2章 Java编程基础

本章学习目标:
- 掌握 Java 语言的基本语法
- 理解数据类型及变量的含义
- 学会定义和正确使用各种变量
- 理解复合语句的概念

2.1 引　言

每一个 Java 程序都是按照一定规则编写的,这些规则称为语法。只有语法正确了,程序才能通过编译系统的编译并被执行。本章重点介绍 Java 程序的基本概念和语法。

2.1.1 符号

1. 基本符号元素

字母: A~Z, a~z, 美元符号$和下划线(＿)。
数字: 0~9。
算术运算符: +, -, *, /, %。
关系运算符: >, >=, <=, !=, ==。
逻辑运算符: !, &&和||。
位运算符: ~, &, |, ^, <<, >>, >>>。
赋值运算符: =。
其他符号: (), [], {}等。

2. 标识符

本书中的标识符特指用户自定义的标识符。在 Java 中,标识符必须以字母、美元符号或者下划线打头,后接字母、数字、下划线或美元符号串。另外,Java 语言对标识符的有效字符个数不做限定。

合法的标识符如 a、b、c、x、y、z、result、sum、value、a2、x3、_a、$b 等。

非法的标识符如 2a、3x、byte、class、&a、x-value、new、true、@www 等。

为了提高程序的可读性,以下特别列举几个较为流行的标识符命名约定。

(1) 一般标识符定义应尽可能达意,如 value、result、number、getColor、getNum、setColor、setNum 等。

(2) final 变量的标识符一般全部用大写字母，如 final double PI=3.1415。

(3) 类名一般用大写字母开头，如 Test、Demo。

3. 关键字

关键字是 Java 语言内置的标识符，有特定的作用。所有 Java 关键字都不能被用作用户的标识符，关键字用英文小写字母表示。

Java 关键字如下所示：

abstract	else	interface	super
boolean	extends	long	switch
break	false	native	synchronized
byte	final	new	this
case	finally	null	throw
catch	float	package	throws
char	for	private	transient
class	if	protected	true
countinue	implements	public	try
default	import	return	void
do	instanceof	short	while
double	int	static	

初学者不必刻意记忆这些关键字，在学习 Java 的过程中会逐步熟悉它们的。

2.1.2　分隔符

Java 中的分隔符可分两大类：空白符和可见分隔符。

1. 空白符

空白符在程序中主要起间隔作用，编译系统利用它来区分程序的不同元素。空白符包括空格、制表符、回车和换行符等，程序各基本元素之间通常用一个或多个空白符进行间隔。

2. 可见分隔符

可见分隔符也是用来间隔程序基本元素的，这一点同空白符类似，但是不同的可见分隔符有不同的用法。Java 语言中，主要有 6 种可见分隔符。

(1) "//"：单行注释符，该符号以后的本行内容均为注释，辅助程序员阅读程序，注释内容将被编译系统忽略。

(2) "/*" 和 "*/"："/*" 和 "*/" 是配对使用的多行注释符，以 "/*" 开始，至 "*/" 结束的部分均为注释内容。

(3) ";"：分号用来标识一个程序语句的结束，在编写完一条语句之后，一定要记得添加语句结束标志——分号，这点是多数初学者容易遗忘的。

(4) ","：逗号一般用来间隔同一类型的多个变量的声明，或者间隔方法中的多个参数。

（5）“:”：冒号可以用来说明语句标号，或者用于 switch 语句中的 case 分句。

（6）“{”和“}”：花括号也是成对出现的，“{”标识开始，“}”标识结束，可以用来定义类体、方法体、复合语句或者进行数组的初始化等。

2.1.3　常量

在 Java 程序中使用的直接量称为常量。它是用户在程序中“写死”的量，这个量在程序执行过程中都不会改变。下面介绍各种基本数据类型的常量。

1. 布尔值

布尔类型的取值范围只有 true 或 false 两个值，因而其常量值只能是 true 或 false，而且 true 或 false 只能赋值给布尔类型的变量。不过，Java 语言还规定布尔表达式的值为 0 可以代表 false，而 1(或其他非 0 值)则表示 true。

2. 整数值

整数常量在程序中是经常出现的，一般习惯上以十进制表示，如 10、100 等，但同时也可以以其他进制，如八进制或十六进制进行表示。用八进制表示时，需要在数字前加 0 示意，而十六进制则需加 0x(或 0X)标识，如 010(十进制值 8)、070(十进制值 56)、0x10(十进制值 16)、0Xf0(十进制值 240)。程序中出现的整数值一般默认分配 4 个字节的空间进行存储，即其数据类型为 int。但当整数值超出 int 的取值范围(详见表 2-2)时，系统则自动用 8 个字节空间来存储，即其类型为 long 型。若要将数值不大的整数常量也用 long 类型来存储，可以在数值后添加 L (或小写 l)后缀，如 22L。

3. 浮点数

浮点数即实数，它包含小数点，可以用两种方式进行表示：标准式和科学记数式。标准式是由整数部分、小数点和小数部分构成，如 1.5、2.2、80.5 等都是标准式的浮点数。科学记数法是由一个标准式跟上一个以 10 为底的幂构成，两者之间用 E(或 e)间隔开，如 1.2e+6、5e-8 和 3E10 等都是以科学记数法表示的浮点数。在程序中，一般浮点数的默认数据类型为 double，即用 8 个字节空间来存放，当然也可以用 F(或 f)后缀来限定其类型为 float，如 55.5F、22.2f 等。

4. 字符常量

字符常量是指用一对单引号括起来的字符，如'A'、'a'、'1'、和'*'等。所有的可见 ASCII 码字符都可以用单引号括起来作为字符常量。此外，Java 语言还规定了一些转义字符，这些转义字符以反斜杠开头，将其后的字符转变为另外的含义，如表 2-1 所示。需要注意的是，反斜杠后的数字表示 Unicode 字符集的字符，而不是 ASCII 码字符集。

表 2-1　Java 转义字符

转 义 字 符	描　　述
\xxx	1 到 3 位八进制数所表示的字符(xxx)
\uxxxx	1 到 4 位十六进制数所表示的字符(xxxx)

(续表)

转 义 字 符	描　　述
\'	单引号字符
\"	双引号字符
\r	回车
\\	反斜杠
\n	换行
\b	退格
\f	换页
\t	跳格

5. 字符串常量

字符串常量早在本书第 1 章中就接触过了：

```
System.out.println("Hello,welcome to Java programming.");
```

上述语句中，用双引号括起来的"Hello,welcome to Java programming."就是一字符串常量，再比如：

```
"Nice to meet you! "
"Y\t-"　（￥）
"1\n2\n3 " (1、2、3 各占据一行)
```

这些都是字符串常量。尤其需要注意的是，单个的字符加上双引号，也是字符串常量，如：

```
"N" (字符串常量)
'N' (字符常量)
```

字符串常量一般是用来给字符串变量赋初值，关于字符串，后面有章节会专门介绍，这里只要知道字符串就是指多个连续的字符(包括控制字符)。

2.1.4　变量

在程序执行过程中其值可以改变的数据，称为变量。每个变量都必须有唯一的名称来标识它，即变量名。变量名由程序设计者命名，但要注意必须是合法的标识符。为了提高程序的可读性，建议应根据变量的实际意义进行命名。一般地，一个变量只能属于某一种数据类型，并应在定义该变量时就给出声明，数据类型确定了该变量的取值范围，同时也确定了对该变量所能执行的操作或运算。Java 语言提供了 8 种基本的数据类型：byte、short、int、long、char、boolean、float 和 double。下面是定义变量的一些例子：

```
byte age; (存放某人的年龄)
short number; (存放某大学的人数)
```

char gender; *(存放某人的性别)*
double balance; *(存放某账户的余额)*
boolean flag; *(存放布尔值)*

从上面的语句可以看出，变量的定义方式很简单：在数据类型后加上变量名，并在结尾添加分号";"，但要注意数据类型和变量名之间至少要间隔一个空格。如果要同时定义同一类型的多个变量，可以在变量名之间用逗号分隔，例如：

byte my_age,his_age,her_age;

提示：

变量一经定义，系统将会为其分配一定长度的存储空间，在程序中用到该变量时，就需要在对应的内存中进行读数据或写数据操作，通常称这种操作为对变量的访问。

2.1.5　final 变量

final 变量的定义与普通变量类似，但其所起的作用却是类似于前面讲的常量。定义 final 变量的方式有两种：定义的同时初始化和先定义后初始化。

(1) 定义的同时初始化

final double PI = 3.14;

(2) 先定义后初始化

final double PI ;
…
PI = 3.14;
…

在程序设计时，一般将程序中多次要用到的常量值定义为 final 变量，这样在程序中就可以通过 final 变量名来引用该常量值，以减少程序的出错概率，将来如果常量值发生变化只需修改一处即可。final 变量与普通变量的本质区别是：后者在初始化后仍能对其进行赋值，而前者在初始化后就不能再被修改。

2.1.6　变量类型转换

一般情况下，不同数据类型的变量之间最好不要互相赋值，但在特定的情况下，存在变量类型转换的需要，如将一个 int 类型的值赋给一个 long 类型的变量，或将一个 double 类型的值赋给一个 float 类型的变量。前者的转换不会破坏变量的原有值，这种转换一般系统会自动进行，而后者的转换很可能会破坏变量的原有值，这种转换需要程序员在程序中明确指出，即进行强制类型转换。

对于变宽转换，如 byte 到 short 或 int、short 到 int、float 到 double 等，系统都能自动进行转换。而对于变窄转换，如 long 到 short、double 到 float，不兼容转换；如 float 到 short、char 到 short 等，则需要进行强制转换。如下例所示：

```
long a = 10;    (常量 10 的默认类型为 int，系统会自动将其转换为 long 类型并存至 a 中)
float f = 11.5;
short b ;
b = (short)f; (强制转换)
```

上述语句中 b 为短整型，f 为单精度浮点型，(short)告诉编译器要把单精度浮点型 f 变量的值转换为短整型的，并把它赋值给变量 b。需要指出的是，强制类型转换仅在一些特定情况下使用，前提是它必须符合程序的需要。

2.2　基本数据类型

Java 提供了 8 种基本数据类型，它们在内存中所占据的存储空间如表 2-2 所示。这 8 种基本数据类型可以分为以下 4 组。

(1) 布尔型：boolean。

(2) 整型：byte、short、int 和 long。

(3) 浮点型(实型)：float 和 double。

(4) 字符型：char。

表 2-2　Java 的基本数据类型

数据类型名称	数据类型标识	占据存储空间	取 值 范 围
布尔型	boolean	1bit	true(非 0)，或 false(0)
整型	byte	8bits(1Byte)	-128 ～ +127
	short	16bits(2Bytes)	-32768 ～ +32767
	int	32bits(4Bytes)	-21 亿 ～ +21 亿
	long	64bits(8Bytes)	$-9.2×10^{18}$ ～ $+9.2×10^{18}$
浮点型	float	32bits(4Bytes)	7 位精度
	double	64bits(8Bytes)	15 位精度
字符型	char	16bits(2Bytes)	Unicode 字符

下面对这 8 种基本数据类型分别进行介绍。

2.2.1　布尔型

布尔类型用关键字 boolean 来标识，其取值只有两种：true(逻辑真)和 false(逻辑假)。它是最简单的数据类型。布尔类型的数据可以参加逻辑运算，并构成逻辑表达式，其结果也是布尔值，常用来作为分支、循环结构中的条件表达式。关于分支、循环结构，本书后面将会详细介绍。

例如：

```
boolean flag1 = true;
boolean flag2 = 3>5;
```

```
      boolean flag3 = 1;
```

上面定义了 3 个布尔类型的变量 flag1、flag2 和 flag3。其中，flag1 直接初始化为 true 值，而 flag2 的初值为 false(因为关系运算 3>5 的结果为假)，flag3 的值为 true(因为 Java 语言规定可以用 0 代表假，非 0 代表真)。

2.2.2　整型

用关键字 byte、short、int 和 long 声明的数据类型都是整数类型，简称整型。整型的值可以是正整数、负整数或者零。例如，222、-211、0、2000、-2000 等都是合法的整型值，而 222.2、2a2 等是非法的，222.2 有小数点，不是整型(后面会知道它是浮点型)，2a2 含有非数字字符，也不可能是整型值。在 Java 语言(包括大多数编程语言)中，整型常量值一般默认以十进制形式表示。另外，有一个值得初学者注意的问题是：由于数据类型的存储空间大小是有限的，因而其所能表达的数值大小也是有限的，即每一种数据类型都对应有一个取值范围(值域)，一般存储空间大的，其值域也大，如整型的 4 种数据类型中，byte 的取值范围最小，而 long 类型的最大。

1. byte

byte 类型是整型中最小的，它只占据 1 个字节的存储空间，由于采用补码方式，其取值范围为-128~127，适合用来存储如下几类的数据：人的年龄、定期存款的存储年限、图书馆借书册数、楼层数等，这类数据一般取值都在该范围之内。若用 byte 变量来存放较大的数，就会产生溢出错误，如：

```
      byte rs = 10000;　//定义 rs 变量存放清华大学的学生人数
```

就会产生溢出错误，即 byte 的变量无法存放(表达)10000 这么大的数，解决的办法是用更大的空间来存放，也就是说将 rs 变量定义为较大的数据类型，如 short 类型。

2. short

short 类型可以存放的数值范围为：-32768 ~ +32767，因而如下语句是正确的。

```
      short rs = 10000;　//正确
```

一个 short 类型的整型变量占据的存储空间为 2 个字节，占据的空间大了，其表示能力(取值范围)自然就大。同样的，假如变量 rs 要用来存当前全国高校的在读大学生数量，则 short 类型又不够了，而需要用更大的，如 int 类型。

3. int

int 类型占据 4 个字节，可以存储大概在-21 亿~21 亿范围之间的任意整数。该类型在程序设计中是较常用的数据类型之一，且程序中整型常量的默认数据类型就是 int，因为一般情况，int 就够用了，但是现实生活中，还是有不少情况需要用到更大的数，如世界人口、某银行的存款额、世界巨富的个人资产、某股票的市值等，所以 Java 还提供了更大的整型 long 类型。

4. long

long 类型占据 8 个字节，能表示的数值范围为 $-9.2 \times 10^{18} \sim +9.2 \times 10^{18}$。一般如不是应用需要，应尽量少用，可以减少存储空间的支出。当然，long 也不是无限的，在一些特殊领域，如航空航天，它也会不够用。这时可以通过定义多个整型变量来组合表示这样的数据，即对数据进行分段表示。不过，在真正的实践中，这些领域的计算任务一般会由支持更大数据类型的计算机系统来完成，如大型机、巨型机。

需要注意的是，整型变量的类型并不直接影响其存储方式，类型只决定变量的数学特性和合法的取值范围。如果对变量赋了超出其取值范围的值，Java 编译系统会给出错误信息提示，尽管如此，在进行程序设计时，还是应主动加以避免，请看【例 2-1】。

【例 2-1】数据溢出演示。

```
public class Test
{
    public static void main(String[] args)
    {
        byte a = 20;
        short b = 20000;
        short c = 200000;
        System.out.println("清华大学的院系数量："+a);
        System.out.println("清华大学的在校生人数："+b);
        System.out.println("海淀区高校在校生总人数："+c);
    }
}
```

编译程序，出错信息如下：

```
Test.java:7: possible loss of precision
found    : int
required: short
        short c = 200000;
                  ^
1 error
```

解决的办法是将变量 c 的数据类型改为 int 类型，此时程序编译成功，其运行结果如下：

```
清华大学的院系数量：20
清华大学的在校生人数：20000
海淀区高校在校生总人数：200000
```

前面说过，程序中的常量值一般默认以十进制方式表示，但同时也可以用八进制或十六进制进行表示，如【例 2-2】所示。

【例 2-2】演示常量的不同进制表示。

```
public class Test
{
```

```
    public static void main(String[] args)
    {
            byte a = 10;        //十进制
            short b = 010;      //八进制
            int c = 0x10; //十六进制
            System.out.println("a 的值："+a);
            System.out.println("b 的值："+b);
            System.out.println("c 的值："+c);
    }
}
```

程序运行结果如下：

```
a 的值：10
b 的值：8
c 的值：16
```

2.2.3　浮点型

浮点型有两种，分别用关键字 float 和 double 来标识。其中，double 的精度较高，表示范围也更广。

1. float

float 被称为单精度浮点型，flost 类型的用法如【例 2-3】所示。

【例 2-3】演示单精度浮点型的使用。

```
public class Test
{
    public static void main(String[] args)
    {
            float pi = 3.1415f;
            float r = 6.5f;
            float v = 2*pi*r;
            System.out.println("该圆周长为:"+v);
    }
}
```

2. double

double 为双精度浮点型，程序中出现的浮点数在默认情况下即为 double 类型，如【例 2-4】所示。

【例 2-4】演示双精度浮点型的使用。

```
public class Test
{
    public static void main(String[] args)
    {
```

```
        double pi = 3.14159265358;
        double r =6.5;
        double v = 2*pi*r;
        System.out.println("该圆周长为:"+v);
    }
}
```

2.2.4　字符型

Java 语言用 Unicode 字符集来定义字符型这量，因此一个字符需要两个字节的存储空间，这点与 C/C++不同。前面介绍过字符常量，下面请看字符型变量的定义。

```
char ch;    //定义字符型变量 ch
ch = '1';    //给 ch 赋初值为'1'
```

字符型变量在程序中可用作代号，例如 ch 为'1'可代表成功，为'0'则代表失败；为'F'表示女性，为'M'表示男性等。

2.3　程　序　语　句

到目前为止，前面出现过的程序语句有：输出语句 System.out.println()以及变量声明语句。每一条程序语句的末尾都必须加上分号结束标志。本节介绍一些其他常用程序语句。

2.3.1　赋值语句

赋值语句的一般形式如下：

```
variable = expression;
```

这里的"="不是数学中的等号，而是赋值运算符，其功能是将右边表达式的赋值(即传递或存入)给左边的变量，例如：

```
int i, j;
char c;
i = 100;
c ='a';
j = i +100;
i = j * 10;
```

第一个赋值语句将整数 100 存入 i 变量的存储空间，第二个赋值语句将字符常量'a'存入字符变量 c，第三个赋值语句则首先计算表达式 i+100 的值，i 变量此时存放的值为 100，因此该表达式的值为 100+100，即 200，然后再将表达式值 200 存放至变量 j 的空间中，第四个赋值语句同样先计算右边表达式的值，计算后值为 2000，然后再将其存放至 i 变量的空间中。

注意：

此时 i 变量的值变为 2000 了，原本的值 100 也就不复存在了，或者说是旧值被新值覆盖了。

特别地，对于形如"i=i+1;"这样的赋值语句，可以将其简写为"i++;"或者"++i;"，并称之为自增语句，同样还有自减语句"i--;"或者"--i;"，它们等价于"i=i-1;"语句。"++"和"--"叫做自增和自减运算符，它们写在变量的前面与后面有时是有区别的，请看【例 2-5】。

【例 2-5】自增赋值语句。

```java
public class Test
{
    public static void main(String[] args)
    {
        int i, j , k = 1;
        i = k++;
        j = ++k;
        System.out.println("i="+i);
        System.out.println("j="+j);
    }
}
```

程序运行结果如下：

i = 1
j = 3

当自增符号"++"写在变量后面时，先访问后自增，即"i = k++;"语句等价于"i=k;"和"k++;"两条语句。而自增符号"++"写在变量前面时，则先自增后访问，即"j = ++k;"语句相当于"++k;"和"j=k;"两条语句，因此得到上述程序的运行结果。这点对于自减语句也是一样的。

下面再介绍一下复合赋值语句，常用的复合赋值运算有：

```
+=    //加后赋值
-=    //减后赋值
*=    //乘后赋值
/=    //除后赋值
%=    //取模后赋值
```

【例 2-6】演示了复合赋值语句的使用。

【例 2-6】复合赋值语句。

```java
public class Test
{
    public static void main(String[] args)
    {
```

```
int i=0, j=30 , k = 10;
i += k;          //相当于 i = i+k;
j -= k;          //相当于j=j-k;
i *= k;          //相当于i=i*k;
j /= k;          //相当于j=j/k;
k %=i+j;         //相当于k=k%(i+j);
System.out.println("i="+i);
System.out.println("j="+j);
System.out.println("k="+k);
}
}
```

程序运行结果如下：

```
i=100
j=2
k=10
```

上述程序中"k %=i+j;"语句等价于"k=k%(i+j);"语句，初学者常犯的错误是，将其等价于没有小括号的"k=k%i+j;"语句，而二者结果是截然不同的。复合赋值语句仅是程序的一种简写方式，建议初学者等到熟练掌握编程后再采用。

2.3.2　条件表达式

条件表达式的一般形式如下：

```
Exp1？Exp2:Exp3
```

首先计算表达式 Exp1，当表达式 Exp1 的值为 true 时，计算表达式 Exp2 并将结果作为整个表达式的值，当表达式 Exp1 的值为 false 时，计算表达式 Exp3 并将结果作为整个表达式的值，请看【例 2-7】。

【例 2-7】条件表达式示例。

```
public class Test
{
    public static void main(String[] args)
    {
        int i, j=30 , k = 10;
        i = j==k*3?1:0;
        System.out.println("i="+i);
    }
}
```

程序运行结果如下：

```
i=1
```

表达式 Exp1：j==k*3，其值为 true，因此，整个条件表达式的取值为 Exp2 之值，即 1。

2.3.3　运算

1. 算术运算

Java 的算术运算有加(+)、减(-)、乘(*)、除(/)和取模(%)运算。前 3 种运算比较简单，后两种则需要注意：当除运算符两边的操作数均为整数时，其结果也为整数，否则为浮点数。例如：

```
3/2     //结果为 1
3/2.0   //结果为 1.5
```

尤其当参与运算的操作数为变量时，更需要注意其数据类型对于结果的影响。此外，"%"为取模运算，即求余数运算。例如：

```
5%2     //结果为 1
11%3    //结果为 2
```

取模运算要求参与运算的操作数必须均为整数类型。

2. 关系运算

关系运算的结果为布尔值，即 true 或 false，Java 语言中共有 6 种关系运算：>(大于)、>=(大于等于)、<(小于)、<=(小于等于)、= =(等于)和! =(不等于)，如【例 2-8】所示。

【例 2-8】关系运算示例。

```
public class Test
{
    public static void main(String[] args)
    {
        int i=0, j=30 , k = 10;
        boolean b1,b2,b3;
        b1 = i>k;
        b2 = i<=j;
        b3 = j/3!=k;
        System.out.println("b1="+b1+",b2="+b2+",b3="+b3);
    }
}
```

程序运行结果如下：

```
b1=false,b2=true,b3=false
```

3. 逻辑运算

Java 语言中有 3 种逻辑运算：&&(与)、||(或)、!(非)，参与逻辑运算的操作数为布尔值，最终结果也为布尔值，其真值表如表 2-3 所示。

表 2-3　逻辑运算真值表

x	y	x&&y	x||y	!x
true	false	false	true	false
true	true	true	true	false
false	true	false	true	true
false	false	false	false	true

对于逻辑与运算，只要左边表达式的值为 false，则整个逻辑表达式的值即为 false，此时不必再对右边表达式进行计算，同样，对于逻辑或运算，只要左边表达式的值为 true，则整个逻辑表达式的值即为 true，不必再计算右边的表达式。

4. 位运算

位运算指的是对二进制位进行计算，其操作数必须为整数类型或者字符类型。Java 提供的位运算如表 2-4 所示。

表 2-4　位运算

运　算　符	用　　法	功　　能
&	ope1 &ope2	按位与
|	ope1 |ope2	按位或
~	~ ope1	按位取反
^	ope1 ^ope2	按位异或
<<	ope1<<ope2	左移
>>	ope1>>ope2	带符号右移
>>>	ope1>>>ope2	不带符号右移

按位与、按位或以及按位取反运算都相对简单；按位异或运算的规则为：0^0=0，0^1=1，1^0=1，1^1=0；左移运算是将一个二进制数的各位全部左移若干位，高位溢出丢弃，低位补上 0；带符号右移运算中，低位溢出丢弃，高位补上操作数的符号位，即正数补 0，负数补 1；不带符号右移运算，低位丢弃，高位一概补 0。另外，需要特别说明的是：当今绝大多数计算机的操作数都是以补码形式表示的，因此在进行位运算时要注意这一点。

5. 运算优先级

赋值和条件表达式都属于运算，各运算按照优先级递增排序依次为：赋值运算，条件运算，逻辑运算，按位运算，关系运算，移位运算以及算术运算。

2.3.4　复合语句

语句是程序的基本元素，每一条单独的语句都可称之为简单语句，而复合语句则是指由一条或多条简单语句构成的语句块，在 Java 语言中，复合语句是用大括号括起来的，可以从整体上将其看成是一条语句，复合语句主要用于流程控制结构中，如选择，循环等，它体现的是程序的一种结构性，复合语句所包含的简单语句要么都执行，要么都不执行，或者都被重复执行若干次。复合语句的概念在一般编程语言中都存在，因为编程语言都是相通的，掌握了其中一种，再学习其他编程语言就不难了。

下面举两个例子。

【例 2-9】分析下面的程序有哪些错误。

```
public class Test
{
    public static void main(String[] args)
    {
        short i, j;
        i = 50000;
        j  = 2.5;
        System.out.println("i="+i+", j="+j);
    }
}
```

编译程序，出错信息如下：

```
Test.java:6: possible loss of precision
found    : int
required: short
        i = 50000;
            ^
Test.java:7: possible loss of precision
found    : double
required: short
        j  = 2.5;
            ^
2 errors
```

出现上述错误的原因是变量赋值时溢出或类型不匹配，解决办法可以是：将变量 i 定义为 int 或 long 数据类型，将变量 j 定义为 double 类型。特别地，变量 j 也可以定义为 float 类型，但要在 2.5 后加"f"标识，或用"(float)"进行强制类型转换，如下所示：

```
float j;
j = 2.5f;
```

或者：

```
j = (float)2.5;
```

【例 2-10】是一个复合赋值语用的例子。

【例 2-10】假设整型变量 x 的当前值为 2，则复合赋值语句 x/=x+1 执行后 x 的值为多少？

复合赋值语句 x/=x+1 等价于：x=x/(x+1)，即 x=2/3，因此该复合赋值语句执行后，x 的值应为 0。

【例 2-11】是关于条件表达式的应用。

【例 2-11】分析以下程序段的功能。

```
int x,y,z,result;
…  //x,y,z 分别被赋值
result = (x>y)?x:y;
result =(result>z)?result:z;
```

该题主要考察对于条件表达式的掌握情况，通过分析知道上述程序段的功能为获取 x、y、z 三者中的最大值。

2.4　小　　结

本章主要讲述 Java 程序的基本组成元素及其语法，这是编程的基础，内容不难，但要掌握好却不易，尤其需要理解变量以及不同的数据类型的含义。对于初学者而言，学习一门编程语言好比学习一门外语，首先要掌握它的语法，因此很多学好外语的规律同样适用于学习编程语言，如记忆、模仿、循序渐进等。

2.5　思　考　练　习

1. Java 语言对于合法标识符的规定是什么？指出以下哪些为合法的标识符。

　　a　　a2　　3a　　*a　　_a　　$a　　int　　a%

2. 变量的含义是什么？变量名与变量值有什么关系？

3. Java 语言提供了哪些基本的数据类型，为什么要提供这些不同的数据类型？

4. 赋值语句的含义是什么？

5. 强制数据类型转换的原则是什么？如何转换？

6. 每一条程序语句都应以分号来结束，这个分号能否用中文输入模式下输入的分号，为什么？

第3章 Java程序基本结构

本章学习目标：

- 理解复合语句的概念
- 掌握 if 语句、if-else 语句以及 switch 语句等分支结构
- 掌握 while 语句、do-while 语句以及 for 语句等循环结构
- 掌握 break 和 continue 等跳转语句
- 掌握分支及循环结构的相互嵌套编程
- 学会分析较复杂程序的执行流程

3.1 复 合 语 句

语句(statement)是程序的基本组成单元。在 Java 语言中，有简单语句和复合语句之分。一条简单语句总是以分号结束。它代表一个要执行的操作，可以是赋值、判断或者跳转等语句，甚至可以是只有分号的空语句(;)。空语句表示不需要执行任何操作。而复合语句则是指用大括号括起来的语句块(block)。它一般由多条语句构成，但只允许有一条简单语句。复合语句的基本格式如下：

```
{
    简单语句 1;
    简单语句 2;
    …
    简单语句 n;
}
```

以下例子均为复合语句。

```
{
    a = 1;
    b = 2;
}
```

或：

```
{
    S = 0;
}
```

　　复合语句在后面的流程控制结构中会经常用到。例如，需要多个语句作为一个"整体语句"出现时就必须用大括号将其括起来作为一个复合语句。一般地，Java 程序的语句流程可以分为以下 3 种基本结构：顺序结构、分支(选择)结构以及循环结构。对于分支结构和循环结构，当条件语句或者循环体语句多于一条时，必须采用复合语句的形式，即用大括号将其括起来，否则系统将默认条件语句或循环体语句仅有一条，即最近的那一条。反过来，当条件语句或者循环体语句只有一条时，则可以使用也可以不使用大括号{ }，这点请初学者注意。

　　提示：

　　复合语句一般包含多条语句，但当条件语句块或循环体仅有一条语句时，建议初学者也以复合语句的形式将该单条语句用大括号括起来。复合语句可体现程序的层次结构，因而在编程时，应尽量按标准格式来编排，以清楚描述程序的层次结构关系，提高程序可读性。

　　下面分别对 3 种基本流程结构做介绍。

3.2　顺　序　结　构

　　由赋值语句以及输入输出语句构成的程序，只能按其书写顺序自上而下，从左到右依次执行，因此将此类程序结构称为顺序结构，这是最简单的程序结构，也是计算机执行的最常见流程。下面举几个顺序结构的程序例子。

　　【例 3-1】 交换两个变量的值。

```
public class Test
{
public static void main(String[] args)
    {
        int a=5,b=8,c;
        System.out.println("a,b 的初始值");
        System.out.println("a="+a);
        System.out.println("b="+b);
        c = a;
        a = b;
        b = c;
        System.out.println("a,b 的新值");
        System.out.println("a="+a);
        System.out.println("b="+b);
    }
}
```

　　编译运行以上程序，输出结果如下：

a,b 的初始值
a=5
b=8
a,b 的新值
a=8
b=5

通过运行结果，可以看出 a、b 两个整型变量的值发生了对调，而在这其中起关键作用的就是如下 3 条语句：

```
c = a;
a = b;
b = c;
```

这里 c 变量起到了辅助空间的作用。先将 a 变量的值保存到 c 这个临时辅助空间中，然后给 a 变量赋值为 b 变量的值，最后再通过 c 变量对 b 赋值为原 a 变量的值。在程序设计中，常引入 c 这类角色变量来达到互换变量值的目的。

事实上，不用辅助存储空间也可以实现对调变量值的效果。如下面的代码：

```
a = a + b;
b = a − b;
a = a − b;
```

这 3 条语句与前面的 3 条语句的作用是一样的，都实现了变量值对调，且这 3 条语句"似乎"还更好，因为它节省了存储空间，但是，这些语句的可读性很差，而软件规模越来越大，程序员间的协作越来越多，让别人读懂自己所写程序是极其重要的，所以，不提倡编写这样的代码。

【例 3-2】是一个求三角形面积的例子。

【例 3-2】已知三角形的三条边长，求它的面积。提示：面积 $= \sqrt{s(s-a)(s-b)(s-c)}$

其中，$s = \dfrac{a+b+c}{2}$。

```java
public class Test
{
    public static void main(String[] args)
    {
        double   a=3,b=4,c=5,s; //三角形的三条边
        double area;            //三角形的面积
        s = (a+b+c)/2;
        area = Math.sqrt(s*(s-a)*(s-b)*(s-c));
        System.out.println("该三角形的面积为："+area);
    }
}
```

程序运行结果如下：

　　　　　该三角形的面积为：6.0

从这个例子可以看出，利用 Java 编写程序可以让计算机帮助人们解决包括数学问题在内的很多事情，不过针对【例 3-2】而言，有些人可能会有这样的需求：若三角形的三条边长能随意改动，而不是写死在程序中就好了。其实，只要利用 Java 提供的标准输入输出功能就可以解决这个问题，如【例 3-3】所示。

【例 3-3】通过交互式输入三角形的边长，并计算其面积。

```
//导入 java.io 包中的类，其实就是标明标准输入类的位置，以便能找到
import java.io.*;
public class Test
{
    //输入输出异常必须被捕获或者进行抛出声明
    public static void main(String[] args) throws IOException
    {
        double    a,b,c,s;
        double area;
        //以下代码为通过控制台交互输入三角形的三条边长
        InputStreamReader reader=new InputStreamReader(System.in);
        BufferedReader input=new BufferedReader(reader);
            System.out.println("请输入三角形的边长 a:");
        //readLine( )方法读取用户从键盘输入的一行字符并赋值给字符串对象 temp
        String temp=input.readLine();
        a = Double.parseDouble(temp);    //字符串转换为双精度浮点型
        System.out.println("请输入三角形的边长 b:");
        temp=input.readLine();      //以字符串形式读入 b 边长
        b = Double.parseDouble(temp);
        System.out.println("请输入三角形的边长 c:");
        temp=input.readLine();      //以字符串形式读入 c 边长
        c = Double.parseDouble(temp);
        //以上代码为通过控制台交互输入三角形的三条边长
        s = (a+b+c)/2;
        area = Math.sqrt(s*(s-a)*(s-b)*(s-c));
        System.out.println("该三角形的面积为："+area);
    }
}
```

上述程序的执行结果如下：

　　　　　请输入三角形的边长 a:
　　　　　3(回车)
　　　　　请输入三角形的边长 b:
　　　　　4(回车)

请输入三角形的边长 c:

5(回车)

该三角形的面积为：6.0

关于这个程序，有以下几点需要说明。

(1) import 语句的作用是告诉程序到哪些位置去寻找类，因此，当程序中用到一些系统提供的或者用户自定义的类时，就需要添加相应的 import 语句。否则就可能出现像下面这样的错误提示(以【例 3-3】缺少 import 语句为例)。

```
F:\工作目录>javac Test.java
Test.java:8: cannot resolve symbol
symbol    : class InputStreamReader
location: class Test
    InputStreamReader reader=new InputStreamReader(System.in);
     ^
Test.java:8: cannot resolve symbol
symbol    : class InputStreamReader
location: class Test
    InputStreamReader reader=new InputStreamReader(System.in);
                 ^
Test.java:9: cannot resolve symbol
symbol    : class BufferedReader
location: class Test
    BufferedReader input=new BufferedReader(reader);
      ^
Test.java:9: cannot resolve symbol
symbol    : class BufferedReader
location: class Test
      BufferedReader input=new BufferedReader(reader);
                 ^
4 errors
```

出现了 4 个错误，每个地方都用"^"进行标识。可见，import 语句是很重要的，缺少了它，编译时就会报告类找不到的错误。

(2) 对于有些方法，调用时需要对其进行抛出相应异常的声明或者对其捕获异常，如【例 3-3】中 BufferedReader 类的 readLine()方法。如果不这么做的话，编译时就会出现以下错误(还是以【例 3-3】为例)。

```
F:\工作目录>javac Test.java
Test.java:15: unreported exception java.io.IOException; must be caught or declared to be thrown
        String temp=input.readLine();    //readLine( )方法读取用户从键盘输入的一行字符并
赋值给字符串对象 temp              ^

Test.java:18: unreported exception java.io.IOException; must be caught or declared to be thrown
```

```
    temp=input.readLine();      //以字符串形式读入 b 边长
                    ^
Test.java:21: unreported exception java.io.IOException; must be caught or declared to be thrown
    temp=input.readLine();      //以字符串形式读入 c 边长
                    ^
3 errors
```

(3) 对于语句 InputStreamReader reader=new InputStreamReader(System.in);和 Buffered Reader input=new BufferedReader(reader); 而言，System.in 代表系统默认的标准输入(即键盘)，首先把它转换成 InputStreamReader 类的对象 reader，然后转换成 BufferedReader 类的对象 input，使原来的比特输入变成缓冲字符输入，然后用来接收字符串。现在，只要大概知道并能记住写法就行。

(4) 语句 String temp=input.readLine();的作用是从控制台获取一行字符串，当然这个字符串可能对于编程者来说，也可以是其他数据类型，如整型或者浮点型等。是其他数据类型的时候，就需要进行类型转换。语句 a = Double.parseDouble(temp); 用来实现从字符串类型转换为双精度浮点型，然后再赋值给边长变量 a，parseDouble()方法是 Double 类中定义的，因此前面要加"Double."。程序后面给 b、c 的赋值与 a 是一样的。

初学者可能会觉得 Java 的交互输入输出挺麻烦的。本节只要求读者学会模仿即可，后面章节会有详细介绍。以上举了 3 个顺序结构的例子，这些程序都是按照先后顺序，一句接一句往下执行的。3.3 节介绍其他的结构是怎么执行的。

3.3　分　支　结　构

分支结构表示程序中存在分支语句，这些语句根据条件的不同，将被有选择地加以执行，既可能执行，也可能不执行，这完全取决于条件表达式的取值情况。比如银行系统，存取款程序就是分支结构设计的，当取款人输入的密码正确时，则程序进入正常的取款流程，如果密码不正确，那么系统可能会提醒重新输入密码或者实施锁卡或吞卡操作。又如，某学校的图书管理系统是这么设计的：教职工最多只能借 12 本书，借期为 6 个月，研究生最多借 10 本，借期为 4 个月，而本科生最多只能借 8 本，借期为 3 个月，那么当请求借书时，系统需要根据借书人的不同身份进行相应的处理操作。这些都是分支结构的情形，并且根据分支的多少，可以将其划分为：单分支结构、双分支结构以及多分支结构。Java 语言的单分支语句是 if 语句，双分支语句是 if-else 语句，多分支语句是 switch 语句，实现时，也可以用 switch 语句构成双分支结构，或者用 if-else 语句嵌套构成多分支结构。下面分别对不同的分支结构进行介绍。

3.3.1　单分支条件语句

单分支条件语句的一般格式如下：

```
if(布尔表达式)
{
    语句;
}
```

用流程图形式来表示，如图 3-1 所示。

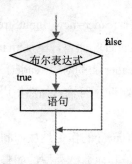

图 3-1   单分支条件语句的流程图

当其中的语句仅为一条时，大括号可以默认，但若为多条语句，则必须有大括号，否则，程序的含义就变了，这点在 3.1 节已经做过说明。下面请看一小段程序：

```
int i=0,j=0;
if (i!=j)
{   i++;
    j++;
}
```

以上程序段执行后 i，j 的值显然仍为 0，但是假如将 if 条件语句的大括号省掉，如下：

```
int i=0,j=0;
if (i!=j)
    i++;
    j++;
```

则执行后 i 的值仍为 0，而 j 的值则变为 1，即 "j++;" 语句被执行了。这是因为没有了大括号，if 的条件语句只由 "i++;" 单条语句构成，即使条件表达式取值为 false，"j++;" 语句也会被执行。另外，这种情况下的程序编排最好采用如下格式的缩进，以体现程序的层次结构，提高可读性：

```
int i=0,j=0;
if (i!=j)
    i++;
j++;
```

【例 3-4】是一个单分支条件语句的例子。

【例 3-4】乘坐飞机时，每位顾客可以免费托运 20kg 以内的行李，超过部分按每 kg 收费 1.2 元，试编写计算收费的程序。

为给初学者打下一个良好的程序设计风格，下面对程序按以下步骤进行设计。

(1) 数据变量：

w——行李重量(以 kg 为单位)

fee——收费(单位：元)

根据数据的特点，变量的数据类型必须为浮点型，不妨定为 float 类型。

(2) 算法：

$$fee = \begin{cases} 0 & w <= 20 \\ \\ 1.2 * (w\text{-}20) & w > 20 \end{cases}$$

(3) 由 System.out.println();语句提示用户输入数据(行李重量)，然后通过前述的交互式输入方法给 w 变量赋值。

(4) 由单分支结构，构成程序段即对用户输入的数据进行判断，并按收费标准计算收费金额，部分程序段如下：

```
     ⋮
fee = 0;
if (w>20)
    fee = 1.2 * (w-20);
     ⋮
```

起初给 fee 变量赋值为 0，当重量超出 20kg 时，执行条件语句"fee = 1.2 * (w-20);"，从而更改收费金额，若重量 w<=20kg，则条件语句"fee = 1.2 * (w-20);"不会被执行，从而保持 fee 变量值为 0，即免费托运。

完整的程序如下：

```
import java.io.*;
public class Test
{
        public static void main(String[] args) throws IOException
        {
            float   w,fee;
             //以下代码为通过控制台交互输入行李重量
            InputStreamReader reader=new InputStreamReader(System.in);
            BufferedReader input=new BufferedReader(reader);
            System.out.println("请输入旅客的行李重量:");
            String temp=input.readLine();
            w = Float.parseFloat(temp);   //字符串转换为单精度浮点型
            fee = 0;
            if ( w > 20)
                    fee = (float)1.2 * (w-20);
            System.out.println("该旅客需交纳的托运费用："+fee+"元");
        }
}
```

程序运行结果如下：

```
F:\工作目录>javac Test.java
 (第一次执行)
F:\工作目录>java Test
请输入旅客的行李重量：
22.5(回车)
该旅客需交纳的托运费用：3.0 元
(第二次执行)
F:\工作目录>java Test
请输入旅客的行李重量：
18(回车)
该旅客需交纳的托运费用：0.0 元
(第三次执行)
F:\工作目录>java Test
请输入旅客的行李重量：
50.8(回车)
该旅客需交纳的托运费用：36.96 元
```

用户根据程序提示，输入对应旅客的行李重量，计算机在 Java 程序的控制下完成收费金额的计算并进行信息输出。上述程序代码中"fee = (float)1.2 * (w-20);"语句有一点需要注意：w 虽然是 float 类型，但由于常量 1.2 的默认数据类型是 double 的，因此表达式 1.2 * (w-20)最后的数据类型为 double，因此在将其赋值给 float 类型的变量 fee 时，需要进行强制类型转换，即在计算表达式前添加(float)予以标示。如果读者不进行强制类型转换，则在编译时将会出现如下出错信息：

```
F:\工作目录>javac Test.java
Test.java:15: possible loss of precision
found    : double
required: float
              fee = 1.2 * (w-20);
                    ^
1 error
```

由此可见，系统提示用户从 double 到 float 可能会有精度损失，所以报错，但由于本例的应用对于数据精度的要求并不高，用 float 就足够了，因此可以进行强制类型转换以消除该"错误"。

此外，从上述程序的三次执行过程可以发现一个问题：每次执行程序，只能对一个旅客的行李进行收费计算，若要计算多位旅客的行李收费则需反复启动程序，此问题留待循环结构引出时再予以改进，详见【例 3-19】。

下面再来看两个单分支结构的例子，如【例 3-5】和【例 3-6】所示。

【例 3-5】根据年龄，判断某人是否为成年。

```
public class Test
{
    public static void main(String[] args)
```

```
        {
                byte age=20;
                if (age>=18)
                        System.out.println("成年");
                if (age<18)
                        System.out.println("未成年");
        }
    }
```

【例 3-6】已知鸡和兔的总数量，以及鸡脚、兔脚的总数，求鸡和兔的数量。

```
public class Test
{
        public static void main(String[] args)
        {
                double chick,rabbit;
                short heads=10,feet=32;
                chick = (heads*4-feet)/2.0;
                rabbit = heads - chick;
                if (chick==(short)chick && chick>=0 && rabbit>=0)
                    {
                        System.out.println("鸡有"+chick+"只");
                        System.out.println("兔有"+rabbit+"只");
                    }
        }
}
```

程序运行结果如下：

```
F:\工作目录>javac Test.java
F:\工作目录>java Test
鸡有 4.0 只
兔有 6.0 只
```

为了简化程序，本例直接将数据写于程序中，总数量 heads 为 10，总脚数 feet 为 32，计算结果显示，鸡有 4.0 只，而兔有 6.0 只，读者也可以将其改写为能交互输入数据的。现在假设某人录入数据时，不小心将 32 写成了 33，那么程序会有什么反应呢？

```
F:\工作目录>javac Test.java
F:\工作目录>java Test
F:\工作目录>
```

可见，程序既不给结果也不提示错误，而此时程序应该是要给错误提示的，如 "请确认数据输入是否正确"。那么，该如何改写程序呢？这涉及双分支的程序结构，在 3.3.2 节中会予以解答。

3.3.2　双分支条件语句

由于单分支本身结构决定了【例 3-5】中不得不引用两个 if 语句来解决问题,且采用单分支结构使得程序需作两次布尔表达式的计算和判断,而【例 3-6】中当数据输入有误,求不出结果时却不给用户提示信息。本节将介绍双分支结构,它仅作一次布尔表达式的计算和判断即可决定执行两个语句中的一个,可见,双分支结构的引入可以给程序设计带来很大的便利。Java 语言的双分支结构由 if-else 语句实现,一般格式如下:

```
if(布尔表达式)
    {
        语句 1;
    }
else
    {
        语句 2;
    }
```

其流程图如图 3-2 所示。

双分支语句在单分支结构的基础上,增加了 else 结构,当布尔表达式为真时,执行语句 1 部分,否则执行语句 2 部分,不管布尔表达式取值如何,两部分语句必然有一部分被执行,语句 1 和语句 2 都可以是多条语句,也可以是单条语句。是多条语句时,别忘了用{}将其括起来作为一条复合语句;而是单条语句时,建议初学者最好也写上{},等用熟练了,再将其省略掉。请看以下程序段:

```
int i=0,j=0;
if (i==j)
{    i++;
     j++;
}
else
{   i--;
    j--;
}
```

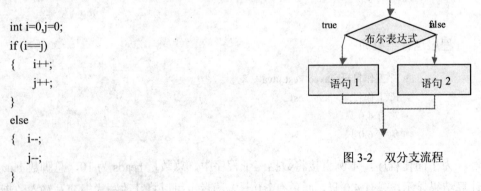

图 3-2　双分支流程

该程序段执行后,i,j 的值均为 1,若将 else 分支的大括号省略掉,即:

```
int i=0,j=0;
if (i==j)
{    i++;
     j++;
}
else
  i--;
j--;
```

则程序段的执行结果就变为 i 的值为 1，而 j 值仍为 0，由此可见大括号的重要性。顺便指出，if 后面的大括号绝对不能省略掉，否则程序如下：

```
int i=0,j=0;
if (i==j)
    i++;
    j++;
else
{   i--;
    j--;
}
```

将会出现编译错误：else 找不到配对的 if。

下面来看一下如何对【例 3-6】进行改进，如【例 3-7】所示。

【例 3-7】鸡兔问题的改进。

```
public class Test
{
    public static void main(String[] args)
    {
        double chick,rabbit;
        short heads=10,feet=33;
        chick = (heads*4-feet)/2.0;
        rabbit = heads - chick;
        if (chick==(short)chick&&chick>=0&&rabbit>=0)
        {
            System.out.println("鸡有"+chick+"只");
            System.out.println("兔有"+rabbit+"只");
        }
        else
        {
            System.out.println("数据输入可能有误!");
        }
    }
}
```

程序运行结果如下：

```
F:\工作目录>javac Test.java
F:\工作目录>java Test
数据输入可能有误!
F:\工作目录>
```

下面用 if-else 结构对【例 3-5】的程序也进行改写，如【例 3-8】所示。

【例 3-8】根据年龄，判断某人是否为成年，用双分支结构实现。

```
public class Test
{
```

```
        public static void main(String[] args)
        {
                byte age=20;
                if (age>=18)
                        System.out.println("成年");
                else
                        System.out.println("未成年");
        }
    }
```

本例中，语句 1 和语句 2 均为单语句，所以可以省略{}。

下面再看两个双分支条件语句的例子，如【例 3-9】和【例 3-10】所示。

【例 3-9】判断 2020 的奇偶性，并输出结果。

```
    public class Test
    {
        public static void main(String[] args)
        {
                short    n = 2020;
                if (n%2==0)
                        System.out.println("2020 是偶数。");
                else
                        System.out.println("2020 是奇数。");
        }
    }
```

程序运行结果如下：

```
    F:\工作目录>javac Test.java
    F:\工作目录>java Test
    2020 是偶数。
```

【例 3-10】判断并输出 2020 年是否为闰年。

闰年的判断是能被 4 整除但又不能被 100 整除，或者能被 400 整除的公元年，因此闰年的判断可以用一个布尔表达式来实现。

```
    public class Test
    {
        public static void main(String[] args)
        {
                boolean leapYear;
                short year = 2020;
                leapYear = (year%4==0&&year%100!=0) || (year%400==0);
                if (leapYear)
                        System.out.println("2020 是闰年。");
```

```
        else
            System.out.println("2020 不是闰年。");
    }
}
```

程序运行结果如下：

```
F:\工作目录>java Test
2020 是闰年。
```

可以改写程序，将程序中写死的数字改由用户输入。

3.3.3　分支结构嵌套

Java 语言允许对 if-else 条件语句进行嵌套使用。分支结构的语句部分，可以是任何语句(包括分支语句本身)，分支结构的语句部分仍为分支结构的情况，称为分支结构嵌套。构造分支结构嵌套的主要目的是解决条件判断较多，较复杂的问题。常见的嵌套结构如下所示。

```
if(布尔表达式 1)
    if(布尔表达式 2)
            语句 1；
```

或：

```
if(布尔表达式 1)
    语句 1；
    else if(布尔表达式 2)
        语句 2；
    else
        语句 3；
```

或：

```
if(布尔表达式 1)
    if(布尔表达式 2)
            语句 1；
        else
            语句 2；
else
        语句 3；
```

当然，根据具体问题的不同，嵌套结构还可以设计成其他情形。【例 3-7】中的分支结构语句如下：

```
if (chick==(short)chick&&chick>=0&&rabbit>=0)
{
```

```
System.out.println("鸡有"+chick+"只");
System.out.println("兔有"+rabbit+"只");
}
```

可以改写成如下嵌套结构：

```
if (chick==(short)chick)
    if (chick>=0&&rabbit>=0)
    {
        System.out.println("鸡有"+chick+"只");
        System.out.println("兔有"+rabbit+"只");
    }
```

请分析以下分支嵌套程序段执行后的输出结果。

```
int i=1,j=2;
if (i!=j)                      --------①
{
    if (i>j)                   --------②
        i--;                   --------③
    else
        j--;                   --------④
    System.out.println("i="+i+",j="+j);   --------⑤
}
else
    System.out.println("i="+i+",j="+j);   --------⑥
...          --------⑦
```

以上程序段中，条件表达式①成立，执行流程进入该 if 语句分支的条件，而与该 if 配对的 else 分句⑥将不会被执行，条件表达式②不成立，其条件语句③不被执行，与其配对的 else 语句④被执行，接着执行输出语句⑤，最后程序流程转移至语句⑦处，继续往下执行。因此，上述程序段的输出结果应为：

```
i=1, j=1
```

下面举几个实例来具体分析。

【例 3-11】根据某位同学的分数成绩，判断其等级：优秀(90 分以上)、良好(80 分以上 90 分以下)、中等(70 分以上 80 分以下)、及格(60 分以上 70 分以下)、不及格(60 分以下)。

```
import java.io.*;
public class Test
{
    public static void main(String[] args) throws IOException
    {
        float score;
        InputStreamReader reader=new InputStreamReader(System.in);
        BufferedReader input=new BufferedReader(reader);
```

```
        System.out.println("请输入分数:");
        String temp=input.readLine();
        score = Float.parseFloat(temp);
        if ( score < 90)
            if ( score < 80)
                if ( score < 70)
                    if ( score < 60)
                        System.out.println("该同学的分数等级为:不及格");
                    else
                        System.out.println("该同学的分数等级为:及格");
                else
                    System.out.println("该同学的分数等级为:中等");
            else
                System.out.println("该同学的分数等级为:良好");
        else
            System.out.println("该同学的分数等级为:优秀");
    }
}
```

程序执行结果如下:

```
F:\工作目录>javac Test.java
(第一次执行)
F:\工作目录>java Test
请输入分数:
98(回车)
该同学的分数等级为:优秀
(第二次执行)
F:\工作目录>java Test
请输入分数:
87(回车)
该同学的分数等级为:良好
(第三次执行)
F:\工作目录>java Test
请输入分数:
77(回车)
该同学的分数等级为:中等
(第四次执行)
F:\工作目录>java Test
请输入分数:
65(回车)
该同学的分数等级为:及格
(第五次执行)
F:\工作目录>java Test
请输入分数:
56(回车)
该同学的分数等级为:不及格
```

上述程序的嵌套较多，因此在编写程序时，一定要进行适当缩进，以体现 if-else 之间的配对和层次结构。Java 规定，else 总是与离它最近的 if 进行配对，但不包括大括号{}中的 if，如【例 3-12】所示。

【例 3-12】假定用一个字符来代表性别：'m'代表男性；'f'代表女性；'u'代表未知。试编写根据字符判断并输出某人性别的程序。

```java
import java.io.*;
public class Test
{
    public static void main(String[] args) throws IOException
    {
        char sex;
        System.out.println("请输入性别代号:");
        sex = (char)System.in.read();
        if ( sex != 'u' )          //①
            {
                if ( sex == 'm' )
                    System.out.println("男性");
                if ( sex == 'f' )          //②
                    System.out.println("女性");
            }
        else          //③
                System.out.println("未知");
    }
}
```

程序运行结果如下：

```
F:\工作目录>java Test
请输入性别代号:
m(回车)
男性
```

注意：上述程序的③处 else 并不是与离它最近的②处的 if 进行配对，而是与①处的 if 进行配对，从程序的编排上可以清晰地看出这一配对关系。

【例 3-13】假设个人收入所得税的计算方式如下：当收入额小于等于 1800 元时，免征个人所得税；超出 1800 元但在 5000 元以内的部分，以 20%的税率征税；超出 5000 元但在 10000 元以内的部分，按 35%的税率征税；超出 10000 元的部分一律按 50%征税。试编写相应的征税程序。

```java
import java.io.*;
public class Test
{
    public static void main(String[] args) throws IOException
```

```
      {
          double    income,tax;
          InputStreamReader reader=new InputStreamReader(System.in);
          BufferedReader input=new BufferedReader(reader);
          System.out.println("请输入个人收入所得:");
          String temp=input.readLine();
          income = Double.parseDouble(temp);
          tax = 0;
          if ( income <= 1800)
              System.out.println("免征个税.");
          else if (income<=5000)
              tax = (income-1800)*0.2;
          else if (income<=10000)
              tax = (5000-1800)*0.2+(income-5000)*0.35;
          else
              tax = (5000-1800)*0.2+(10000-5000)*0.35+(income-10000)*0.5;
          System.out.println("您的个人收入所得税额为:"+tax);
      }
  }
```

程序运行结果如下：

```
      F:\工作目录>javac Test.java
      (第一次运行)
      F:\工作目录>java Test
      请输入个人收入所得:
      1500(回车)
      免征个税.
      您的个人收入所得税额为:0.0
      (第二次运行)
      F:\工作目录>java Test
      请输入个人收入所得:
      3600(回车)
      您的个人收入所得税额为:360.0
      (第三次运行)
      F:\工作目录>java Test
      请输入个人收入所得:
      8000(回车)
      您的个人收入所得税额为:1690.0
      (第四次运行)
      F:\工作目录>java Test
      请输入个人收入所得:
      16000(回车)
      您的个人收入所得税额为:5390.0
```

以上程序的分支结构其实并不复杂：根据收入情况，分为 4 种档次，按照不同税率计算税收。不过对于初学者，通常会犯如下错误：

```
if ( income <= 1800)
        System.out.println("免征个税.");
    else if (income<=5000)
        tax = (income-1800)*0.2;
    else if (income<=10000);
        tax = (5000-1800)*0.2+(income-5000)*0.35;
    else
        tax = (5000-1800)*0.2+(10000-5000)*0.35+(income-10000)*0.5;
```

以上程序段中有一个细微的错误：第 5 行的末尾多了一个分号 ";"，在编译时将会出现如下错误信息：

```
F:\工作目录>javac Test.java
Test.java:19: 'else' without 'if'
            else
            ^
1 error
```

通过分析发现原来的程序结构被 ";" 给改变了：

```
if ( income <= 1800)
        System.out.println("免征个税.");
    else if (income<=5000)
        tax = (income-1800)*0.2;
    else if (income<=10000);
```

这个程序段成了一个完整的 if-else 结构，如将其书写格式变动一下，即可看出：

```
if ( income <= 1800)
        System.out.println("免征个税.");
    else if (income<=5000)
        tax = (income-1800)*0.2;
    else
        if (income<=10000)
            ;
```

程序段中最后一个单独的 ";" 是一条空语句，而 else 的语句部分则是嵌套的单分支结构。到这里，程序语法上还不会出错，但是接着往下看：

```
        tax = (5000-1800)*0.2+(income-5000)*0.35;
    else
        tax = (5000-1800)*0.2+(10000-5000)*0.35+(income-10000)*0.5;
```

这个程序段就有语法错误了，第 2 行的 else 找不到对应的 if 进行配对。这类错误是初学者编程时最易犯的，而且，往往花费很长时间也不易找出来，因此需要引起特别注意。

3.3.4　switch 语句

上面已经介绍了单分支和双分支的选择结构,下面再来看一下多分支结构。Java 语言多分支结构的实现语句是 switch。switch 语句的一般语法格式如下:

```
switch(表达式)
{       case  判断值 1: 语句 1;
        case  判断值 2: 语句 2;
              ...
        case  判断值 n: 语句 n;
        [default:   语句 n+1; ]
}
```

其中,表达式的值必须为有序数值(如整型数或字符等),不能为浮点数;case 语句中的判断值则必须为常量值,有的教材称之为标号,代表一个 case 分支的入口,每一个 case 分支后面的语句可以是单条的,也可以是多条的,并且当有多条语句时,不需要用大括号 {} 将其括起来;default 子句是可选的,并且其位置必须在 switch 结构的末尾,当表达式的值与任何 case 常量值均不匹配时,就执行 default 子句,然后就退出 switch 结构了。如果表达式的值与任何 case 常量值均不匹配,且无 default 子句,则程序不执行任何操作,直接跳出 switch 结构,继续后续的程序。下面请看一个例子,如【例 3-14】所示。

【例 3-14】在控制台输入 0~6 的数字,输出对应的星期数(0 对应星期天,1 对应星期一,依此类推)。

```
import java.io.* ;
class Test
{
public static void main(String args[])throws IOException
    {   int day;
        System.out.print("请输入星期数(0-6):") ;
        day=(int)(System.in.read())-'0';
        switch(day)
        {   case 0:     System.out.println(day +"表示是星期日");
            case 1:     System.out.println(day +"表示是星期一");
            case 2:     System.out.println(day +"表示是星期二");
            case 3:     System.out.println(day +"表示是星期三");
            case 4:     System.out.println(day +"表示是星期四");
            case 5:     System.out.println(day +"表示是星期五");
            case 6:     System.out.println(day +"表示是星期六");
            default:    System.out.println(day+"是无效数!") ;
        }
    }
}
```

程序运行结果如下:

```
F:\工作目录>javac Test.java
(第一次运行)
```

```
F:\工作目录>java Test
请输入星期数(0-6):0(回车)
0 表示是星期日
0 表示是星期一
0 表示是星期二
0 表示是星期三
0 表示是星期四
0 表示是星期五
0 表示是星期六
0 是无效数!
(第二次运行)
F:\工作目录>java Test
请输入星期数(0-6):5(回车)
5 表示是星期五
5 表示是星期六
5 是无效数!
```

上面程序的运行结果并不是所期望的。输入 0 时，应该只输出"0 表示是星期日"才对，而输入 5 时，应该仅输出"5 表示是星期五"才对。通过分析，发现原来 switch 结构有这样一个特点：当表达式的值与某个 case 常量匹配时，该 case 子句就成为整个 switch 结构的执行入口，并且执行完入口 case 子句后，程序会接着执行后续的所有语句，包括 default 子句(若有的话)。这时，就需要用到 break 语句才能解决这个问题，break 语句是 Java 提供的流程跳转语句，通过它，可以使程序跳出当前的 switch 结构或者循环结构。下面对上述程序进行改进，如【例 3-15】所示。

【例 3-15】在【例 3-14】中引入 break 语句。

```java
import java.io.* ;
class Test
{
public static void main(String args[])throws IOException
    {   int day;
        System.out.print("请输入星期数(0-6):") ;
        day=(int)(System.in.read())-'0';
        switch(day)
        {   case 0:     System.out.println(day +"表示是星期日");
                        break;
            case 1:     System.out.println(day +"表示是星期一");
                        break;
            case 2:     System.out.println(day +"表示是星期二");
                        break;
            case 3:     System.out.println(day +"表示是星期三");
                        break;
            case 4:     System.out.println(day +"表示是星期四");
                        break;
            case 5:     System.out.println(day +"表示是星期五");
                        break;
            case 6:     System.out.println(day +"表示是星期六");
                        break;
```

```
                  default:     System.out.println(day+"是无效数!") ;
             }
         }
    }
```

改进后的程序运行结果如下:

```
F:\工作目录>java Test
请输入星期数(0-6):0
0 表示是星期日
(第二次运行)
F:\工作目录>java Test
请输入星期数(0-6):5
5 表示是星期五
```

可以看出，引入 break 语句后，程序的运行正是所期望的。本例中，最后的 default 子句没有必要再添加 break 语句，因为它已经是 switch 结构的末尾了。一般情况下，switch 结构与 break 是配套使用的。此外，使用 switch 结构时请注意以下几个问题。

(1) 允许多个不同的 case 标号执行相同的一段程序，如以下格式:

```
             ...
             case 常量 i:
              case 常量 j:
         语句;
         break;
             ...
```

(2) 每个 case 子句的常量值必须各不相同。

最后，需要指出的是，switch 结构的程序通常也可以用 if-else 语句来实现，读者可以试着将上述程序改写为 if-else 结构，并对比一下二者的差别。但反过来，if-else 的结构则不一定能由 switch 结构来实现。【例 3-7】、【例 3-8】、【例 3-9】、【例 3-10】、【例 3-11】、【例 3-13】都不好用 switch 结构来改写，但【例 3-12】却是可以的，改写后如【例 3-16】所示。

【例 3-16】用 switch 结构改写【例 3-12】。

```
import java.io.*;
public class Test
{
    public static void main(String[] args) throws IOException
    {
        char sex;
        System.out.println("请输入性别代号:");
        sex = (char)System.in.read();
        switch (sex)
            {
                case 'm':    System.out.println("男性");
```

```
                               break;
                case 'f':      System.out.println("女性");
                               break;
                case 'u':      System.out.println("未知");
            }
        }
    }
```

用 switch 结构改写后的程序通常显得更简练，可读性更好，程序执行效率更高。因此，请读者在设计程序时注意不同分支结构的选用。3.4 节介绍第三种流程结构：循环。

提示：

对于能用 switch 语句改写的分支嵌套结构，应尽量用 switch 结构，这样可以提高程序的执行效率。

3.4 循 环 结 构

在进行程序设计时，经常会遇到一些计算并不很复杂，但却要重复进行相同的处理操作的问题。例如：

(1) 计算累加和 1+2+3+…+100。

(2) 计算阶乘，如 10!。

(3) 计算一笔钱在银行存了若干年后，连本带息有多少？

由于上述问题本身的特点，导致目前为止所学的语句都无法表示这种结构。如问题(1)，用一条语句：sum = 1+2+3+…+100 来求解，则赋值表达式太长了，改成多条赋值语句：sum +=1; sum +=2; sum +=3; …; sum +=100;也不行，即便加到 100 那也要有 100 条语句，程序过于臃肿，不利编辑、存储和运行。因此，在 Java 语言中，引入了另外 3 种语句：while、do-while 以及 for 来解决这类问题。解决这类问题的结构称为循环结构，把这 3 种实现语句称为循环语句。这 3 种循环语句的流程图如图 3-3 所示。

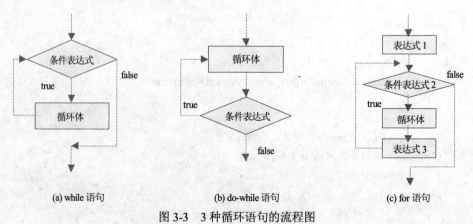

图 3-3   3 种循环语句的流程图

3.4.1 while 语句

while 语句的一般语法格式如下：

```
while(条件表达式)
{  循环体；}
```

其流程图如图 3-3(a)所示。while 是关键字，首先计算条件表达式的布尔值，若为 true 则执行循环体，然后再计算条件表达式的布尔值，只要是 true 就循环往复一直执行下去，直到条件表达式的布尔值为 false 时才退出 while 结构。其中，循环体可以是复合语句、简单语句甚至是空语句，但一般情况下，循环体中应该包含有能修改条件表达式取值的语句，否则就容易出现"死循环"(程序毫无意义地无限循环下去)。例如，while(1);这里，循环体为一空语句，而条件表达式为一常量 1(Java 语言里，0 代表 false，非 0 为 true)，因此这是一个死循环。【例 3-17】是一个 while 循环的例子。

【例 3-17】利用 while 语句实现 1 到 100 的累加。

```
public class Test
{
    public static void main(String[] args)
    {
        int sum=0;    //累加和变量 sum
        int i=1;           //控制变量 i
        while(i<=100)
        {
            sum+=i;
            i++;
        }
        System.out.println("累加和为："+sum);
    }
}
```

程序运行结果如下：

```
F:\工作目录>javac Test.java
F:\工作目录>java Test
累加和为：5050
```

该程序中有几点需要注意。

(1) 存放累加和的变量初始值一般赋为 0。

(2) 变量 i 既是累加数，同时又是控制循环条件的表达式。

(3) 循环体语句可以合并简写为：sum+=i++;。对于初学者而言，不建议这么写。

(4) while 循环体语句多于一条，因而必须以复合语句形式出现，千万别漏掉大括号。关于这点，前面已多次说明。

下面再来看一个计算阶乘的例子，如【例 3-18】所示。

【例 3-18】 利用 while 语句求 10 的阶乘。

```
public class Test
{
public static void main(String[] args)
    {
        long jc=1;
        int i=1;
        while(i<=10)
        {
            jc*=i;
            i++;
        }
        System.out.println((i-1)+"!结果： "+jc);
    }
}
```

程序运行结果如下：

　　　　10!结果： 3628800

本程序需要注意的要点有以下两点。

(1) 求阶乘的积时，变量 jc 的初始值应为 1。

(2) 由于阶乘的积，数值往往比较大，因此要注意防止溢出，比如尽量选用取值范围大的长整型 long。

【例 3-19】 是用 while 改进的 **【例 3-4】**。

【例 3-19】 改进前面 **【例 3-4】** 的程序。

```
import java.io.*;
public class Test
{
    public static void main(String[] args) throws IOException
    {
        float    w,fee;
        char c;
        c = (char)System.in.read();   //等待用户输入
        while(c!='x')
        {
            //以下代码为通过控制台交互输入行李重量
            InputStreamReader reader=new InputStreamReader(System.in);
            BufferedReader input=new BufferedReader(reader);
            System.out.println("请输入旅客的行李重量:");
            input.readLine();        //滤掉无用输入
            String temp=input.readLine();//等待用户输入
            w = Float.parseFloat(temp);   //字符串转换为单精度浮点型
```

```
                fee = 0;
                if ( w > 20)
                        fee = (float)1.2 * (w-20);
                System.out.println("该旅客需交纳的托运费用: "+fee+"元");
                System.out.println("**************************");
                System.out.println("    *按 x 键退出,其他键继续*");
                System.out.println("**************************");
                c = (char)System.in.read();    //等待用户输入
            }
        }
    }
```

改进后的程序运行结果如下:

```
F:\工作目录>java Test
(按回车键进入费用计算程序)
请输入旅客的行李重量:
17
该旅客需交纳的托运费用: 0.0 元
**************************
    *按 x 键退出,其他键继续*
**************************
(按回车键进入费用计算程序)
请输入旅客的行李重量:
25
该旅客需交纳的托运费用: 6.0 元
**************************
    *按 x 键退出,其他键继续*
**************************
(按回车键进入费用计算程序)
请输入旅客的行李重量:
60
该旅客需交纳的托运费用: 48.0 元
**************************
    *按 x 键退出,其他键继续*
**************************
x
(按 x 键退出主程序)
F:\工作目录>
```

改进后，程序不需要重新运行，即可反复对不同的旅客行李进行收费计算，这主要得益于循环结构的引入。首先程序等待用户输入，只要是非 x 键，就进入计费程序，并等待用户输入旅客行李重量，获得输入后对其进行收费计算，并提示用户按 x 键退出，若用户输入非 x 键(如回车键)，则系统继续进入收费计算程序，并等待输入下一位旅客的行李重量，如此循环往复下去，直至用户输入 x 键退出主程序。那么，程序现在是不是就完善了？试想一下，假如用户在旅客行李重量输入中，不小心将原本应录入的数字误输入为"3s"，结果会怎样呢？这个问题暂且留作思考问题，后面章节会对此进行讲解。

【例 3-20】有一条长的阶梯，如果每步 2 阶，则最后剩 1 阶，每步 3 阶则剩 2 阶，每步 5 阶则剩 4 阶，每步 6 阶则剩 5 阶，只有每步 7 阶的最后才刚好走完，一阶不剩，问这条阶梯最少共有多少阶？

```java
public class Test
{
public static void main(String[] args)
    {
        int i=1;
        while(!(i%2==1&&i%3==2&&i%5==4&&i%6==5&&i%7==0))
        {
            i++;
        }
        System.out.println("这条阶梯最少有："+i+"阶");
    }
}
```

程序运行结果如下：

这条阶梯最少有：119 阶

该程序的关键是 while 结构的条件表达式要写对。其实满足题目要求的阶梯数有无限多个，119 阶只是其中最小的一个。假如现在想知道在 1 万个阶梯内，都有哪些阶梯数满足题意的话，可以这样改写程序中的 while 结构：

```java
while(i<=10000)
{
  if(i%2==1&&i%3==2&&i%5==4&&i%6==5&&i%7==0)
     System.out.print(i+"阶  ");
 i++;
}
```

新程序的运行结果如下：

119阶 329阶 539阶 749阶 959阶 1169阶 1379阶 1589阶 1799阶 2009阶 2219阶 2429阶 2639阶 2849阶 3059阶 3269阶 3479阶 3689阶 3899阶 4109阶 4319阶 4529阶 4739阶 4949阶 5159阶 5369阶 5579阶 5789阶 5999阶 6209阶 6419阶 6629阶 6839阶 7049阶 7259阶 7469阶 7679阶 7889阶 8099阶 8309阶 8519阶 8729阶 8939阶 9149阶 9359阶 9569阶 9779阶 9989阶

利用计算机求解这个问题时，所需时间非常短，若让人手工去计算这个问题，即便是世界上反应最快的人，也是需要不少时间的。假如不是求 1 万个阶梯内的，而是求 100 万个呢，到底这之间又会有多少种阶梯数能满足题意呢？有兴趣的读者可以自行编写程序，并上机尝试一下。

3.4.2　do-while 语句

do-while 语句的语法格式如下：

```
do
{
    循环体;
}while(条件表达式);
```

首先执行一遍循环体，然后再判断条件表达式的值，如果为 true 则返回继续执行循环体，直至条件表达式的取值变为 false。其流程图如图 3-3(b)所示。

do-while 语句与 while 语句结构比较接近，通常情况下，它们之间可以互相转换。例如将【例 3-17】改写成用 do-while 语句来实现，修改代码如下：

```
do
{
    sum+=i;
    i++;
} while(i<=100);
```

本例修改时，常犯的错误是：在 while 判断后面漏掉了"；"，而这在前面的 while 结构中则是没有的。下面再举个利用 do-while 实现循环结构的例子，如【例 3-21】所示。

【例 3-21】假定在银行中存款 5000 元，按 6.25%的年利率计算，试问过多少年后就能连本带利翻一翻？试编程实现之。

```
public class Test
{
public static void main(String[] args)
    {
        double m=5000.0; //初始存款额
        double s=m;             //当前存款额
        int count=0;            //存款年数
        do
        {
            s=(1+0.0625)*s;
            count++;
        }while(s<2*m);
        System.out.println(count+"年后连本带利翻一翻！");
    }
}
```

程序运行结果如下：

12 年后连本带利翻一翻!

本例中,定义了整型变量 count 作为计数器,用来记录存款年数。事实上,在很多应用中,都需要用到这种看似简单却很有用的计数器。曾经有牛人说过:好程序都是模仿出来的!这话告诉人们一条学习编程的途径:模仿。多参考并模仿好的程序,如一些著名软件公司所提供的源代码或者编译系统自带的库函数(方法)代码等,不失为一种好的学习方法。

虽然 do-while 语句与 while 语句结构比较接近,但有一点需要注意的是:while 语句的循环体有可能一次也不被执行,而 do-while 语句的循环体则至少要被执行一次,这是二者最大的区别。

3.4.3　for 语句

for 语句的一般语法格式如下:

```
for(表达式 1; 条件表达式 2; 表达式 3)
    {   循环体;   }
```

每个 for 语句都有一个用于控制循环开始和结束的变量,即循环控制变量。表达式 1一般用来给循环控制变量赋初值,它仅在刚开始时被执行一次,以后就不再被执行;表达式 2 是一个条件表达式,根据其取值不同,决定循环体是否被执行,若为 true,则执行循环体,然后再执行表达式 3;表达式 3 通常用作修改循环控制变量之用,以避免陷入死循环,接着又判断条件表达式 2 的布尔值,若还为 true,则继续上述循环,直至布尔值变为false。for 语句的流程图如图 3-3(c)所示。

for 语句是 Java 语言 3 种循环语句中功能较强,使用也较广泛的一种。下面看一下例子,如【例 3-22】所示。

【例 3-22】利用 for 语句实现 1 到 100 的累加。

```java
public class Test
{
    public static void main(String[] args)
    {
        int sum=0;                //累加和变量 sum
        for(int i=1; i<=100;i++)    //控制变量 i
        {
            sum+=i;
        }
        System.out.println("累加和为: "+sum);
    }
}
```

程序运行结果如下:

累加和为: 5050

上述程序的 for 语句执行流程如下:首先声明定义循环控制变量 i,并赋初值为 1,接着判断条件表达式 i<=100 的布尔值为 true，因此进入循环体执行累加操作，执行完循环体，然后再执行修改控制变量的表达式 3，使得 i 自增变为 2，接着继续判断条件表达式 2，仍为 true，如此循环往复下去，直至条件表达式 2 的布尔值变为 false，退出 for 结构，此时 sum 累加和变量的值即为所求结果，可以通过标准输出语句进行输出，而此时的控制变量 i 的值又是多少呢？通过分析，不难知道 for 语句执行完毕之时，i 的值应为 101，但其却不可以与 sum 一起输出："System.out.println("累加和为："+sum+"控制变量值："+i);"。为什么呢？这牵涉到变量作用域的问题：i 定义在 for 语句之中，其作用域仅限该 for 语句，离开 for 结构后即无效。解决的办法只能是扩大 i 的作用域，将其拿到 for 结构外面进行定义。

另外，由于 for 结构的循环体仅有一条语句，因此可以将其大括号省略掉，如下：

```
for(int i=1; i<=100;i++)   // 控制变量 i
    sum+=i;
```

根据 for 结构的执行流程，还可以将上述语句等效为：

```
for(int i=1; i<=100; sum+=i++);
```

但请注意最后的";"别忘了，它代表循环体为一条空语句。

【例 3-23】假定在银行中存款 5000 元，按 6.25%的年利率计算，试问过多少年后就会连本带利翻一翻？试用 for 语句编程实现之。

```
public class Test
{
public static void main(String[] args)
    {
        double m=5000.0;        //初始存款额
        double s=m;             //当前存款额
        int count=0;            //存款年数
        for(;s<2*m;s=(1+0.0625)*s)
            count++;
        System.out.println(count+"年后连本带利翻一翻！");
    }
}
```

本例将 for 结构中赋初值的表达式 1 拿到上面去了，这是允许的。甚至还可以将 for 语句改写为如下形式：

```
for(;s<2*m;)
{   count++;
    s=(1+0.0625)*s
}
```

此时，for 结构的表达式 1 和表达式 3 均为空。其实不管怎么改写，只要程序遵循 for 语句的执行流程，执行后能得出正确结果即可。

提示:

- 计算机擅长进行机械操作,比如人们给它一系列指令,它就把这些指令拿来一条一条地加以执行,后来人们设计了跳转指令,使有些机器指令并不一定被执行(跳过),而有些机器指令又被不止一次地执行(跳回),这就是程序流程控制结构中的分支及循环结构。以后读者若学习汇编语言这门课程,将会对此有更进一步的理解。
- 一般来说,while 循环和 do-while 循环结构可以互相转换,但要注意其关键的一点区别: do-while 循环的循环体至少会被执行一次。另外,对于循环次数已知或者比较明显的一些情形,for 循环可能会更方便些。
- 仅有分号的语句为空语句,在编程和查错过程中,要有空语句的概念,如 while 循环,很多初学者常在条件表达式之后误添分号,不知这时的分号构成了空语句,并且该空语句成了 while 循环的循环体,这极易导致程序陷入死循环或者运行结果不正确,因此需要警惕。

3.4.4　循环嵌套

前面对 Java 提供的 3 种循环语句作了详细介绍,并通过实例进行了分析。细心的读者可能已经注意到以上例子中,循环体都不再是循环结构,本书称这种循环为单循环,有的教材也叫一重循环。当循环体语句又是循环语句时,就构成了循环嵌套,即多重循环。循环嵌套可以是两重的、三重的甚至是更多重(较复杂的算法)。下面通过举例来讲解循环的嵌套问题。

【例 3-24】编程实现打印以下图案:

```
*
***
*****
*******
*********
***********
```

```java
public class Test
{
public static void main(String[] args)
{       int i,j;    // i 控制行数, j 控制*的个数
        for(i=1;i<=6;i++)
        {   for(j=1;j<=i*2-1;j++)
                    System.out.print("*");
                System.out.println();    //换行
        }
}
}
```

程序中分别用 i 和 j 来控制每一行打印几个*号,并且它们之间有一个很重要的关系:

第 i 行有 2*i-1 个*号。这是这个程序的关键所在。另外，从程序结构上看，内层的循环负责打印当前行的*号，由于只有一条语句，因而其大括号被省略了，外层的循环负责打印每一行以及换行操作，虽然内层 for 语句整体上可看成一条语句，但加上后面的换行语句，外层循环的循环体其实有两条语句，因而其大括号绝不能省略。

　　假如将图案作如下变换，程序又将如何修改呢？

```
*
***
*****
*******
*********
***********
```

　　经过分析发现：只要在打印每一行的*号之前，再打印一定数量的空格即可，而这个空格数与行号 i 的关系是：空格数=6-i，因此程序中需要再定义一个变量 k 来控制空格数。程序修改如下：

```java
public class Test
{
public static void main(String[] args)
{
        int i,j,k; //i 控制行数, j 控制*的个数, k 控制空格数
        for(i=1;i<=6;i++)
        {    for(k=1;k<=6-i;k++)
                    System.out.print(" ");    //打印空格
                for(j=1;j<=i*2-1;j++)
                    System.out.print("*");    //打印*号
                System.out.println();    //换行
        }
}
}
```

　　此程序的结构其实还是两重循环：内层和外层。内层循环多了一个并列循环，这样内层循环就有两个平行循环结构，分别负责打印当前行的空格和*号。

3.4.5　跳转语句

　　前面在讲 switch 结构时，已经对 break 语句作了简单介绍，它可以使程序跳出当前 switch 结构，是一种跳转语句，并且除了与 switch 结构搭配使用外，还可用于循环结构中。而在循环结构中，除了 break 语句，还可以使用另外一种跳转语句——continue 语句。Java 语言提供的跳转语句共有 3 个，另外一个就是 return 语句，将在后面章节中对其进行介绍。为了保证程序结构的清晰和可靠，Java 语言并不支持无条件跳转语句 goto，这一点请以前学过其他编程语言的读者注意。下面具体介绍循环结构中的 break 与 continue 跳转语句的用法。

1. break

break 语句的作用是使程序的流程从一个语句块的内部跳转出来，如前述的 switch 结构以及循环结构。break 语句的语法格式如下：

```
break   [标号];
```

其中的标号是可选的，如前面介绍的 switch 结构程序中就没有使用标号。不使用标号的 break 语句只能跳出当前的 switch 或循环结构，而带标号的 break 语句则可以跳出由标号指出的语句块，并从语句块的下条语句处继续执行。因此，带标号的 break 语句可以用来跳出多重循环结构。下面分别举例说明。

【例 3-25】写出以下程序的执行结果。

```java
public class Test
{
public static void main(String[] args)
{
        int i ,s=0;
        for(i=1;i<=100;i++)
        {
          s+=i;
          if(s>50)
             break;
        }
        System.out.println("s="+s);
    }
}
```

程序运行结果如下：

```
s=55
```

【例 3-26】写出以下程序的执行结果。

```java
public class Test
{
public static void main(String[] args)
    {   int jc=1,i=1;
        while(true)
        {   jc=jc*i;
            i=i+1;
            if (jc>100000)   //首先突破 10 万的阶乘
                break;
        }
        System.out.println((i-1)+"的阶乘值是"+jc);
    }
}
```

程序运行结果如下：

　　　　9 的阶乘值是 362880

　　本例中，当阶乘值第一次突破 10 万时，即 if 的条件表达式的布尔值为 true，则执行 break 语句跳出 while 循环。这个 while 循环不同于以前的结构，它的判断表达式值为常量 true，这是"无限循环"的一种形式，通常这种结构中至少会有一个 break 语句作为"无限循环"的出口。在某些应用中，此类"无限循环"结构非常有用。注意：它与死循环是有本质不同的。另外一种"无限循环"形式是 for(;;)，编译器将 while(true) 和 for(;;) 看作是等价的。读者可以根据自己的习惯进行选用。

　　【例 3-27】 写出以下程序的执行结果。

```java
public class Test
{
public static void main(String[] args)
    {    int   s=0,i=1;
         label:
         while(true)
         {    while(true)
              {   if (i%2==0)
                      break ;         //不带标号
                  if(s>50)
                      break label;    //带标号
                  s+=i++;
              }
              i++;
         }
         System.out.println("s="+s);
    }
}
```

程序运行结果如下：

　　　　s=64

　　以上程序执行过程：将 1、3、5 等奇数累加到 s 变量，直到 s 值超出 50。不带标号的 break 语句用来跳出内层 while 循环，以跳过对偶数的累加，带标号的 break 语句用来跳出 label 所标识的两重 while 循环结构，然后执行输出语句，显示当前 s 变量的值。需要指出的是，若没有带标号的 break 语句，则两重无限循环结构就会变成死循环。在一些特殊情况下，带标号的 break 语句非常有用，但一般情况应慎用。

2. continue

　　continue 语句只能用于循环结构，它也有两种使用形式：不带标号和带标号。前者的功能是提前结束本次循环，即跳过当前循环体的其他后续语句，提前进入下一轮循环体继续执行。对于 while 和 do-while 循环，不带标号的 continue 语句会使流程直接跳转到条件表达式，而对于 for 循环，则跳转至表达式 3，修改控制变量后再进行条件表达式 2 的判断。带标号的 continue 语句一般用在多重循环结构中，标号的位置与 break 语句的标号位置类似，一般需放至整个循环结构的前面，用来标识这个循环结构。一旦内层循环执行了带标号的 continue 语句，程序流程则跳转到标号处的外层循环。具体是：while 和 do-while 循环，跳转到条件表达式；for 循环，跳转至表达式 3。下面分别举例说明。

【例 3-28】写出以下程序的执行结果。

```
public class Test
{
public static void main(String[] args)
    {   int   s=0,i=0;
        do
        {   i++;
             if (i%2!=0)
               continue;
             s+=i;
        }while(s<50);
        System.out.println("s="+s);
    }
}
```

程序运行结果如下：

　　　　　s=56

本程序 do-while 循环用来计算偶数 2、4、6……的累加和，条件是和小于 50，最后退出循环结构时，累加和为 56。其中的 continue 语句表示当遇到奇数时，则跳过，不予累加。程序中 i++语句与 if 条件语句的位置不能对调，对调将会使程序陷入死循环，请读者自行分析。

【例 3-29】写出以下程序的执行结果。

```
public class Test
{       public static void main(String[] args)
    {   int i,j;
        label:
        for(i=1;i<=200;i++)          //查找 1 到 200 以内的素数
        {   for(j=2;j<i;j++)              //检验是否不满足素数条件
                if (i%j==0)                  //不满足
                    continue label;   //跳过后面不必要的检验
            System.out.print(" "+i);   //打印素数
        }
    }
}
```

程序运行结果如下：

> 1 2 3 5 7 11 13 17 19 23 29 31 37 41 43 47 53 59 61 67 71 73 79 83 89 97 101 103
> 107 109 113 127 131 137 139 149 151 157 163 167 173 179 181 191 193 197 199

当内层循环检验到 if 的条件表达式 i%j==0 为 true 时，即除了 1 和自身外，i 还能被其他的整数整除，因而 i 肯定不是素数，这时就没有必要继续循环判断下去，故通过"continue label;"语句将程序流程跳转至外层循环的表达式 3(i++)处，继续下一个数的判断工作。

提示：

- 跳转语句 break 及 continue 的使用，使得程序流程设计变得更灵活，但同时也给编程者增加了分析负担，建议应少用。
- 学会分析程序的执行流程是掌握程序设计的基础和关键，建议初学者应读透本章的例子，为后面的学习打下良好的基础。

3.5　小　　结

本章介绍了简单语句和复合语句的区别，并着重对 Java 语言的 3 种基本程序流程(顺序结构、分支结构以及循环结构)做了详细讲述和实例分析，此外，还讲解了跳转语句 break 和 continue 的用法。

本章知识的关键是掌握不同程序结构及其实现语句的具体执行流程，程序的执行是严格按照一定顺序进行的，读者一定要学会一步一步对其进行跟踪、分析，只有这样，当程序运行结果与预期出现不符时，才能找出其中的语义错误(语法错误通常编译器会进行提示，但语义错误则不会)。所以熟练掌握程序的流程结构，对于能否编写出正确的程序来说至关重要，同时也是结构化程序设计和面向对象程序设计的绝对基础。

3.6　思　考　练　习

1. 假设乘坐飞机时，每位乘客可以免费托运 20kg 以内的行李，超过部分按每公斤收费 1.2 元，以下是相应的计算收费程序。该程序存在错误，请找出这些错误。

```
public class Test
{
    public static void main(String[] args) throws IOException
    {
        float   w,fee;
        //以下代码为通过控制台交互输入行李重量
        InputStreamReader reader=new InputStreamReader(System.in);
```

```
BufferedReader input=new BufferedReader(reader);
System.out.println("请输入旅客的行李重量:");
String temp=input.readLine();
w = Float.parseFloat(temp);    //字符串转换为单精度浮点型
fee = 0;
if ( w > 20);
        fee = (float)1.2 * (w-20);
System.out.println("该旅客需交纳的托运费用："+fee+"元");
        }
    }
```

2. 有一条长的阶梯，如果每步 2 阶，则最后剩 1 阶，如果每步 3 阶则剩 2 阶，如果每步 5 阶则剩 4 阶，如果每步 6 阶则剩 5 阶，如果每步 7 阶，最后则刚好走完，一阶不剩，问这条阶梯最少共有多少阶？找出以下求解程序的错误所在。

```
public class Test
{
public static void main(String[] args)
    {
        int i;
        while(i%2==1&&i%3==2&&i%5==4&&i%6==5&&i%7==0)
        {
            i++;
        }
        System.out.println("这条阶梯最少有："+i+"阶");
    }
}
```

3. 试用单分支结构设计一个程序，判断用户输入的值 X，当 X 大于零时求 X 值的平方根，否则不执行任何操作。

4. 从键盘读入两个字符，按照字母表顺序排序，将前面的字符置于 A，排后面的字符置于 B。请设计并实现该程序。

5. 用穷举法求出 3 位数中百、十、个位数的立方和就是该数的数。

6. 编程实现打印以下图案：

```
**********
 *********
  *******
   *****
    ***
     *
```

7. 统计 1 至 1 万之间共有多少个数是素数。

8. 打印输出斐波纳契数列的前 12 项。

斐波纳契数列的前 12 项如下。

第 1 项：0
第 2 项：1
第 3 项：1
第 4 项：2
第 5 项：3
第 6 项：5
第 7 项：8
第 8 项：13
第 9 项：21
第 10 项：34
第 11 项：55
第 12 项：89

9. 读程序，给出程序运行结果。

```java
import java.io.*;
public class Test
{
    public static void main(String[] args) throws IOException
    {
        char sex= 'f';
        switch (sex)
        {
            case  'm':    System.out.println("男性");
                            break;
            case  'f':    System.out.println("女性");
            case  'u':    System.out.println("未知");
        }
    }
}
```

10. 读程序，给出程序运行结果。

```java
public class Test
{
public static void main(String[] args)
    {
        int i ,s=0;
        for(i=1;i<=100;i++)
        {
            if(i%3==0)
                continue;
            s+=i;
        }
        System.out.println("s="+s);
    }
}
```

11. 读程序，给出程序运行结果。

```java
public class Test
{
public static void main(String[] args)
    {
        int i ,s=0;
        for(i=1;i<=100;i++)
        {
          s+=i;
          if(s>100)
             break;
        }
        System.out.println("s="+s);
    }
}
```

12. 个位数是 6，且能被 3 整除的 5 位数有多少个？请设计并实现程序。

13. 用嵌套循环结构，设计一模拟电子钟的程序。

提示：

定义 3 个变量分别代表"小时"、"分钟"和"秒"，根据电子钟分、秒、小时之间的关系，采用 3 重循环来控制各量的增加，并由输出语句将变化中的 3 个量分别予以输出显示，即为一模拟电子钟。此外，Java 语言提供的延时方法为"Thread.sleep(1000);"。1000 的单位为毫秒，即延时 1 秒。

第4章 方法与数组

本章学习目标:
- 理解方法的概念
- 掌握方法的定义和调用
- 熟悉递归算法
- 掌握数组的概念和使用
- 理解方法的数组参数传递

4.1 方法的概念和定义

在一个程序中,相同的程序段可能会多次重复出现,为了减少代码量和出错概率,在程序设计中,一般将这些重复出现的代码段单独提炼出来,写成子程序形式,以供多次调用。这类子程序在 Java 语言中叫做方法,有些编程语言称之为过程或函数,尽管叫法不同,但本质是一样的。

通过方法,不仅可以缩短程序,而且可以提高程序的可维护性,更重要的是方便程序员把大型的、复杂的问题分解成若干较小的子问题,从而实现分而治之。把一个大的程序分解成若干较短、较容易编写的小程序,使得程序结构变得更加清晰,可读性也大为提高,同时也使整个程序的调试、维护和扩充变得更容易。此外,方法的使用能大大节省存储空间以及编译时间。

当某个子程序(即方法)仍然比较复杂时,还可以进一步再划分子程序,也就是说,方法仍然可以由子方法组成,这就是所谓的方法嵌套问题。

方法是 Java 语言的重要概念之一,也是实现结构化程序设计的主要手段。结构化程序设计是面向对象程序设计的基础,因此,掌握方法非常重要。方法是 Java 类(将在后面章节介绍)中的重要组成成员。在本书前面已经接触过方法,如 main()方法,以及 Java 开发库提供的一些标准方法(像 System.out.println()标准输出方法)。除此之外,Java 语言还允许编程者根据实际需要自定义其他方法。这类方法称为用户自定义方法。本章将重点介绍如何自定义和使用方法。

在介绍用户自定义方法之前,先来看一个方法实例:

```
/*

  函数功能:      计算平均数
  函数入口参数:   整型 x,存储第一个运算数
```

整型 y，存储第二个运算数
　　　　　函数返回值：　　　平均数
```
*/
int Average(int x, int y)
{
    int result;
    result = (x + y) / 2;
    return result;
}
```

开头的 int 表示方法的返回值类型为整型。Average 是方法的名称，简称方法名，通常方法名的第一个字母为大写，并且其命名要求能尽量体现方法的功能，以增强程序的可读性。小括号内的整型变量 x 和 y 之间用逗号隔开，它们叫做方法的形式参数，简称形参，形参在定义时没有实际的存储空间，只有在被调用后，系统才为它分配存储空间，一般把上述程序的第一行称为方法头，若在方法头后加上分号，则称之为方法原型，用以对方法进行声明。大括号中的内容称为方法体，该方法体一般都会有 return 语句，用以将程序流程返回至调用处，并带回(若有的话)相应的返回值。上述程序的功能很显然是用来求解两个整数的平均数，只要程序有这个需要，那么就可以反复对其进行调用，如标准输出方法 System.out.println() 就可以反复被调用。

用户自定义方法的一般形式如下：

返回值类型　方法名(类型　形式参数 1，　类型　形式参数 2，……)
{
　　　方法体
}

对于这个一般形式，有以下几点需要特别注意。

(1) 如果不需要形式参数，则参数表(即方法头的小括号)中就空着。

(2) 返回值类型与 return 语句要匹配，即 return 语句后面的表达式类型应与返回值类型相一致。另外，如果不需要返回值，则应该用 void 定义返回值类型，同时 return 语句之后不需要任何表达式。

(3) 一个方法中可以有多条 return 语句，只要方法执行到其中的任何一条 return 语句时，都中止方法的执行，并返回到调用它的地方。对于 void 类型的方法也允许方法中没有任何 return 语句，此时只有当执行到整个方法体程序结束(即碰到方法体的最后大括号"}")时，程序流程才返回到调用它的地方。

(4) 方法内可再定义只能在方法内部使用的变量，称之为局部变量(或内部变量)，如上述 Average 方法中的整型变量 x、y 以及 result，它们均为局部变量，只在 Average 方法中有效，或者说 x、y 以及 result 变量的作用域仅限于定义它们的地方开始一直到该方法体结束。关于局部变量的概念会在后面章节中与静态变量一起进行详细叙述。

(5) 方法中局部变量的确定值要在该方法被调用时由实际参数传入确定。

下面举几个方法定义的实例。

【例 4-1】不带参数同时也没有返回值的方法示例。

```
void    Print_wang( )
{
    System.out.println("********");
    System.out.println("     *     ");
    System.out.println("     *     ");
    System.out.println("********");
    System.out.println("     *     ");
    System.out.println("     *     ");
    System.out.println("********");
}
```

上述方法的功能是输出一个由星号*组成的"王"字。

【例 4-2】带参数但没有返回值的方法示例。

```
void    Print_lines(int i)
{
    for(int j=0;j<i;j++)
        System.out.println("********");
}
```

上述方法的功能是输出若干行星号*，行数由参数 i 决定。

【例 4-3】已知三角形的三条边长，定义求它的面积的方法。

提示：

$$面积 = \sqrt{s(s-a)(s-b)(s-c)}$$

其中，$s = \dfrac{a+b+c}{2}$。

```
double    Area(double a,double b,double c)
{
    double s,area;
    s = (a+b+c)/2;
    area = Math.sqrt(s*(s-a)*(s-b)*(s-c));
    return area;
}
```

上述方法以三角形的三条边长为参数，在方法体中求出其面积值，并作为返回值返回。

【例 4-4】定义求圆的面积的方法。

```
double    Circle(double radius)
{
    double area;
    area = 3.14*radius*radius;
```

```
        return area;
    }
```

方法定义好后，就可以使用方法了，一般称之为方法调用。

4.2   方法的调用

在程序中是通过对方法的调用来执行方法体的，其过程与其他语言的函数(子程序)调用相类似。Java 语言中，方法调用的一般形式为：

　　　方法名(实际参数表)

对无参方法调用时则只要写上小括号即可。实际参数表中的参数可以是常数，变量或其他构造类型数据及表达式，各实参之间要用逗号间隔开，并注意需与形参相对应。

4.2.1   调用方式

在 Java 语言中，可以用以下几种方式来调用方法。

1. 方法表达式

方法作为表达式中的一项出现在表达式中，以方法返回值参与表达式的运算。这种方式要求方法是有返回值的。例如，result=Average(a,b)是一个赋值表达式，把 Average 的返回值赋予变量 result 保存起来，以供后面再次使用，请看【例 4-5】。

【例 4-5】调用 Average 方法。

```
public class Test
{
    static int Average(int x, int y)
    {
        int result;
        result = (x + y) / 2;
        return result;
    }
    public static void main(String args[ ])
    {
        int a = 12;
        int b = 24;
        int ave = Average(a, b);
        System.out.println("Average of  "+ a +" and "+b+" is "+ ave);
    }
}
```

2. 方法语句

把方法调用作为一个语句。

例如：

```
System.out.println("Welcome to Java World.");
Average(10,20);
```

都是以方法语句的方式调用的，再请看【例 4-6】。

【例 4-6】调用【例 4-1】中的 Print_wang 方法。

```
public class Test
{
    static   void   Print_wang()
     {
          System.out.println("********");
          System.out.println("   *    ");
          System.out.println("   *    ");
          System.out.println("********");
          System.out.println("   *    ");
          System.out.println("   *    ");
          System.out.println("********");
     }
    public static void main(String args[ ])
    {
          Print_wang();
    }
}
```

3. 方法参数

方法作为另一个方法调用的实际参数出现。这种情况是把该方法的返回值作为实参进行传送，因此要求该方法必须是有返回值的。例如，System.out. println("average of a and b is:"+Average(a,b));即是把 Average 调用的方法返回值作为标准输出方法 System.out.println() 的实参来使用的，请看【例 4-7】。

【例 4-7】调用 Average 方法。

```
public class Test
{
    static int Average(int x, int y)
     {
          int result;
          result = (x + y) / 2;
          return result;
```

```
    }
    public static void main(String args[ ])
    {
        int a = 12;
        int b = 24;
        System.out.println("Average of   "+ a +" and "+b+" is "+ Average(a, b));
    }
}
```

本例与【例 4-5】相比，省去了 ave 变量空间的分配，直接将 Average 方法的返回值在标准输出方法中进行输出。

在前面几个例子，用户自定义的方法都是写在 main()方法的前面，能否将其写在后面呢？下面来看【例 4-8】。

【例 4-8】调用求三角形面积的方法。

```
public class Test
{
    public static void main(String[] args)
    {
        double   a=3,b=4,c=5;   //三角形的三条边
        double area;            //三角形的面积
        area = Area(a,b,c);       //调用方法求面积
        System.out.println("该三角形的面积为："+area);
    }
    //定义求三角形面积的方法
    static double   Area(double a,double b,double c)
    {
        double s,area;
        s = (a+b+c)/2;
        area = Math.sqrt(s*(s-a)*(s-b)*(s-c));
        return area;
    }
}
```

程序运行结果如下：

　　　　该三角形的面积为：6.0

从上可知，当自定义方法放在主调方法之后才定义时，程序不需任何声明，照样能正确运行，Java 语言的这个特点，可称之为超前引用。其他编程语言如 C 语言是不支持超前引用的，如果自定义函数放在主调函数之后才定义，则必须在主调函数之前添加函数的原型声明，否则程序无法通过编译。

需要指出，上述例子中的用户自定义方法之前均需添加 static 关键字，否则程序编译将通不过，原因在于 main()方法本身是一个 static 方法，Java 规定，任何 static 方法不得调

用非 static 方法。关于 static 关键字，后面章节将有专门讲述，在此不予展开。

4.2.2　参数传递

当对有参数的方法进行调用时，实际参数将会传递给形式参数，也就是实参与形参结合的过程。参数是方法调用时进行信息交换的渠道之一，方法的参数分为形参和实参两种，形参出现在方法定义中，在整个方法体内都可以使用，离开该方法则不能使用；实参出现在主调方法中，进入被调方法后，实参变量也不能使用。形参和实参的功能是作数据传送。发生方法调用时，主调方法把实参的值传递给被调方法的形参，从而实现主调方法传递数据给被调方法。

方法的形参与实参具有以下特点。

(1) 形参变量只有在方法被调用时才分配内存单元，在调用结束时，便会"释放"所分配的内存单元。因此，形参只有在本方法内部有效。方法调用结束返回主调方法后，则不能再使用该形参变量了。方法内部自定义的(局部)变量也是如此。

(2) 实参可以是常量、变量、表达式，甚至是方法等，无论实参是何种类型的量，在进行方法调用时，都必须具有确定的值，以便把这些值传递给形参，因此应预先通过赋值，输入等方式使实参获得确定的值。

(3) 实参和形参在数量上，类型上，顺序上应严格一致，否则会发生"类型不匹配"的错误，在方法调用时应注意。

(4) 方法调用中的数据是单向传递的，即只能把实参的值传递给形参，而不能把形参的值反向传给实参。因此，在方法调用过程中，若形参的值发生改变，实参中的值是不会跟着改变的。请看【例 4-9】。

【例 4-9】写出下列程序的执行结果。

```java
public class Test
{
    static void Swap(int x,int y)
    {
        int temp;
        temp=x;
        x=y;
        y=temp;
        System.out.println("x="+x+",y="+y);
    }
    public static void main(String[] args)
    {
        int x=10,y=20;
        Swap(x,y);
        System.out.println("x="+x+",y="+y);
    }
}
```

程序运行结果：

     x=20,y=10
     x=10,y=20

从输出结果可知：方法调用中发生的数据传递是单
向的，形参的值发生改变后，对实参中的值并没有任何
影响。如图 4-1 所示解释了这一点。

上述程序执行时，Java 虚拟机首先会找到程序的
main()方法，然后从 main()方法里依次取出一条条的代
码加以执行，当执行到"Swap(x,y);"这条方法调用语
句时，程序就会跳转至 Swap(int x,int y)方法的内部去执
行，先把实参(x,y)(即(10,20))分别赋值给形参(int x,int
y)，接着，在 Swap 方法内对形参的值作了交换，并输
出交换后形参的值，最后方法调用结束又返回到 main()
方法，并对 main()方法中的(局部)变量值进行打印输出。
同名的 x、y 变量值的变化如图 4-1 所示。

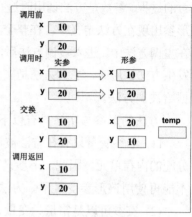

图 4-1　方法的参数传递

在此提醒初学者，在不同的方法中可以定义同名的变量，它们之间是独立的，具有不
同的存储空间，并且该空间在方法被调用时分配，方法结束时失效。

4.2.3　返回值

带返回值方法的一般形式如下：

```
返回值类型 方法名(类型 形式参数 1， 类型 形式参数 2， …… )
{
    方法体
    return 表达式;
}
```

方法的返回值是指方法被调用之后，执行方法体中的程序段所取得的并通过 return 语
句返回给主调方法的值。如调用求平均数方法取得的平均值，调用【例 4-8】的 Area()方法
取得的三角形面积等。方法的返回值是被调方法与主调方法进行信息沟通的渠道之一，对
方法的返回值有以下一些说明。

(1) 方法的返回值只能通过 return 语句返回给主调方法。

return 语句的一般形式如下：

    return 表达式;

或者为：

    return (表达式);

该语句的功能是计算表达式的值，并将其作为方法的值返回给主调方法。在方法中允

许有多个 return 语句,但每次方法调用只能有一个 return 语句被执行,因为一旦执行了 return
语句, 则程序流程会立即返回到主调方法的调用处, 可见, 一次方法调用最多只能返回一
个方法值。

(2) 方法内部返回值的数据类型和方法定义中方法的返回值类型应保持一致。如果两
者不一致, 则以方法类型为准,并自动进行强制类型转换。

(3) 不返回方法值的方法,可以明确定义其为"空类型",类型说明符为"void"。如
【例 4-2】中的方法 Print_lines()并不向主调方法返回任何方法值,因此可定义为:

```
void Print_lines ( )
{    ……
}
```

一旦方法被定义为空类型后,就不能在被调方法中使用 return 表达式;语句给主调方
法返回方法值了,而只能写单独的 return;语句,即只将程序流程跳转至调用方法处,不带
回返回值。特别地,如果 return;语句在方法的最后处,可以将其缺省。另外,不带返回值
的方法调用不能出现在赋值语句的右边。例如,将【例 4-5】的 Average ()方法定义为空类
型后,在主调方法中若写语句 int ave = Average(a, b);就是错误的。为了使程序具有良好的
可读性并减少出错可能,凡不需要返回值的方法最好定义为空类型。

4.2.4　方法嵌套及递归

1. 方法嵌套

Java 语言中不允许作嵌套的方法定义,因此各方法
之间的关系是平行的,不存在上级方法和下级方法的区
分。但是 Java 语言允许在一个方法的定义中调用另一个
方法,这样的情况称为方法的嵌套(调用),即在被调方
法中又调用了其他方法。这与其他语言的子程序嵌套的
情况是类似的。其关系示意如图 4-2 所示。

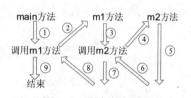

图 4-2　方法嵌套调用

图 4-2 表示两层嵌套的情形。其执行过程如下:执行 main()方法中调用 m1()方法的语
句时, 程序流程即转去执行 m1()方法,在 m1()方法中调用 m2 ()方法时,又转去执行 m2()
方法,m2()方法执行完毕后,返回 m1()方法的断点处继续执行,m1()方法执行完毕后,返
回 main()方法的断点处继续往下执行。方法的嵌套调用在较大的程序中经常会出现,应注
意分析其执行流程,确保正确的程序逻辑。请看【例 4-10】。

【例 4-10】写出下列程序的执行结果。

```
public class Test
{
    static int m1(int a ,int b)
    {
        int c;
```

```
            a+=a;
            b+=b;
            c=m2(a,b);
            return(c*c);
        }
        static int m2(int a,int b)
        {
            int c;
            c=a*b%3;
            return( c );
        }
        public static void main(String[] args)
        {
            int x=1,y=3,z;
            z= m1(x,y);
            System.out.println("z="+z);
        }
    }
```

程序运行结果如下:

　　z=0

请读者自行分析该程序的执行过程。下面再来看【例 4-11】。

【例 4-11】定义一个求圆柱体体积的方法,要求利用【例 4-4】求圆面积的方法来实现,并在 main()方法中进行验证。

```
    public class Test
    {
        static double   Circle(double radius)
        {
            double area;
            area = 3.14*radius*radius;
            return area;
        }
        static double Cylinder(double r,double h)
        {
            double vol;
            vol = Circle(r)*h;
            return vol;
        }
        public static void main(String[] args)
        {
            double r=5.5,h=30,v;
            v = Cylinder(r,h);
            System.out.println("底面半径为"+r+",高度为"+h+"的圆柱体体积: "+v);
        }
    }
```

程序运行结果如下：

底面半径为 5.5，高度为 30.0 的圆柱体体积：2849.55

2. 递归

一个方法在它的方法体内调用它自身的情况称为递归调用，这是一种特殊的嵌套调用，这样的方法称为递归方法。Java 语言允许方法的递归调用。在递归调用中，主调方法同时又是被调方法。执行递归方法将反复调用其自身，每调用一次就进入一个新的一层。

例如，有方法 m 如下：

```
int m(int x)
{       int y;
        z=m(y);
        return z;
}
```

这个方法就是一递归方法，但是运行该方法将无休止地调用其自身，这当然是不正确的。为了防止递归调用无休止地进行，必须在方法内设置终止递归调用的条件。常用的办法是加条件判断，满足某种条件后就不再作递归调用，而是逐层返回。下面举例说明递归调用的执行过程，如【例 4-12】所示。

【例 4-12】用递归法计算 n 的阶乘。

n!可用下述公式递归表示：

n!=1 (n=0,1)
n!=n × (n-1)! (n>1)

根据上述公式可编写如下递归程序：

```
import java.io.*;
public class Test
{
    static long factorial(int n)
    {
        long f=0;
        if(n<0)
            System.out.println("n<0,input error");
        else if(n==0||n==1)
            f=1;
        else
            f=factorial(n-1)*n;
        return f;
    }
    public static void main(String[] args) throws IOException
    {
        int n;
```

```
        long r;
        InputStreamReader reader=new InputStreamReader(System.in);
        BufferedReader input=new BufferedReader(reader);
        System.out.print("请输入一个正整数：");
        String temp=input.readLine();
        n = Integer.parseInt(temp);
        r=factorial(n);
        System.out.println(n+"的阶乘等于:"+r);
    }
}
```

程序运行结果如下：

请输入一个正整数：5(回车)
5 的阶乘等于：120

　　程序中的方法 factorial 是一个递归方法。主方法调用 factorial 后即进入方法 factorial 内执行，如果 n<0、n=0 或 n=1，都将结束方法的执行，否则就递归调用 factorial 方法自身。由于每次递归调用的实参为 n-1，即把 n-1 的值赋予形参 n，最后当 n-1 的值为 1 时再进行递归调用，形参 n 的值也为 1，将使递归终止，而后即可逐层返回上一层调用方法。

　　下面具体看一下若执行本程序时输入为 5，即求 5!的递归调用过程：在主方法中的调用语句为 y= factorial(5)，进入 factorial 方法后，由于 n=5，不等于 0 或 1，故应执行 f= factorial(n-1)*n，即 f= factorial(5-1)*5；该语句对 factorial 作递归调用即 factorial(4)，进行四次递归调用后，factorial 方法形参取得的值变为 1，故不再继续递归调用而开始逐层返回主调方法；factorial(1)的方法返回值为 1，factorial(2)的返回值为 1*2=2，factorial(3)的返回值为 2*3=6，factorial(4)的返回值为 6*4=24，最后的返回值 factorial(5)为 24*5=120，因此输出为 5!=120。

　　【例 4-12】也可以不采用递归的方法来完成，如可以采用递推法，即从 1 开始，乘以 2，再乘以 3……直到 n。递推法比递归法一般更容易理解和实现，但是对于有些问题却只能用递归算法来实现，如【例 4-13】所示的著名的汉诺塔(Hanoi)问题。

　　【例 4-13】Hanoi 塔问题。

　　假设地上有 3 个座子：A、B、C。A 座上套有 64 个大小不等的圆盘，大的在下，小的在上，依次摆放，如图 4-3 所示。要把这

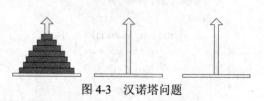

图 4-3　汉诺塔问题

64 个圆盘从 A 座移动到 C 座上，每次只能移动一个圆盘，移动可以借助 B 座进行。但无论在任何时候，任何座上的圆盘都必须保持大盘在下，小盘在上。试给出移动的步骤。

　　本题算法分析如下，设 A 上有 n 个盘子。

　　如果 n=1，则将圆盘从 A 直接移动到 C。

　　如果 n=2，则进行如下操作。

　　(1) 将 A 上的 n-1(等于 1)个圆盘移到 B 上。

　　(2) 再将 A 上的一个圆盘移到 C 上。

(3) 最后将 B 上的 n-1(等于 1)个圆盘移到 C 上。

如果 n=3，则进行如下操作。

(1) 将 A 上的 n-1(等于 2，令其为 n′)个圆盘移到 B 上(借助于 C)，步骤如下。

① 将 A 上的 n′-1(等于 1)个圆盘移到 C 上。

② 将 A 上的一个圆盘移到 B。

③ 将 C 上的 n′-1(等于 1)个圆盘移到 B。

(2) 将 A 上的一个圆盘移到 C 上。

(3) 将 B 上的 n-1(等于 2，令其为 n′)个圆盘移到 C(借助 A)，步骤如下。

① 将 B 上的 n-1(等于 1)个圆盘移到 A。

② 将 B 上的一个盘子移到 C。

③ 将 A 上的 n-1(等于 1)个圆盘移到 C。

到此，完成了 3 个圆盘的移动过程。

从上面的分析可以看出，当 n 大于等于 2 时，移动的过程可分解为如下 3 个步骤：

(1) 把 A 上的 n-1 个圆盘移到 B 上；

(2) 把 A 上的一个圆盘移到 C 上；

(3) 把 B 上的 n-1 个圆盘移到 C 上，其中步骤(1)和步骤(3)是类同的。

当 n=3 时，步骤(1)和步骤(3)又分解为类同的三步，即把 n′-1 个圆盘从一个座移到另一个座上，这里的 n′=n-1。可见这是一个递归过程，因此算法可如下编写：

```java
import java.io.*;
public class Test
{
    static void move(int n,char x,char y,char z)
    {
        if(n==1)
            System.out.println(x+"-->"+z);
        else
        {
            move(n-1,x,z,y);
            System.out.println(x+"-->"+z);
            move(n-1,y,x,z);
        }
    }
    public static void main(String[ ] args) throws IOException
    {
        int n;
        InputStreamReader reader=new InputStreamReader(System.in);
        BufferedReader input=new BufferedReader(reader);
        System.out.print("Please input a number：");
        String temp=input.readLine();
        n = Integer.parseInt(temp);
```

```
            System.out.println("the steps to move "+n+" diskes：");
            move(n,'a','b','c');
        }
    }
```

从程序中可以看出，move 方法是一个递归方法，它有 4 个形参 n、x、y、z。n 表示圆盘数，x、y、z 分别表示 3 个座。move 方法的功能是把 x 上的 n 个圆盘移动到 z 上。当 n==1 时，直接把 x 上的圆盘移至 z 上，输出 x→z。如果 n!=1 则分为三步：递归调用 move 方法，把 n-1 个圆盘从 x 移到 y；输出 x→z；递归调用 move 方法，把 n-1 个圆盘从 y 移到 z。在递归调用过程中 n=n-1，故 n 的值逐次递减，最后 n=1 时，终止递归，逐层返回。当 n=4 时程序的执行结果如下：

```
Please input a number：4
the steps to move 4 diskes：
a-->b
a-->c
b-->c
a-->b
c-->a
c-->b
a-->b
a-->c
b-->c
b-->a
c-->a
b-->c
a-->b
a-->c
b-->c
```

【例 4-14】是用非常递归法实现的 n 的阶乘的方法。

【例 4-14】用非递归法计算 n 的阶乘。

```
int FactorialByLoop(int n)
{
    int i = 1;
    int jc = 1;
    while (i <= n)
    {
        jc *= i;
        i++;
    }
    return jc;
}
```

n！= n*(n-1)*(n-2)*....*1，从循环的角度看，只要循环 n 次，每次将循环控制变量 i 的值累乘起来既可得到阶乘值。虽然也可以采用【例 4-12】中的递归法来计算 n 的阶乘，但相比之下，非递归程序的执行效率要比递归程序高很多(不用反复进栈、出栈)，因此建议当程序对实时性要求较高时，尽量采用非递归的方式来解决问题。

4.3　变量作用域

在讨论方法的形参变量时曾经提到，形参变量只在被调用期间才分配内存单元，调用结束时立即"释放"。这一点表明形参变量只有在方法内部才有效，离开该方法就不能再使用。这种变量的有效性范围称之为变量的作用域。不仅是形参变量，Java 语言中所有的变量都有其相应的作用域。变量声明方式不同，其作用域也不同。Java 中的变量，按作用域范围及生命周期可分为三种，即局部变量、静态变量以及类成员变量。静态变量和类的成员变量将在后面章节中详细阐述，下面仅介绍局部变量的概念。

局部(动态)变量又称内部变量，局部变量是在方法内作定义说明的，在各个方法(包括 main()方法)中定义的变量及方法的形式参数均为局部变量，其作用域仅限于方法内，离开该方法后再使用这种变量则是非法的，因为它已经被"释放"不存在了。

例如：

```
int m1(int a) /*方法 m1*/
{   int b,c;
    ……
}

int m2(int x) /*方法 m2*/
{   int y,z;
    ……
}

public static void main(String args[])    /*主方法 main()*/
{   int m,n;
    ……
}
```

在方法 m1 中定义了 3 个变量：a 为形参变量，b、c 为一般变量，它们均属局部变量。在 m1 的范围内 a、b、c 有效，或者说 a、b、c 变量的作用域仅限于 m1 内。同理，x、y、z 的作用域限于 m2 内。m、n 的作用域仅限于 main()方法内。关于局部变量的作用域，还需注意以下几点。

(1) 主方法中定义的变量只能在主方法中使用，不能在其他方法中使用。同时，主方法中也不能使用其他方法中定义的变量。因为主方法也是一个方法，它与其他方法是平行关系，这一点应特别注意。

(2) 形参变量是属于被调方法的局部变量，而实参变量一般是属于主调方法的局部变量。

（3）允许在不同的方法中使用相同的变量名，它们代表不同的对象，分配不同的单元，互不干扰，也不会发生混淆，各自在自己的作用域中发挥作用。如进行方法调用时，形参和实参的变量名均为 x，这是允许的。

（4）在复合语句中也可定义变量，其作用域只在复合语句范围内，如【例 4-15】所示。

【例 4-15】 复合语句中定义的变量的作用域。

```
public static void main(String args[])
{    int s,a;
     ......
     {
          int b;
          s=a+b;
          …… /*b 的作用域*/
     }
     ......
}
```

上面的例子中，变量 s、a 的作用域从定义后开始一直到 main()方法结束，而复合语句中定义的变量 b，其作用域仅限于该复合语句中，需要注意的是，若将 b 变量改名为 a 变量，则是不允许的，因为 Java 语言的设计者认为这样做会使程序产生混淆，编译器认为变量 a 已在外层中被定义，不能在内层复合语句中被重复定义。然而对于 C 或 C++，有两个重名变量 a 则是允许的。

4.4 数　　组

数组是 Java 语言以及其他编程语言的一种重要的数据结构，它不同于前面章节介绍的 8 种基本数据类型，当处理一系列的同类数据时，利用数组来操作会非常方便。

4.4.1 数组的概念

在解决现实问题时，经常需要处理一批类似的数据，如对 6 位同学的成绩进行处理，如果利用基本数据类型的话，那就必须定义 6 个变量：result1、result2、result3、result4、result5 和 result6。如果有 60 位同学，那就需要定义 60 个基本数据类型的变量了，这是很不合理的。

为了便于处理一批同类型的数据，Java 语言引入了数组类型，以处理像线性表、矩阵等结构的数据。数组类型是由其他基本数据类型按照一定的组织规则构造出来的带有分量的构造类型，即数组是由具有相同类型的分量组成的结构，其中每个分量称为数组的一个元素，每个分量同时也都是一个变量，为区分一般变量，不妨称之为下标变量，下标变量在数组中所占的位置序号称为下标，下标规定了数组元素的排列次序，因此，只要指出数组名和下标就可以确定一个数组元素，而不必为每个元素都起一个名字，从而简化程序书写并提高了代码的可读性。例如，在定义了数组 result 后，60 位同学的成绩分别可以用

result[0]，result[1]，result[2]，…，result[57]，result[58]，result[59]来表示。

在 Java 中，数组是一种特殊的对象，数组与对象的使用一样，都需要定义、创建和释放。在 Java 语言中，数组可以用 new 操作符来获取所需的存储空间，或者用直接初始化的方式来创建，而对存储空间的释放则由垃圾收集器自动回收。

数组作为一种特殊的数据类型，其有以下特点：首先，数组中的每个元素都是相同数据类型的；其次，数组中的这些相同数据类型的元素是通过数组下标来标识的，并且该下标从 0 开始；最后，数组元素在内存中是连续存放的。

下面介绍常用的一维数组和二维数组(也可以称之为多维数组)的声明与创建。

4.4.2　数组的声明和创建

1. 一维数组

一维数组的声明格式如下。

　　　数据类型 [ ] 数组名；

或：

　　　数据类型　数组名[ ]；

其中，数据类型指明了数组中各元素的数据类型，包括基本数据类型和构造类型(如数组或类)；数组名应为一个合法的标识符；中括号"[ ]"指示该变量为数组类型变量。如下列所示。

　　　short [ ] x；

或：

　　　short　x[ ]；

以上两种定义格式都是正确的，表示声明了一个短整型的数组，数组名为 x，数组中的每个元素均为短整型。需要注意的是，Java 语言在定义数组时，不能马上就指定数组元素的个数，即下面的定义语句是错误的：

　　　short　x[60]；

数组元素的个数应在创建时再指定，这一点与很多其他编程语言不同。那么，怎么来创建数组呢？Java 语言规定，创建数组可以有两种方式：初始化方式和 new 操作符方式。初始化方式是指直接给数组的每一个元素指定一个初始值，系统自动根据所给出的数据个数为数组分配相应的存储空间，这种创建数组的方式适用于数组元素较少的情形。其一般形式如下：

　　　数据类型　数组名[ ] = {数据 1，数据 2，…，数据 n}；

下面的语句定义并创建了一个含有 6 个元素的短整型数组和一个含有 6 个元素的字

符数组：

```
short    x[ ] = {1, 2, 3, 4, 5, 6};
char     ch[ ] = {'a', 'b', 'c', 'd', 'e', 'f'};
```

然而，先定义数组，再创建初始化数组则是错误的，比如上述语句如果改写成下面的形式就是错误的：

```
short    x[ ];
x = {1, 2, 3, 4, 5, 6}；//编译出错
```

对于数组比较大的情况，即数组元素较多时，用初始化方式显然不妥，这时就应采用第二种方式，即 new 操作符方式。其一般形式如下。

    数据类型   数组名[ ] = new 数据类型[元素个数];

或：

    数据类型   数组名[ ];
    数组名= new 数据类型[元素个数];

利用 new 操作符方式创建的数组元素会自动被初始化为一个默认值：对于整型，默认值为 0；对于浮点型，默认值为 0.0；对于布尔型，则默认为 false 等。当然，在创建完数组后，用户也可以通过正常的访问方式对数组元素进行赋值，例如：

```
short    x[ ] = new short[6];
x[0] = 9;
x[1] = 8;
x[2] = 7;
x[3] = 6;
x[4] = 5;
x[5] = 10;
```

注意：

该数组的元素个数是 6 个，因此下标为从 0 至 5，千万不要对其他下标的元素进行访问，如 x[6]，x[10]等将会发生数组下标越界的错误。

一般地，数组的元素个数称为该数组的长度，它可以通过数组对象的 length 属性来获取。请看如下程序段：

```
short x[ ] = new short[6];
int len = x.length;
for(int i=0;i<len;i++)    //通过循环给每个数组元素赋值
    x[i]=i*2;
for(int i=0;i<len;i++)    //通过循环输出每个数组元素的值
    System.out.print(x[i] + "    ");
```

程序运行结果如下：

0 2 4 6 8 10

由此可以看出，利用数组对象的 length 属性可以方便地实现遍历访问数组的每一个元素。

2. 二维数组

二维数组的声明格式如下。

　　数据类型 [ ] [ ] 数组名；

或：

　　数据类型　数组名[ ] [ ]；

其中，数据类型和数组名的规定同一维数组相同，所不同的是多了一个中括号。例如：

```
short    [ ] [ ] x；
float    y [ ] [ ]；
```

分别声明了二维短整型数组 x 和二维单精度浮点型数组 y，与一维数组一样，声明二维数组时也不能指定具体的长度，一般习惯将第一个中括号称为"行维"，第二个称为"列维"，相应地，访问二维数组的元素时，需要同时提供行下标和列下标。

创建二维数组同样可以采用两种方式：初始化方式和 new 操作符方式。例如：

```
short [ ] [ ] x = {{1,2,3},{4,5,6},{7,8,9}}；
float    y [ ] [ ]={{0.1,0.2},{0.3,0.4,0.5},{0.6,0.7,0.8,0.9}}；
```

上述为采用初始化方式创建的两个二维数组。其中，x 为 3 行 3 列的等长数组，而 y 为非等长数组，第 1 行有 2 列，第 2 行有 3 列，第 3 行则有 4 列。初学者应注意，Java 语言支持非等长数组并不代表其他语言也支持，如 C、Pascal 等就不支持。

上述二维数组若采用 new 操作方式来创建，则 x 数组可以用如下语句创建：

```
short [ ] [ ] x = new short[3][3]；
```

而 y 数组则相对复杂些：

```
float    y [ ] [ ]= new float[3][]；
y[0] = new float[2]；
y[1] = new float[3]；
y[2] = new float[4]；
```

由此可见，非等长数组由于各列元素个数不同，因此只能采取各列分别单独进行创建的方式，显然这种写法要稍微繁琐一些。

创建了二维数组后，下面就可以对数组元素进行访问了，上面说过，访问二维数组元素需要同时提供行下标和列下标，例如：

```
x[0][0] = 1；    x[0][1] = 2；    x[0][2] = 3；
x[1][0] = 4；    x[1][1] = 5；    x[1][2] = 6；
x[2][0] = 7；    x[2][1] = 8；    x[2][2] = 9；
```

上面 9 条语句分别对每一个数组元素进行了赋值，赋值后的状态就与前面采用初始化方式创建的 x 数组相同了。同理，对非等长数组 y 的各元素赋值如下：

```
y[0][0] = 0.1;      y[0][1] = 0.2;
y[1][0] = 0.3;      y[1][1] = 0.4;      y[1][2] =0.5;
y[2][0] = 0.6;      y[2][1] = 0.7;      y[2][2] = 0.8;      y[2][3] = 0.9;
```

当所要创建的数组元素值是已知的，且个数不太多时，那么采用第一种，即初始化方式是比较方便的，而如果数组元素值未知或数组规模较大，则只能通过 new 操作符方式来创建，再通过循环结构来遍历访问各个数组元素。例如：

```
char    str [ ][ ] = { {'T'},
                       {'L', 'o', 'v', 'e'},
                       {'C', 'h', 'i', 'n', 'a'} };
int    z [ ][ ] = new [10][10];
for(int i=0;i<z.length.;i++)    //通过循环遍历数组每一行
   for(int j=0;j<z[i] .length;j++)    //通过循环遍历数组每一列
          z[i][j] = i*10+j;            //通过行下标和列下标访问数组元素
```

需要特别注意的是：z.length 的值代表二维数组 z 的行数，即行维的长度，而 z[i] .length 的值则代表二维数组的第 i 行的元素个数，即列长度，因此，上述两重嵌套循环结构遍历访问二维数组的程序对于非等长数组也是适用的。

对于二维字符数组 str 来说，str. length 的值就应为 3，而 str[0].length、str[1]. length 和 str[2]. length 的值分别为 1、4 和 5，str[1][1]的值则为字符'o'。

4.4.3　数组的应用举例

数组很适合用来存储和处理相同类型的一批数据，本节将介绍几个关于数组的应用例子。

【例 4-16】某同学参加了高数、英语、Java 语言、线性代数和物理 5 门课程的考试，假定成绩分别为 70、86、77、90 和 82，请用数组存放其成绩，并计算 5 门课程的最高分和平均分。

```
public class Score
{
    public static void main(String[] args)
    {
        int x[]={70,86,77,90,82};
        int max=0; //临时变量
        int sum=0; //总分
        for(int i=0;i<x.length;i++)
        {
            if(x[i]>max)
                max=x[i];
```

```
            sum+=x[i];
        }
        System.out.println("最高分："+max);
        System.out.println("平均分："+sum*1.0/x.length);   //注意"/"运算
    }
}
```

程序运行结果如下：

最高分：90
平均分：81.0

【例 4-17】某班同学参加了高数、英语、Java 语言、线性代数和物理 5 门课程的考试。假定成绩已公布，请编写一程序，通过键盘录入他们的成绩，并计算输出每位同学的课程最高分、最低分和平均分，以及每一门课程的班级最高分、最低分和平均分。

```
import java.io.*;
public class Scores
{
    public static void main(String[] args)throws IOException
    {
        int max=0;      //最高分
        int min=100; //最低分
        int sum=0;      //总分
        System.out.print("请输入学生数：");
        InputStreamReader reader=new InputStreamReader(System.in);
        BufferedReader input=new BufferedReader(reader);
        String temp=input.readLine();
        //输入学生人数 n
        int n = Integer.parseInt(temp);
        int x[][]=new int[n][5];
        //录入成绩
        for(int i=0;i<n;i++)
        {
            for (int j=0;j<5 ;j++ )
            {
                System.out.print((i+1)+"号同学"+(j+1)+"号课程分数");
                 temp=input.readLine();
                 x[i][j] = Integer.parseInt(temp);
            }
        }
        //计算并输出每一位同学的课程最高分、最低分和平均分
        for(int i=0;i<n;i++)
        {
            for (int j=0;j<5 ;j++ )
            {
                if (x[i][j]>max)
```

```
                        max=x[i][j];
                if (x[i][j]<min)
                        min=x[i][j];
            sum+=x[i][j];
        }
        System.out.println((i+1)+"号同学最高分："+max);
        System.out.println((i+1)+"号同学最低分："+min);
        System.out.println((i+1)+"号同学平均分："+sum/5.0);
        max=0;
        min=100;
        sum=0;
        }
        //计算并输出每一门课程的班级最高分、最低分和平均分
        for(int i=0;i<5;i++)
        {
        for (int j=0;j<n ;j++ )
        {
                if (x[j][i]>max)
                        max=x[j][i];
                if (x[j][i]<min)
                        min=x[j][i];
                sum+=x[j][i];
        }
        System.out.println((i+1)+"号课程的班级最高分："+max);
        System.out.println((i+1)+"号课程的班级最低分："+min);
        System.out.println((i+1)+"号课程的班级平均分："+sum*1.0/n);
        max=0;
        min=100;
        sum=0;
        }
    }
}
```

某次的程序运行结果如下：

```
请输入学生数：2          (为简单起见，这里假定只有2位同学)
1号同学1号课程分数70
1号同学2号课程分数50
1号同学3号课程分数90
1号同学4号课程分数88
1号同学5号课程分数67
2号同学1号课程分数92
2号同学2号课程分数76
2号同学3号课程分数81
2号同学4号课程分数63
2号同学5号课程分数87
1号同学最高分：90
1号同学最低分：50
```

1 号同学平均分：73.0
2 号同学最高分：92
2 号同学最低分：63
2 号同学平均分：79.8
1 号课程的班级最高分：92
1 号课程的班级最低分：70
1 号课程的班级平均分：81.0
2 号课程的班级最高分：76
2 号课程的班级最低分：50
2 号课程的班级平均分：63.0
3 号课程的班级最高分：90
3 号课程的班级最低分：81
3 号课程的班级平均分：85.5
4 号课程的班级最高分：88
4 号课程的班级最低分：63
4 号课程的班级平均分：75.5
5 号课程的班级最高分：87
5 号课程班级最低分：67
5 号课程班级平均分：77.0

【例 4-18】试用冒泡法对 10，50，20，30，60 和 40 数列进行降序排序。

```java
public class BubbleSort
{
    public static void main(String[] args)
    {
        int x[]={10,50,20,30,60,40};
        int temp; //临时变量
        for(int i=1;i<x.length;i++)   //比较趟次
        for (int j=0;j<x.length-i;j++)   //在某趟中逐对比较
        {
            if(x[j]<x[j+1])
            {   //交换位置
                temp=x[j];
                x[j]=x[j+1];
                x[j+1]=temp;
            }
        }
        for(int i=0;i<x.length;i++)
        System.out.print(x[i]+" ");    //遍历输出排好序的数组元素
    }
}
```

程序最后输出结果如下：

60 50 40 30 20 10

冒泡排序法的基本思路如下：对一个具有 n 个元素的数列，首先通过比较第 1 和第 2

个元素，若为降序，则不动，若为升序，则将两数做一个对调，然后再比较第 2 和第 3 个元素，依次类推，当比较 n-1 次以后，则最小的数就排在了最后的位置上；第二趟对前 n-1 个数做同样操作，将次小数排至倒数第 2 的位置上；依次类推，只要 n-1 趟比较过后，整个数列就从无序变为有序的。由于在每一趟比较过程中，都会将其中最小的数推至最后面去，就像水底泡泡上升一样，故取名为冒泡排序。

上述程序总共进行了 5 趟排序，排序过程如下所示。

第 1 趟：50,20,30,60,40,10　(10 冒出来了)

第 2 趟：50,30,60,40,20　　(20 也冒出来了)

第 3 趟：50,60,40,30　　　(30 冒出来)

第 4 趟：60,50,40　　　　(40 冒出来)

第 5 趟：60,50　　　　　　(50 冒出来，此时只剩最后一个数 60，因此排序完毕)

【例 4-19】矩阵相乘运算。

```java
public class MatrixMultiply{
    public static void main(String args[]){
        int i,j,k;
        //创建二维数组 a
        int a[][]=new int [2][3];
        //创建并初始化二维数组 b
        int b[][]={{1,2,3,4},{5,6,-7,-8},{9,10,-11,-12}};
        //创建二维数组 c
        int c[][]=new int[2][4];
        for (i=0;i<2;i++)
            for (j=0; j<3 ;j++)
            //遍历 a 数组并赋值
            a[i][j]=(i+2)*(j+3);
        for (i=0;i<2;i++){
            for (j=0;j<4;j++){
                c[i][j]=0;
                for(k=0;k<3;k++)
                    c[i][j]+=a[i][k]*b[k][j];
            }
        }
        System.out.println("*******矩阵 C********");
        //输出矩阵 C
        for(i=0;i<2;i++){
            for (j=0;j<4;j++)
                System.out.print(c[i][j]+" ");
            System.out.println();
        }
    }
}
```

程序运行结果如下：

```
*******矩阵 C********
136 160 -148 -160
204 240 -222 -240
```

上述程序首先利用数组存放 2 行 3 列矩阵 a 和 3 行 4 列矩阵 b，通过循环结构实现矩阵的遍历赋值和相乘运算，并将矩阵相乘的结果存放至 2 行 4 列的矩阵 c 中，最后将结果矩阵 c 打印输出。

4.5　数组与方法

通过方法的参数传递可以实现主程序与子程序之间的数据传递，但可惜一次只能传递少量的几个值，有了数组这种构造类型之后，可以利用传递数组的首地址值来间接达到传递一批数组元素的目的。请看【例 4-20】。

【例 4-20】方法中的数组传递。

```
public class TestArray
{
    public static void main(String[] args)
    {
        int x[]={10,20,30,40,50};
        display(x);
    }
    public static void display(int y[])
    {
    for(int i=0;i<y.length;i++)
        System.out.print(y[i]+" ");
    }
}
```

程序运行结果如下：

```
10 20 30 40 50
```

由此可见，通过数组名(即数组首地址值)的传递，可以实现在子程序中对主程序的数组各元素进行访问，间接实现了大批量数据的传递，并且这种传递还可以是"双向"的，即如果在子程序中修改了 y 数组中的元素值，则当子程序结束调用返回时，主程序中的对应 x 数组的元素值也被修改了。这点应该比较容易理解，因为实际上 y 数组与 x 数组是同一个数组空间，对 y 数组的操作即是对 x 数组的操作。当然，通过方法实现整个数组的传递本质上是由于传递了一个特殊值——数组首地址。

下面根据方法传递数组的特点对【例 4-18】的冒泡排序算法进行改写。

【例 4-21】传递数组的冒泡排序方法。

```
public class BubbleSort
{
    public static void main(String[] args)
    {
        int x1[]={10,50,20,30,60,40};
        int x2[]={1,7,2,3,6,4,9,5,8,0};
        bubbleSort(x1);    //对 x1 数组进行冒泡排序
        display(x1);       //对 x1 数组进行输出显示
        System.out.println();    //换行
        bubbleSort(x2);    //对 x2 数组进行冒泡排序
        display(x2);       //对 x2 数组进行输出显示
    }
    //冒泡排序法
    public static void bubbleSort(int x[])
    {
    int temp; //临时变量
    for(int i=1;i<x.length;i++)
        for (int j=0;j<x.length-i;j++)
        {
            if(x[j]<x[j+1])
            {
                temp=x[j];
                x[j]=x[j+1];
                x[j+1]=temp;
            }
        }
    }
    //输出显示数组各元素
    public static void display(int y[])
    {
    for(int i=0;i<y.length;i++)
        System.out.print(y[i]+" ");
    }
}
```

上述程序的运行结果如下：

```
60 50 40 30 20 10
9 8 7 6 5 4 3 2 1 0
```

4.6 小　　结

方法是所有程序设计语言的重要概念，同时也是实现结构化程序设计的核心，而结构化程序设计又是面向对象程序设计的基础，因此本章首先对方法的概念、定义、调用以及局部变量等作了较为详细的介绍。理解结构化程序设计思想能为后面学习面向对象技术打下良好基础。本章还介绍了新的数据类型——数组的概念、声明、创建以及应用等，并对将数组作为方法参数来传递作了解释说明。

4.7　思 考 练 习

1. 以下叙述中不正确的是_____。

A. 在方法中，通过 return 语句传回方法值

B. 在一个方法中，可以执行有多条 return 语句，并返回多个值

C. 在 Java 中，主方法 main()后的一对圆括号中也可以带有参数

D. 在 Java 中，调用方法可以在 System.out.println()语句中完成

2. 以下描述正确的是_____。

A. 方法的定义不可以嵌套，但方法的调用可以嵌套

B. 方法的定义可以嵌套，但方法的调用不可以嵌套

C. 方法的定义和方法的调用均不可以嵌套

D. 方法的定义和方法的调用均可以嵌套

3. 以下说法正确的是_____。

A. 在不同方法中不可以使用相同名字的变量

B. 实际参数可以在被调方法中直接使用

C. 在方法内定义的任何变量只在本方法范围内有效

D. 在方法内的复合语句中定义的变量只在本方法语句范围内有效

4. 按 Java 语言的规定，以下正确的说法是_____。

A. 实参不可以是常量，变量或表达式

B. 形参不可以是常量，变量或表达式

C. 实参与其对应的形参占用同一个存储单元

D. 形参是虚拟的，不占用存储单元

5. 一个 Java Application 程序中有且只有一个_____方法，它是整个程序的执行入口。

6. 方法通常可以认为由两部分组成：_____和_____。

7. 读程序写结果。

```
public class   Test {
    static void m(int x, int y, int z)
    { x=111;   y=222;   z=333;
    }
    public static void main(String args[ ] )
    { int x=100, y=200, z=300;
```

```
        m(x, y, z);
        System.out.println("x="+x+"y="+y+"z="+z);
    }
}
```

8. 编写一个判断某个整数是否为素数的方法。

9. 编写两个方法，分别求两个整数的最大公约数和最小公倍数，在主方法中由键盘输入两个整数并分别调用这两个方法，最后输出相应的结果。

10. 以下程序执行后的输出为 _____ 。

```
    public class Test
    {
        static int m1(int a ,int b)
        {
            int c;
            a+=a;
            b+=b;
            c=m2(a,b);
            return(c*c);
        }
        static int m2( int a,int b)
        {
            int c;
            c=a*b%3;
            return( c );
        }
        public static void main(String[] args)
        {
            int x=1,y=3,z;
            z= m1(x,y);
            System.out.println("z="+z);
        }
    }
```

11. 编写一个方法，实现求某个整数的各个位上的数字之和的功能。

12. 编写完成十进制整数到八进制的转换方法。

13. 用于指出数组中某个元素的数字叫做_____；数组元素之所以相关，是因为它们具有相同的_____和_____。

14. 数组 int results[ ] = new int[6] 所占存储空间是_____字节。

15. 使用两个下标的数组称为_____数组，假定有如下语句：

```
    float scores[ ][ ] = { {1, 2, 3}, {4, 5}, {6, 7, 8, 9} };
```

则 scores.length 的值为：_____， scores[1].length 的值为：_____， scores[1][1]的值为：_____。

16. 从键盘上输入 10 个双精度浮点数后，求出这 10 个数的和以及它们的平均值。要求分别编写求和及求平均值的方法。

17. 利用数组输入 6 位大学生 3 门课程的成绩，然后计算：

(1) 每个大学生的总分；

(2) 每门课程的平均分。

18. 编写一个方法，实现将字符数组倒序排列，即进行反序存放。

19. Java 语言为什么要引入方法这种编程结构？

20. 为什么要引入数组结构？数组有哪些特点？Java 语言创建数组的方式有哪些？

第5章　类和对象

本章学习目标:

- 理解面向对象技术,尤其是类的概念及其封装性
- 掌握类的设计,对象的创建、使用和清除
- 掌握访问控制符的使用以及包的概念

5.1　引　　言

传统的程序设计语言是结构化的、面向过程的,以"过程"和"操作"为中心来构造系统、设计程序,但当程序的规模达到一定程度时,程序员很难控制其复杂性。

图 5-1 为结构化编程的一个模块示意,程序中的 main 方法调用其他 4 个方法,从上可见结构化编程方法专注于操作(方法)而不是操作作用的对象——数据,因此数据常以无序的方式散布于整个系统中,如图 5-2 所示。

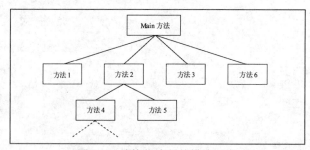

图 5-1　结构化编程的模块示意

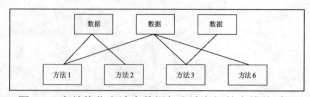

图 5-2　在结构化方法中数据与方法之间的交错关系图

然而,数据对于程序很重要,因此图 5-2 所示的方法可能会导致如下问题。

- 由于其他方法的影响,数据会发生改变,同时数据可能会出乎意料地遭到破坏,这都将导致程序的可靠性降低,并且使程序很难调试。
- 修改数据时需要重写与数据相关的每个方法,这将导致程序的可维护性降低。

● 方法和操作的数据没有紧密地联系在一起，由于复杂的操作网络而导致代码的重用
　性降低。

　　除了上面列出的各种问题，由于使用结构化编程语言往往允许声明全局变量，全局变
量在程序中可被所有方法访问；因此，不难想象追踪数据有多困难，同时程序中很容易出
现错误。

　　在面向对象方法中，方法及其操作的数据都聚合在一个单元中。这种更大粒度的组织
单元被称为类，如图 5-3 所示。

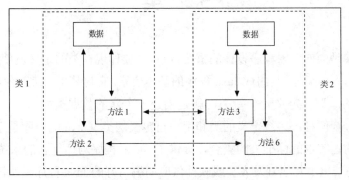

图 5-3　面向对象的类设计

　　图 5-3 中的类 1 和类 2 分别将紧密相关的数据和方法封装在一起，简化并理顺了传统
结构化设计中的交错关系。在面向对象方法中，就是用类来进行程序设计的，类是由对现
实世界的抽象得到的。例如，在现实世界中，同是人类的张三和李四，有许多共同点，但
肯定也有许多不同点。当用面向对象方法设计时，相同类(人类)的对象(张三和李四)具有共
同的属性和行为，它把对象分为两个部分：数据(相当于属性)和对数据的操作(相当于行为)。
描述张三和李四的数据可能用姓名、性别、年龄、职业、住址等，而对数据的操作可能是
读或设置他们的名字、年龄等。

　　从程序设计的观点来看，类也可以看作是数据类型，通过这种类型可以方便定义或创
建某类的众多具有不同属性的对象，因此类的引入无疑扩展了程序设计语言解决问题的能
力。人们把现实世界分解为一个个对象，解决现实世界问题的计算机程序也与此相对应，
由一个个对象组成，这些程序就称为面向对象的程序，编写面向对象程序的过程就称为面
向对象程序设计(Object-Oriented Programming，简写为 OOP)。利用 OOP 技术，可以将许
多现实的问题归纳成为一个简单解。OOP 使用软件的方法模拟现实世界的类和对象，它利
用了对象的关系，即同一类对象具有共同的属性(尽管属性值不同)；还利用了继承甚至多
重继承的关系，即新建的类是通过继承现有类的特点而派生出来的，但是又包含了其自身
特有的特点，如子女有父母的许多特点，但是矮个子父母的子女也可能是高个子。面向对
象程序设计模拟了现实世界的对象(它们的属性和行为)，使程序设计过程更自然和直观。

　　要想得到正确并且易于理解的程序，必须采用良好的程序设计方法。结构化程序设计
和面向对象程序设计是两种主要的程序设计方法。结构化程序设计建立在程序的结构基础
之上，主张采用顺序、循环和选择 3 种基本程序结构以及自顶向下、逐步求精的设计方法，
实现单入口、单出口的结构化程序；面向对象程序设计则主张按人们通常的思维方式建立

问题域的模型，设计尽可能自然地表现客观世界和求解方法的软件。类和对象是为实现这一目标而引入的基本概念，面向对象程序设计的主要特征在于类的封装性和继承性以及由此带来的对象的多态性。与结构化程序设计相比较，面向对象程序设计具有更多的优点，适合开发大规模的软件。本章将介绍 Java 面向对象程序设计的基础，包括类、对象、访问控制符和包等内容。

5.2 类

抽象和封装是面向对象程序设计的重要特点，主要体现在类的定义及使用上。类是 Java 中的一种重要的引用类型，是组成 Java 程序的基本要素。它封装了一类对象的状态和方法，是这一类对象的原型。定义一个新类，就是创建一个新的数据类型。

Java 的类分为两种：系统定义的类和用户自定义的类。Java 的类库是系统定义的类，它是系统提供的已实现的标准类的集合，提供了 Java 程序与运行它的系统软件之间的接口。Java 类库是一组由其他开发人员或软件供应商编写好的 Java 程序模块，每个模块通常对应一种特定的基本功能和任务，当自己编写的 Java 程序需要完成其中某一功能时，就可以直接利用这些现有的类库，而不需要一切从头编写。Java 的类库大部分是由 SUN 公司提供的，这些类库称为基础类库，也有少量的是由其他软件开发商以商品的形式提供的。由于 Java 语言诞生的时间不长，还处于不断发展、完善的阶段，所以 Java 的类库也在不断地扩充和修改。

本节主要介绍如何创建用户自定义类。先看两个简单的例子，如【例 5-1】和【例 5-2】所示。

【例 5-1】定义一个汽车类。

```
class Car{
    String    color;        //汽车的颜色
    int    year;            //汽车的出厂年份
    String    factory;       //生产厂家
    String    brand ;         //汽车品牌
    int    speed;        //汽车的速度

    public    void    run(){
        System.out.println("汽车正在以每小时"+speed+"的速度前进。");
}
```

【例 5-2】一个简单类。

```
public class Example{
    public static void main(String args[ ]){
        System.out.println("热烈庆祝中华人民共和国建国 60 周年！")
    }
}
```

【例 5-1】定义的汽车类包含的数据部分描述了汽车的相关属性，如品牌、厂家、颜色、速度等，定义的操作方法 run() 则描述了汽车的功能——运行。【例 5-2】中的 Example 类仅有一个由 static 修饰符修饰的静态 main() 方法构成。严格讲，Example 类并没有自己的数据和操作方法，main() 方法仅是在形式上归属 Example 类。本质上，任何由 static 修饰符修饰的静态方法都是"全局性"的，即使所属类不创建任何对象，它们也可以被调用并执行。特别地，静态 main() 方法在整个 Java 独立应用程序执行时首先被自动调用，是程序的运行起点。因此【例 5-1】并不是完整的程序，它缺少了必不可少的 main() 方法。顺便再提一下，Java 应用程序从形式上看是由一个或多个类构成的，一般程序规模越大，所需定义的类越多，类的代码也越复杂。下面再看一个复杂些的较为完整的类实例。

【例 5-3】定义一个 Teacher 类，如图 5-4 所示。

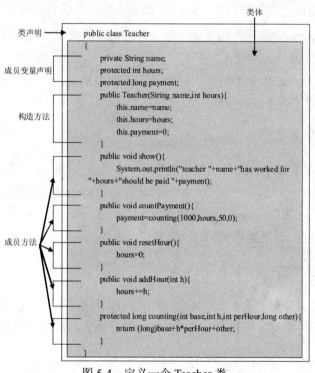

图 5-4 定义一个 Teacher 类

本例给出了组成 Teacher 类的两个主要部分：类声明和类体。在类体中定义了 3 个成员变量和 6 个成员方法。其中，一个成员方法比较特殊，它没有返回值类型并且方法名和类名一致，人们称之为构造方法。构造方法是在类对象创建的时候被自动调用的，一般用来初始化类对象的成员变量。

5.2.1 类声明

类声明的一般格式如下：

    [类修饰字]class 类名[extends 父类名][implements 接口列表]
    {

```
       ……  //类体
    }
```

这里的 class 是声明类的关键字，类名是要声明的类的名称，它必须是一个合法的 Java 标识符。根据声明类的需要，类声明还可以包含 3 个选项：声明类的修饰符；说明该类的父类；说明该类所实现的接口。

其中，class 关键字是必需的，所有其他的部分都是可选的。下面对类声明的 3 个选项给出更详细的介绍。

1．类修饰符

类修饰符用于说明这个类是一个什么样的类。类修饰符可以是 public、abstract 或 final，如果没有声明这些可选的类修饰符，Java 编译器将给出默认值。类修饰符的含义如下。

- public：public 关键字声明了类可以在其他任何的类中使用。省略时，该类只能被同一个包中的其他类使用。
- abstract：声明这个类不能被实例化，即该类为抽象类。
- final：声明了类不能被继承，即没有子类。

2．说明类的父类

在 Java 中，除了 Object 之外，每个类都有一个父类。Object 是 Java 语言中唯一没有父类的类。如果某个类没有指明父类，Java 就认为它是 Object 的子类。因此，所有其他类都是 Object 的直接子类或间接子类。需要注意的是，在 extends 之后只能跟唯一的父类名，即使用 extends 只能实现单继承。

3．说明一个类所实现的接口

为了声明一个类要实现的一个或多个接口，可以使用关键字 implements，并且在其后给出由该类实现的接口的名称列表，它们是以逗号分隔的。接口的定义和实现将在后面详细介绍。

5.2.2　类体

类体中定义了该类中所有的变量和该类所支持的方法。通常变量在方法前定义(并不一定要求，在方法后定义也可以)，类体定义如下：

```
       class className{                                    //类声明
           [public|protected|private][static][final][transient][volatile]
       type variableName;           //成员变量
              [public|protected|private][static][final|abstract][native][synchronized]
           returnType methodName([paramList])[throws exceptionList]
              {statements}          //成员方法
       }
```

类中所定义的变量和方法都是类的成员。对类的成员可以设定访问权限，来限定其他对象对它的访问，访问权限可以有以下几种：public、protected、private、default，本书将在后面详细讨论。对类的成员来说，又可分为实例成员和类成员两种，都将在后面详细讨论。

5.2.3　成员变量

最简单的成员变量的声明方式如下：

> type 成员变量名;

这里的 type 可以是 Java 中任意的数据结构，包括简单类型、类、接口、数组。在一个类中的成员变量应该是唯一的。

类的成员变量和在方法中所声明的局部变量是不同的，成员变量的作用域是整个类，而局部变量的作用域只是在方法内部。对于一个成员变量，还可以用以下的修饰符限定。

1. static

用来指示一个变量是静态变量(类变量)，不需要实例化该类即可使用。所有该类的对象都使用同一个类变量。没有用 static 修饰的变量则是实例变量，必须实例化该类才可以使用实例变量。类的不同对象都各自拥有自身的实例变量的版本。类方法通常只能使用类变量，而不能使用实例变量。

2. final

用来声明一个常量，如：

```
classFinalVar{
        final int CONSTANT=50;
......
    }
```

此例中声明了常量CONSTANT，并赋值为 50。对于用 final 限定的常量，在程序中不能改变它的值。通常，常量名用大写字母表示。

3. transient

用来声明一个暂时性变量，如：

```
class TransientVar{
        transient TransientV;
......
    }
```

在默认情况下，类中所有变量都是对象永久状态的一部分，当对象被存档时(串行化)，这些变量必须同时被保存。而用 transient 限定的变量则指示 Java 虚拟机，该变量并不属于对象的永久状态，不需要序列化。它主要用于实现不同对象的存档功能。

4. volatile

用来声明一个共享变量，如：

```
class VolatileVar{
        volatile int volatileV；
……
    }
```

由多个并发线程共享的变量可以用 volatile 来修饰，使得各个线程对该变量的访问能保持一致。

5.2.4   成员方法

方法的实现包括两部分：方法声明和方法体。如下所示：

```
[public|protected|private][static][final|abstract][native][synchronized]
returnType methodName([paramList])[throws exceptionList]
{statements}
```

1. 方法声明

最简单的方法声明包括方法名和返回类型，如下：

```
returnType methodName( ){
        …… //方法体
    }
```

其中，返回类型可以是任意的 Java 数据类型，当一个方法不需要返回值时，则必须声明其返回类型为 void。

(1) 方法的参数

在很多方法的声明中，都要给出一些外部参数，为方法的实现提供信息。这在声明一个方法时，是通过列出它的参数表来完成的。参数表指明每个参数的名字和类型，各参数之间用逗号分隔，如下：

```
returnType methodName(type name[，type name[，…]]){
        ……
    }
```

对于类中的方法，与成员变量相同，可以限定它的访问权限，可选的修饰或限制项有如下几种。

● Static：限定它为类方法。

- Abstract：或 final 指明方法是否可被重写。
- native：用来把 Java 代码和其他语言的代码集成起来。
- synchronized：用来控制多个并发线程对共享数据的访问。
- throws ExceptionList：用来处理异常。

【例 5-4】方法中的参数。

```
class Circle{
        int x,y,radius;                        //x、y、radius 是成员变量
        public Circle(int x,int y,int radius){//x,y,radius 是参数
        ……
        }
}
```

Circle 类有 3 个成员变量：x、y 和 radius。在 Circle 类的构造函数中有 3 个参数，名字也是 x、y 和 radius。在方法中出现的 x、y 和 radius 指的是参数名，而不是成员变量名。如果要访问这些同名的成员变量，必须通过"当前对象"指示符 this 来引用它。例如：

```
class Circle{
        int x,y,radius;
        public Circle(int x,int y,int radius){
                this.x=x;
                this.y=y;
                this.radius=radius;
        }
}
```

带 this 前缀的变量为成员变量，这样，参数和成员变量便一目了然了。this 表示的是当前对象本身，更准确地说，this 代表了当前对象的一个引用。对象的引用可以理解为对象的另一个名字，通过引用可以顺利地访问该对象，包括访问、修改对象的成员变量、调用对象的方法等。

(2) 方法的参数传递

在 Java 中，可以把任何有效数据类型的参数传递到方法中，这些类型必须预先定义好。

另外，参数的类型既可以是简单数据类型，也可以是引用数据类型(数组类型，类或接口)。对于简单数据类型，Java 实现的是值传送，方法接收的是参数的值，但并不能改变这些参数的值，如果要改变参数的值，就要用到引用数据类型，因为引用数据类型传递给方法的是数据在内存中的地址，方法中对数据的操作可以改变数据的值。【例 5-5】说明了简单数据类型与引用数据类型的区别。

【例 5-5】方法中简单数据类型和引用数据类型的区别。

```
Class PassTest{
    public int value;
    public void changeValue(int value){
```

```
        This.value=value;
    }
    public void changeValueByRef(PassTest ref){
        ref.value=999;
    }
}
public class Test{
     public static void main(String args[]){
     PassTest pt=new PassTest( );     //生成一个类的实例 pt

     //简单数据类型
     pt.value=10;
     System.out.println("Original Int Value is:"+pt.value);
     pt.changeValue(20);     //简单数据类型
     System.out.println("Int Value after change is:"+pt.value);

     //引用数据类型
     pt.value=100;
     System.out.println("Original ptValue Value is:"+pt.value);
     pt.changeValueByRef(pt);
     System.out.println("ptValue after change is:"+pt.value);
    }

    }
```

程序运行结果如下：

```
c:\java Test
Original Int Value is:10
Int Value after change is:10
Original ptValue Value is:100
ptValue after change is:99
```

　　本程序在类 PassTest 中定义了两个方法：changeValue(int value)和 changeValueByRef (PassTest ref)。changeValue(int value)接收的参数是 int 类型的值，方法内部对接收到的 value 值进行了重新赋值，但由于该方法接收的是值参数，所以方法内进行的 value 值的修改不影响方法外的 value 值；而 changeValueByRef (PassTest ref)接收的参数值是引用类型的，所以在该方法中对引用参数所指的对象的成员方法进行修改，是对该对象所占实际内存空间的修改，经过该方法作用之后，pt.value 的值发生了真实的变化。

2. 方法体

　　方法体是对方法的实现。它包括局部变量的声明以及所有合法的 Java 指令。方法体中可以声明该方法中所用到的局部变量，它的作用域只在该方法内部，当方法返回时，局部变量也不再存在。如果局部变量的名字和类的成员变量的名字相同，则类的成员变量被隐藏。

【例 5-6】成员变量和局部变量的作用域示例。

```
class Variable{
    int x=0,y=0,z=0;   //类的成员变量
    void init(int x,int y){
        this.x=x;
        this.y=y;
        int z=5;        //局部变量
        System.out.println("****in init****");
        System.out.println("x="+x+"   y="+y+"   z="+z);
    }
}

public class VariableTest{
    public static void main(String args[]){
        Variable v=new Variable();
        System.out.println("****before init****");
        System.out.println("x="+v.x+"   y="+v.y+"   z="+v.z);
        v.init(20,30);
        System.out.println("****after init****");
        System.out.println("x="+v.x+"   y="+v.y+"   z="+v.z);
    }
}
```

程序运行结果如下：

```
C:\>java VariableTest
****before init****
x=0   y=0   z=0
****in init****
x=20   y=30   z=5
****after init****
x=20   y=30   z=0
```

从本例中可以看出，局部变量 z 和类的成员变量 z 的作用域是不同的。

5.2.5 方法重载

方法重载是指多个方法可以使用相同的名字。但是这些方法的参数必须不同，或者是参数个数不同，或者是参数类型不同。在【例 5-7】中通过方法重载分别接收一个或几个不同数据类型的数据。

【例 5-7】方法重载应用举例。

```
class MethodOverloading{
    void receive(int i){
        System.out.println("Receive one int data");
```

```
                    System.out.println("i＝"+i);
            }
            void receive(int x，int y){
                    System.out.println("Receive two int datum");
                    System.out.println("x="+x+" y="+y);
            }
            void receive(double d){
                    System.out.println("Receive one double data");
                    System.out.println("d="+d);
            }
            void receive(String s){
                    System.out.println("Receive a string");
                    System.out.println("s="+s);
            }
    }
    public class MethodOverloadingTest{
            public static void main(String args[]){
                    MethodOverloading mo=new MethodOverloading();
                    mo.receive(1);
                    mo.receive(2,3);
                    mo.receive(12.56);
                    mo.receive("very interesting,isn't it?");
            }
    }
```

程序运行结果如下：

```
C:\>java MethodOverloadingTest
Receive one int data
i=1
Receive two int datum
x=2    y=3
Receive one double data
d=12.56
Receive a string
s= very interesting,isn't it?
```

编译器根据参数的个数和类型来决定当前所调用的方法。

注意：

如果两个方法的声明中，参数的类型和个数均相同，只是返回值的类型不同，则编译时会产生错误，即返回类型不能用来区分重载的方法。

从这个例子可以看出，重载虽然表面上没有减少编写程序的工作量，但实际上重载使程序的实现方式变得很简单，只需要记住一个方法名，就可以根据不同的输入类型选择该方法的不同的版本。重载和调用的关系如图 5-5 所示。

```
重载
void receive(int i){……}
void receive(int x,int y){……}
void receive(double d) { ……}
void receive(String s) { ……}
```

```
调用
<-----receive(1)
<-----receive(2,3)
<-----receive(12.56)
<-----receive("very interesting,isn't it?")
```

图 5-5　重载与调用关系

5.2.6　构造方法

在 Java 语言中，当一个对象被创建时，它的成员可以由一个构造方法(函数)进行初始化。被自动调用的专门的初始化方法称为构造方法，它是一种特殊的方法，为了与其他的方法区别，构造方法的名字必须与类的名字相同，而且不返回任何数据类型。一般将构造方法声明为公共的 public 型，如果声明为 private 型，那么就不能创建对象的实例了，因为构造方法是在对象的外部被默认地调用。构造方法对对象的创建是必需的。实际上，Java语言为每个类提供了一个默认的构造方法，也就是说，每个类都有构造方法，用来初始化该类的一个新对象。如果不定义构造方法，Java 语言将调用系统为它提供的默认构造方法对一个新的对象进行初始化。在构造方法的实现中，也可以进行方法重载。

【例 5-8】构造方法的实现。

```
class point{
    int x,y;
    point( ){//定义构造方法
        x=0;
        y=0;
    }
    point(int x, int y){  //构造方法的重载
        this.x=x;
        this.y=y;
    }
}
```

本例中，类 point 实现了两个构造方法，方法名均为 point，与类名相同。而且这里使用了方法重载，根据不同的参数分别对点的 x、y 坐标赋不同的初值。

在【例 5-6】中，曾用 init( )方法对成员 x、y 进行初始化。两者完成相同的功能，那么用构造方法的好处在哪里呢？当用运算符 new 为一个对象分配内存空间时，要调用对象的构造方法，而当构建一个对象时，必须用 new 为它分配内存。因此，用构造方法进行初始化避免了在生成对象后每次都要调用对象的初始化方法。如果没有实现类的构造方法，则 Java 运行时系统会自动提供默认的构造方法，它没有任何参数。另外，构造方法只能由new 运算符调用。

5.2.7　main( )方法

main()方法是 Java 应用程序(Application)必须具备的方法。其格式如下：

```
public static void main(String args[]){
    ......
}
```

所有 Java 的独立应用程序都从 main()开始执行。把 static 放在方法名前表示该方法变静态的方法，即类方法而非实例方法。

5.2.8　finalize( )方法

在对对象进行垃圾收集前，Java 运行时系统会自动调用对象的 finalize()方法来释放系统资源，如打开的文件或 socket 连接。该方法的声明必须如下所示：

```
protected void finalize( ) throws throwable
```

finalize( )方法在类 java.lang.Obect 中实现，它可以被所有类使用。如果要在一个自定义的类中实现该方法以释放该类所占用的资源(即要重载父类的 finalize( )方法)，则在对该类所使用的资源进行释放后，一般要调用父类的 finalize( )方法以清除对象使用的所有资源，包括由于继承关系而获得的资源。通常的格式如下：

```
protected void finalize( ) throws throwable{
    ...                    //clean Up code for this class
}
```

【例 5-9】finalize 方法举例。

```
class myclass{
    int m_DataMember1;
    float m_DataMember2;
    public myClass(){
        m_DataMember1=1;        //初始化变量
        m_DataMember2=7.25;
    }
    void finalize(){                //定义 finalize 方法
        m_DataMember1=null;//释放内存
        m_DataMember2=null;
    }
}
```

注意：

如果不定义 finalize 方法，Java 将调用默认的 finalize 方法进行扫尾工作。

5.3　对　　象

定义类的最终目的是使用它，像使用系统类一样，程序也可以继承用户自定义类或创建并使用自定义类的对象。把类实例化，可以生成多个对象，这些对象通过消息传递来进行交互(消息传递即激活指定的某个对象的方法以改变其状态或让它产生一定的行为)，最终完成复杂的任务。

一个对象的生命期包括 3 个阶段：创建、使用和清除。

5.3.1　对象的创建

对象的创建包括声明、实例化和初始化 3 方面的内容。通常的格式如下：

```
type ObectName=new type([paramlist]);
```

(1) type objectName 声明了一个类型为 type 的对象(objectName 是一个引用，标识该 type 类型的对象)。其中，type 是引用类型(包括类和接口)，对象的声明并不为对象分配内存空间。(但 objectName 分配了一个引用的空间。)

(2) 运算符 new 为对象分配内存空间，实例化一个对象。New 操作符调用对象的构造方法，返回对该对象的一个引用(即该对象所在的内存地址)。用 new 可以为一个类实例化多个不同的对象。这些对象分别占用不同的内存空间，因此，改变其中一个对象的状态不会影响其他对象的状态。

(3) 生成对象的最后一步是执行构造方法，进行初始化。由于对构造方法可以重写，所以通过给出不同个数或类型的参数会分别调用不同的构造方法。如果类中没有定义构造方法，系统会调用默认的空构造方法。

【例 5-10】定义类并创建类的对象。

```java
class Computer{
    String Owner;    //成员变量
    void set_Owner(String owner){    //成员方法
      Owner=owner;
    }
    void show_Owner( ){
            System.out.println("这台电脑是:"+Owner+"的");
    }
}

class DemoComputer{
    public static void main(String args[]){
        System.out.println("使用类");
        Computer myComputer=new Computer( );    //生成 Computer 类的对象 MyComputer
        myComputer.set_Owner("软件教研室");
        myComputer.show_Owner( );
    }
}
```

这里定义了 Computer 和 DemoComputer 两个类。其中，Computer 和 DemoComputer 是类的名称，用户可以任意命名，但要注意不能和保留字冲突。定义好之后，Computer 和

DemoComputer 就可以看成一个数据类型来使用，这种数据类型的变量就是对象，例如下面的定义：

```
Computer myComputer=new Computer( );
```

等价于：

```
Computer myComputer;
myComputer=new Computer( );
```

其中，myComputer 是对象的名称，它是一个属于 Computer 类的对象，所以能够调用 Computer 类中的 set_Owner( )和 show_Owner( )方法。下面再举一个例子。

【例 5-11】设计一个矩形类，封装它的属性和操作，即定义所需数据变量和方法，并计算矩形的面积。

```
class Rect{
    double width,height;
    Rect(double w,double h){    //类的构造方法
       width=w;   height=h;
    }
    double area(){                 //求矩形面积的方法
       return width*height;
    }
}
```

本例完成了对矩形类 Rect 的定义，但是并没有创建它的对象，因此下面再编写一个主类 MainClass，其代码为：

```
class MainClass{
    public static void main(String args[]){
      double d;
      Rect myRect=new Rect(20,30);    // 创建对象 myRect
      d=myRect.area();      //调用对象方法 product 求矩形面积
      System.out.println("myRect 的面积是： "+d);      //输出面积
    }
}
```

在上述主类中，创建了 Rect 类的一个对象 myRect，其实际参数为(20,30)，即宽度 20，高度 30,然后调用对象 myRect 的求面积方法 area()，将结果保存至变量 d 并进行输出显示。

5.3.2　对象的使用

对象的使用包括引用对象的成员变量和方法,通过“.”运算符可以实现对变量的访问和方法的调用。

【例 5-12】先定义一个类 Point,它在【例 5-8】的定义中添加一些内容,然后创建 Point 类的对象并调用其方法。

【例 5-12】对象的使用示例。

```java
class Point{
    int x,y;
    String name="a point";
    Point( ){
        x=0;
        y=0;
    }
    Point(int x,int y,String name){
        this.x=x;
        this.y=y;
        this.name=name;
    }
    int getX(){
        return x;
    }
    int getY(){
        return y;
    }
    void move(int newX,int newY){
        x=newX;
        y=newY;
    }
    Point newPoint(String name){
        Point newP=new Point(-x,-y,name);
        return newP;
    }
    boolean equal(int x,int y){
        if(this.x==x&&this.y==y)
            return true;
        else
            return false;
    }
    void print( ){
        System.out.println(name+":   x="+x+"   y="+y);
    }
}
public class UsingObject{
    public static void main(String args[]){
        Point p=new Point();
        p.print( );
        p.move(50,50);
        System.out.println("****after moving****");
        System.out.println("Get x and y directly");
        System.out.println("x="+p.x+"   y="+p.y);
        System.out.println("or Get x and y by calling method");
        System.out.println("x="+p.getX( )+"   y="+p.getY( ));
```

```
        if(p.equal(50,50))
                System.out.println("I like this point!");
        else
                System.out.println("I hate it!");
        p.newPoint("a new point").print( );
        new Point(10,15,"another new point").print( );
    }
}
```

程序运行结果如下：

```
C:\>java UsingObject
a point:   x=0    y=0
****after moving****
Get x and y directly
x=50    y=50
or Get x and y by calling method
x=50    y=50
I like this point!
a new point:   x=-50    y=-50
another new point:   x=10    y=15
```

1. 引用对象的变量

要访问对象的某个变量，其格式如下：

```
objectReference.variable
```

其中，objectReference 是对象的一个引用，它可以是一个已生成的对象，也可以是能够生成对象引用的表达式。

例如，用 Point p=new Point( );生成了类 Point 的对象 p 后，可以用 p.x 和 p.y 来访问该点的 x、y 坐标，如：

```
p.x = 10;
p.y = 20;
```

或者用 new 操作符生成对象的引用，然后直接访问，如：

```
tx = new point( ).x;
```

2. 调用对象的方法

要调用对象的某个方法，其格式如下：

```
objectReference.methodName ([paramlist]);
```

例如，要移动类 Point 的对象 p，可以用下面的语句：

　　　　p.move(30,20);

　　或者用 new 操作符生成对象的引用，然后直接调用它的方法，如下：

　　　　new point( ).move (30,20);

5.3.3　对象的清除

　　对象的清除，即系统内无用单元的收集。在 Java 管理系统中，使用 new 运算符来为对象或变量分配存储空间。程序设计者不用刻意地在使用完对象或变量后，删除该对象或变量来收回它所占用的存储空间。Java 运行时系统会通过垃圾收集周期性地释放无用对象所使用的内存，完成对象的清除。当不存在对一个对象的引用(当前的代码段不属于对象的作用域或把对象的引用赋值为 null，如 p=null)时，该对象就成为一个无用对象。Java 运行时系统的垃圾收集器自动扫描对象的动态内存区，对被引用的对象加标记，然后把没有引用的对象作为垃圾收集起来并释放它，释放内存是系统自动处理的。该收集器使得系统的内存管理变得简单、安全。垃圾收集器作为一个线程运行。当系统的内存用尽或程序中调用 System.gc()要求进行垃圾收集时，垃圾收集线程将与系统同步运行。否则垃圾收集器在系统空闲时异步地执行。在 C 中，通过 free 来释放内存，C++中则通过 delete 来释放内存，这种内存管理方法需要跟踪内存的使用情况，不仅复杂而且还容易造成系统的崩溃，Java 采用自动垃圾收集进行内存管理，使程序员不需要跟踪每个对象，避免了上述问题的产生，这是 Java 的一大优点。

　　当下述条件满足时，Java 内存管理系统将自动完成收集内存工作。

　　(1) 当堆栈中的存储器数量少于某个特定水平时。

　　(2) 当程序强制调用系统类的方法时。

　　(3) 当系统空闲时。

　　当条件满足时，Java 运行环境将停止程序操作，恢复所有可能恢复的存储器。在一个对象作为垃圾(不被引用)被收集前，Java 运行时系统会自动调用对象的 finalize( )方法，使它清除所使用的资源。

5.4　访问控制符

　　访问控制符是一组限定类、属性和方法是否可以被程序中的其他部分访问和调用的修饰符。具体地说，类及其属性和方法的访问控制符规定了程序其他部分能否访问和调用它们。这里的其他部分是指程序中该类之外的其他类或函数。

　　无论修饰符如何定义，一个类总能访问和调用它自己的成员，但是这个类之外的其他部分能否访问该类的变量或方法，就要看该变量和方法以及它所属的类的访问控制符了。

　　类的访问控制符只有一个 public。成员变量和成员方法的访问控制符有 3 个，分别为 public、protected、private。另外，还有一种没有定义专门的访问控制符的默认情况。

5.4.1　类的访问控制符

1. 公共访问控制符 public

Java 中类的访问控制符只有一个：public，即公共类。一个类被声明为公共类，表明它可以被所有其他类所访问和引用，这里的访问和引用是指该类作为整体是可见和可使用的。程序的其他部分可以创建这个类的对象，访问这个类可用的成员变量和方法。Java 的类可以通过包来组织，处于同一个包中的类可以不加任何说明而方便地互相访问和引用，而对于在不同包中的类，一般来说，它们相互之间是不可见的，当然也不可能互相引用。但是，当一个类被声明为 public 时，它就具有了被其他包中的类访问的可能性，只需在程序中使用 import 语句引入 public 类，就可以访问和引用这个类了。

一个类作为整体对于程序的其他部分可见，并不代表类的所有成员变量和方法也同时对程序的其他部分可见。类的成员变量和方法能否被所有其他类所访问，还要看这些成员变量和方法的访问控制符。类中被设定为 public 的方法是该类对外的接口部分，程序的其他部分通过调用它们达到与当前类交换信息、传递消息甚至影响当前类的作用，从而避免了程序的其他部分直接去操作类的数据。

如果一个类中定义了常用的操作，希望能作为公共工具供其他的类和程序使用，则也应该把类本身和这些方法都定义为 public，如 Java 类库中的那些公共类和它们的公共方法。另外，每个 Java 程序的主类都必须是 public 类，也是基于相同的原因。

2. 默认访问控制符

如果一个类没有访问控制符，说明它具有默认的访问控制特性。该访问控制规定这样的类只能被同一个包中的类访问和引用，而不能被其他包中的类使用，这种访问特性又称包访问性。通过声明类的访问控制符可以使整个程序结构清晰、严谨，减少可能发生的类之间的干扰和错误。

5.4.2　对类成员的访问控制

类的成员变量和成员方法的声明时，可以有 public、protected、private 这些修饰符，这些修饰符的作用是对类的成员施以一定的访问权限限定，实现类中成员在一定范围内的信息隐藏。Java 语言提供了 4 种不同的访问权限，以实现 4 种不同范围的访问能力。表 5-1 给出了这些限定词的作用。

表 5-1　Java 中类的限定词的作用范围比较

	同一个类中	同一个包中	不同包中的子类	不同包中的非子类
private	★			
default	★	★		
protected	★	★	★	
public	★	★	★	★

从表中可以看出，类总是可以访问该类自己的成员。

1. private

限制性最强的访问等级就是 private。类中限定为 private 的成员只能被该类本身访问而不能被外部类所调用。下面的类包含了一个 private 成员变量和一个 private 方法。

```
class Alpha{
    private int iamprivate;              // private 成员变量
    private void privateMethod( ){       // private 成员方法
        System.out.println("privateMethod");
    }
}
```

在 Alpha 类中，其对象或方法可以检查或者修改 iamprivate 变量，也可以调用 privateMethod 方法，但在 Alpha 类外的任何地方都不行。例如，下面的 Beta 类中通过 Alpha 对象访问它的私有变量或者方法是不合法的：

```
class Beta{
void accessMethod( ){
        Alpha a=new Alpha( );
        a.iamprivate=10;      //非法
        a.privateMethod( );   //非法
}
}
```

当试图访问一个没有权限访问的成员变量时，编译器就会给出错误信息并拒绝对源程序继续编译。同样地，如果试图访问一个不能访问的方法，也会导致编译错误。

一个类不能访问其他类对象的 private 成员，但是同一个类的两个对象能否互相访问 private 成员呢？下面举例来说明。

```
class Alpha{
private int iamprivate;
boolean isEqualTo(Alpha anotherAlpha){
        if(this.iamprivate==anotherAlpha.iamprivate)
                return true;
        else
                return false;
}
}
```

同一个类的不同对象可以访问对方的 private 成员变量或调用对方的 private 方法，这是因为访问保护是控制在类的级别上，而不是在对象的级别上。另外，对于构造方法，也可以限定它为 private。如果一个类的构造方法声明为 private，则其他类不能生成该类的一个实例。

2. default

类中不加任何访问权限控制的成员属于默认的(default)访问状态，它可以被该类本身和同一个包中的类所访问。这个访问级别是假设在相同包中的类是相互信任的。例如：

```
package Greek;
public class Alpha{
    int iamprivate;
    void packageMethod( ){
        System.out.println("packageMethod");
    }
}
```

Alpha 类可以访问自己的成员，同时所有与 Alpha 定义在同一个包中的类也可以访问这些成员。如 Alpha 和 Beta 都定义在 Greek 包中，则 Beta 可以合法地访问 Alpha 的 default 成员。

```
package Greek;
class Beta{
    void accessMethod( ){
        Alpha a=new Alpha( );
        a.iamprivate=10;        //合法
        a.protectedMethod( );   //合法
    }
}
```

3. protected

类中限定为 protected 的成员可以被该类本身、它的子类以及同一个包中所有其他类访问。因此，在允许类的子类和相关的类访问而杜绝其他不相关的类访问时，可以使用 protected 访问级别，并且把相关的类放在同一个包中。

```
package Greek;
public class Alpha{
    protected int iamprivate;
    protected void privateMethod( ){
        System.out.println("protectedMethod");
    }
}
```

假设有一个类 Gamma 也声明为 Greek 包的一个成员，那么 Gamma 类可以合法地访问 Alpha 对象的成员变量 iamprivate，也可以调用它的 protectedMethod 方法。

```
package Greek;
class Gamma{
    void accessMethod( ){
        Alpha a=new Alpha( );
        a.iamprivate=10;        //合法
```

```
            a.protectedMethod( );    //合法
    }
    }
```

下面再来研究一下 protected 是怎样影响 Alpha 的子类的。

首先引入一个新的类 Delta，它继承于类 Alpha，但是在另一个包 Latin 中。这个 Delta 类不仅可以访问 Delta 类的成员 iamprivate 和 protectedMethod，而且可以访问它的父类。但 Delta 类不能访问 Alpha 类的对象的成员 iamprivate 和 protectedMethod。

```
    package Latin;
    import Greek.*;
    class Delta extends Alpha{
        void accessMethod(Alpha a,Delta d){
            a.iamprivate=10;        //非法
            d.iamprivate=10;        //合法
            a.protectedMethod(); //非法
            d.protectedMethod(); //合法
        }
    }
```

处在不同包中的子类，虽然可以访问父类中限定为 protected 的成员，但这时访问这些成员的对象必须具有子类的类型或者是子类的子类类型，而不能是父类类型。

4. public

在 Java 中，类中限定为 public 的成员可以被所有的类访问。一般情况下，一个成员只有在外部对象使用后不会产生不良后果时，才声明为公共的。为了声明一个公共的成员，要使用关键字 public，例如：

```
    package Greek;
    public class Alpha{
        public int iampublic;
        public void publicMethod( ){
            System.out.println("publicMethod");
        }
    }
```

现在重新编写 Beta 类并将它放置到不同的包中，并且要确保它跟 Alpha 毫无关系。

```
    package Roman;
    import Greek.*;
    class Beta{
        void accessMethod( ){
            Alpha a=new Alpha( );
            a.iampublic=10;        //合法
            a.publicMethod( );    //合法
        }
    }
```

从上面的代码段可以看出，Beta 可以合法地访问和修改 Alpha 类中的 iampublic 变量，也可以调用方法 publicMethod。

5. 访问控制符小结

访问控制符是一组限定类、变量或方法是否可以被其他类访问的修饰符。

(1) 公共访问控制符(public)

- public 类：公共类，可以被其他包中的类引入后访问。
- public 方法：是类的接口，用于定义类中对外可用的功能方法。
- public 变量：可以被其他类访问。

(2) 默认访问控制符的类、变量、方法

具有包访问性(只能被同一个包中的类访问)。

(3) 私有访问控制符(private)

修饰变量或方法，只能被该类本身所访问。

(4) 保护访问控制符(protected)

修饰变量或方法，可以被类自身、同一包中的类、任意包中该类的子类所访问。

5.5　包

利用面向对象技术进行实际系统的开发时，通常需要定义许多类一起协同工作。为了更好地管理这些类，Java 引入了包的概念。包是类和接口定义的集合，就像文件夹或目录把各种文件组织在一起，使硬盘保存的内容更清晰、更有条理一样。Java 中的包把各种类组织在一起，使得程序功能清楚、结构分明。更重要的是包可用于实现不同程序之间类的重用。

包是一种松散的类和接口的集合。一般不要求处于同一个包中的类或接口之间有明确的联系，如包含、继承等关系，但是由于同一包中的类在默认情况下可以互相访问，所以为了方便编程和管理，通常把需要在一起协同工作的类和接口放在同一个包中。Java 平台将它的各种类汇集到功能包中。用户可以使用由系统提供的标准类库，也可以编写自己的类。

Java 语言包含的标准包如表 5-2 所示。

表 5-2　标准的 Java 包列表

包	功 能 描 述
java.applet	包含一些用于创建 Java 小应用程序的类
java.awt	包含一些编写平台无关的图形用户界面(GUI)应用程序的类。它包含几个子包，包括 java.awt.peer 和 java.awt.image 等
java.io	包含一些用作输入输出(I/O)处理的类。数据流就包含在这个包里
java.1ang	包含一些基本的 Java 类。java.1ang 是被隐式地引入的，所以用户不必引入它的类

（续表）

包	功 能 描 述
java.net	包含用于建立网络连接的类。与 java.io 同时使用以完成与网络有关的读写操作
java.util	包含一些其他的工具和数据结构，如编码、解码、向量和堆栈等

5.5.1　包的创建

Java 中的包是一组类，要想使某个类成为包的成员，必须使用 package 语句进行声明。而且它应该是整个.java 文件的第一条语句，指明该文件中定义的类所在的包。若省略该语句，则指定为无名包。Package 语句的一般格式如下：

package 包名；

Java 编译器把包对应于文件系统的目录管理。例如，名为 myPackage 的包中，所有类文件都存储在目录 myPackage 下。同时，package 语句，用来指明目录的层次结构，例如：

package java.awt.image；

指定这个包中的文件存储在目录 path/java/awt/image 下。

包层次的根目录 path 是由环境变量 CLASSPATH 来确定的。

【例 5-13】编写一系列图形对象的类 circles、rectangles、lines、points 以及接口 Draggalbe，其功能是用户可以拖动鼠标移动这些图形对象，将它们置于同一个包 packageGraphic 中。

```
package packageGraphic;   //在 Graphic.java 文件的第一行
public abstract class Graphics{
  ......
}
public class Circle extends Graphic implements Draggable{
  ......
}
public class Rectangle extends Graphic implements Draggable{
  ......
}
public interface Draggable{
  ......
}
```

该程序的第一行就创建了名为 packageGraphic 的包。这个包中的类在默认情况下可以互相访问。对于这样一个 Java 文件，编译器可以创建一个与包名相一致的目录结构，即 javac 在 classes 目录下创建目录 packageGraphic。

此外，如果使用点运算符“.”还可以实现包之间的嵌套。例如，有如下 package 语句：

package myclasses.packageGraphic；

这样，javac 将在 classes 目录下首先创建目录 myclasses，然后再在 myclasses 目录下创建 packageGraphic 目录，并且把编译后产生的相应的类文件放在这个目录中。

使用 package 语句时有以下几个特殊的要求。

(1) 对于将要包含到包中的类，要求它的代码必须和包中其他文件在同一个目录下。用户可以规避这个要求，但这不是好的办法。

(2) package 语句必须是文件中的第一个语句。换句话说，在 package 语句之前除了空白和注释之外不能有任何东西。

将文件声明为包的一部分之后，实际类的名字应该是包名加点(.)加类名。用户可以引入包的全部内容或包中的所有类，为了引入包中所有的类，可以使用通配符(*)代替所有类名。引入整个包后，用户就可以使用包中的任意一个类。

引入整个包也存在一定的弊端，主要包括以下几点。

(1) 当用户引入整个包时，虚拟机必须跟踪包中所有元素的名字。必须使用额外的内存存储类和方法名。

(2) 如果用户引用了几个包，并且它们有共享的文件名，系统就会崩溃了。

(3) 最重要的弊端涉及到了国际互联网的带宽问题。当引入不在本地机器上的整个包时，小应用程序浏览器或其他的浏览器必须在继续执行它之前通过网络将该包中的所有文件都拖过来。如果包中有 30 个类，而只使用其中两个，小应用程序就不能尽快地加载，所以用户将浪费许多资源。

Java 编译器为每个类生成一个字节码文件，且文件名与类名相同，因此同名的类有可能发生冲突。为了解决这一问题，Java 提供了包来管理类名空间。包实际上是提供了一种命名机制和可见性限制机制。

5.5.2　import 语句

如果要使用 Java 中已提供的类，需要用 import 语句来引入所需要的类。import 语句的格式如下：

```
import packagel[.package2...].(classname|*);
```

其中，packagel[.package2...]表明包的层次，与 package 语句相同，它对应于文件目录，classname 则指明了所要引入的类。

Java 编译器为所有程序自动引入包 java.lang，因此不必用 import 语句引入该包中的所有的类，但是如果需要使用其他包中的类，就必须要用 import 语句引入。

如果要从一个包中引入多个类，则可以用星号(*)代替。例如：

```
import java.awt.*;
```

如果只需要某个包中的一个类或接口，这时可以只装入这个类或接口，而不需要装载整个包。例如，下面的语句只装载一个类 Date：

```
import java.util.Date；
```

另外，在 Java 程序中使用类的地方，都可以指明包含它的包，这时就不必用 import 语句引入该类了。只是这样要在程序中输入大量的字符，因此一般情况下不这样使用。例如，类 Date 包含在包 java.util 中，可以用 import 语句引入它以实现它的子类 myDate：

```
import java.util.*;
class myDate extends Date
{
          …
}
```

也可以直接在使用该类时指明包名：

```
class myDate extends java.Util.Date
{
          …
}
```

两者是等价的。

如果引入的几个包中包括相同名称的类，在使用这些类时就必须排除二义性。排除二义性类名的方法很简单，就是在类名之前冠以包名作前缀。也就是说，当使用该类时，必须指明包含它的包，使编译器能够载入相应的类。

例如，在【例 5-12】的 packageGraphic 包中定义了一个 Rectangle 类，而 java.awt 包中也包含一个 Rectangle 类。如果 packageGraphic 和 java.awt 两个包均被装入，那么，下面的代码就具有二义性：

```
Rectangle rectG;
Rectangle rectA=new Rectangle();
```

在这种情况下，必须在类名之前冠以包名，以便准确地区分所需要的是哪一个 Rectangle 类，从而避免了二义性。例如：

```
packageGraphic.Rectangle rectG;
java.awt.Rectangle rectA=new java.awt.Rectangle();
```

5.5.3　编译和运行包

如果用 package 语句指明了一个包，则包的层次结构必须与文件目录的层次结构相同。例如，在 test 目录下创建了一个名为 packTest 的类放在包 test 中，然后保存在文件 packTest.java 中。对该文件进行编译后，得到字节码文件 packTest.class。

如果直接在 test 目录下运行：java packTest，解释器将返回"can't find class packTest" (找不到类 packTest)，因为这时类 packTest 处于包 test 中，对它的引用应该为 test.packTest，于是运行：java　test.packTest，但解释器仍然返回"can't find class test\packTest"(找不到类 tesf\packTest)。这时可以查看 CLASSPATH，发现它的值为：C:\java\classes，表明 Java 解释器在当前目录和 Java 类库所在目录 c:\java\classes 查找，也即在\test\test 目录下查找类 packTest，因此找不到。正确的方法有以下两种。

(1) 在 test 的上一级目录运行

```
java    test.packTest
```

(2) 修改 CLASSPATH，使其包括当前目录的上一级目录。

由此可见，运行一个包中的类时，必须指明包含该类的包，而且要在适当的目录下运行，同时，正确地设置环境变量 CLASSPATH，使解释器能够找到指定的类。

5.6　小　　结

本章旨在介绍面向对象程序设计，其中重点描述了类的概念和构成以及如何创建和使用类的对象，并对访问控制符和包的有关知识进行了讲解。

5.7　思 考 练 习

1. 实现类 MyClass 的源码如下：

```
class MyClass extends Object{
    private int x;
    private int y;
    public MyClass( ){
        x=0;
        y=0;
    }
    public MyClass(int x, int y){
        … … …
    }
    public void show( ){
        System.out.println("\nx="+x+"  y="+y);
    }
    public void show(boolean flag){
        if (flag) System.out.println("\nx="+x+"  y="+y);
        else System.out.println("\ny="+y+"  x="+x);
    }
    protected void finalize( ) throws throwable{
        super.finalize();
    }
}
```

在以上的源代码中，类 MyClass 的成员变量是____，构造方法是____，对该类的一个实例对象进行释放时将调用的方法是____。(多选)

A. private int x;　　　　　　　　　　　B. private int y;

C. public MyClass( )　　　　　　　　　D. public MyClass(int x, int y)

E. public void show( )　　　　　　　　F. public void show (boolean flag)

G. protected void finalize( ) throws throwable

2. 第 1 题所声明的类 MyClass 的构造方法 MyClass(int x, int y)的目的是使 MyClass 的成员变量 private int x，private int y 的值分别等于方法参数表中所给的值 int x，int y。请写出 MyClass(int x, int y)的方法体(用两条语句)：

_____；

_____。

3. MyClass 声明同第 1 题。

假设 public static void main(String args[])的方法体如下：

```
{
    MyClass myclass;
    myclass.show();
}
```

编译运行该程序将会有何结果？(　　)

A. x=0　　y=0　　　　　　　　　　　　B. y=0　　x=0

C. x=…　　y=…　　(x，y 具体为何值是随机的)　　D. 源程序有错

4. MyClass 声明同第 1 题。

假设 public static void main(String args[])的方法体如下：

```
{
    MyClass myclass=new MyClass(5,10);
    myclass.show(false);
}
```

编译运行该程序将会有何结果？(　　)

A. x=0　　y=0　　　　　　　　　　　　B. x=5　　y=10

C. y=10　　x=5　　　　　　　　　　　　D. y=0　　x=0

5. MyClass 声明同第 1 题。

假设 public static void main(String args[])的方法体如下：

```
{
    MyClass myclass=new MyClass(5,10);
    myclass.show(false);
}
```

现在想在 main 方法中加上一条语句来释放 myclass 对象，应用下面哪条？(　　)

A. myclass=null;　　　　　　　　　　　B. free(myclass);

C. delete(myclass);　　　　　　　　　　D. Java 语言中不存在相应语句

6. 假设已经编写好了类 Class1：

```
package mypackage; public class Class1{ ……; }
```

它存在 Class1.java 文件中。

现在 main 方法所在的源程序 MainPro.java 如下：

```
import mypackage;
    ……
```

假设操作系统中的 CLASSPATH 环境变量已被设置为"c:\java\lib\classes.zip;.; "，而 main 方法所在的源程序 MainPro.java 存在目录 c:\mydir 中(当前工作目录为 c:\mydir)，那么 Class1.class 文件应存放在哪个目录中呢？＿＿＿＿＿

7. 定义一个表示学生的类 student，成员变量有学号、姓名、性别、年龄，方法有获得学号、姓名、性别、年龄；修改年龄。编写 Java 程序创建 student 类的对象及测试其方法的功能。

8. 根据下面的要求编程实现复数类 Complex。

(1)复数类 Complex 具有的属性

- real 代表复数的实数部分。
- imagin 代表复数的虚数部分。

(2) 复数类 Complex 的方法

- Complex( )：构造函数，将实部、虚部都置为 0。
- Complex(double r,double i)：构造函数，创建复数对象的同时完成复数的实部、虚部的初始化，r 为实部的初值，i 为虚部的初值。
- getReal( )：获得复数对象的实部。
- getImagin( )：获得复数对象的虚部。
- complexAdd(Complex Number)：当前复数对象与形参复数对象相加，所得的结果也是复数值，返回给此方法的调用者。
- complexMinus(Complex Number)：当前复数对象与形参复数对象相减，所得的结果也是复数值，返回给此方法的调用者。
- complexMulti(Complex Number)：当前复数对象与形参复数对象相乘，所得的结果也是复数值，返回给此方法的调用者。
- toString( )：把当前复数对象的实部、虚部组合成 a+bi 的字符串形式，其中 a 和 b 分别为实部和虚部的数值。

第6章　继承、多态与接口

本章学习目标:

- 理解继承与多态的概念
- 掌握继承与多态的实现机制
- 掌握抽象类和接口

6.1　继承与多态

继承是面向对象程序设计的一种重要手段，通过继承可以更有效地组织程序结构，明确类之间的关系，充分利用已有的类来创建新类，以完成更复杂的设计、开发。多态则可以统一多个相关类对外的接口，并在运行时根据不同的情况执行不同的操作，提高类的抽象度和灵活性。

6.1.1　子类、父类与继承机制

1. 继承的概念

在面向对象技术中，继承是最具特色的一个特点。继承是指存在于面向对象程序中的两个类之间的一种关系。通过继承可以实现代码的复用，使程序的复杂性呈线性的增长，而不是随规模的增大呈几何级数增长。当一个类自动拥有另一个类的所有属性(变量和方法)时，就称这两个类之间具有继承关系。被继承的类称为父类，继承了父类的所有属性的类称为子类。如图 6-1 所示，圆类继承了点类的所有属性，并以继承的坐标点为圆心，自定义的成员变量为半径用于完成各种操作。

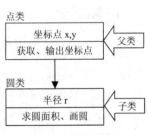

图 6-1　继承图示

继承是一种由已有的类创建新类的机制。父类和子类之间具有：共享性、层次性、差异性。由于父类代表了所有子类的共性，而子类既可继承其父类的共性，又可以具有本身独特的个性，在定义子类时，只要定义它本身特有的属性和方法就可以了。从这个意义上讲，继承可以理解为：子类的对象可以拥有父类的全部属性和方法，但父类的对象却不能拥有子类对象的全部属性和方法。

Java 语言出于安全、可靠性的考虑，仅提供了单继承机制。即 Java 程序中的每个类只有一个直接的父类，而 Java 多继承的功能则是通过接口方式来间接实现的。

2. 类的层次

Java 中的类具有层次结构,实质上 Java 的系统类就是一个类层次,如图 6-2 所示。Object 类定义和实现了 Java 系统所需要的众多类的共同行为,它是所有类的父类。Object 是一个根类,所有的类都是由这个类继承、扩充而来的,该类定义在 java.lang 包中。

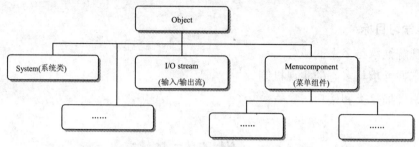

图 6-2   Java 语言中类的层次

从图 6-2 中可以看出,位于最高层次的是 Object 类,也称为对象基类或超类或父类。在 Object 类的下层有许多子类,也称为导出类或派生类。事实上,每个子类又可以有许多子类,从而形成一个规模庞大的类层次结构。

6.1.2   Java 的继承

在 Java 中,所有的类都是通过直接或间接地继承 java.lang.Object 得到的。继承而得到的类称为子类,被继承的类称为父类,父类包括所有直接或间接被继承的类。子类继承父类的状态和行为,同时也可以修改父类的状态或重写父类的行为,并且可以添加新的状态和行为,但需要注意的是,Java 不支持多重继承。

1. 创建子类

通过在类的声明中加入 extends 子句来创建一个类的子类,其格式如下:

```
class  子类名 extends  父类名称{
    ......
}
```

如果父类又是某个类的子类,则所创建的子类同时也是该类的(间接)子类。子类可以继承父类的所有内容。如果省略 extends 子句,则该类为 java.lang.Object 的子类。子类可以继承父类中访问权限为 public、protected、default 的成员变量和方法。但是不能继承访问权限为 private 的成员变量和方法。

【例 6-1】由圆类 Circle 继承点类 Point,即先定义一个点类,然后由点类派生一个圆类。

```
class Point{
    int x,y;
    void getxy(int i, int j){
        x=i;
        y=j;
```

```
            }
        }
        class Circle extends Point{
            double r;
            double area( ){
                return 3.14*r*r;
                }
            }
```

在定义子类时用 extends 关键字指明新定义类的父类，就在两个类之间建立了继承关系。新定义的类称为子类，它可以从父类那里继承所有非 private 的属性和方法作为自己的属性和方法。

【例 6-2】应用继承性的实例。

```
    class Student{              //自定义"学生"类
        int stu_id;                    //定义属性：学生学号
        void set_id(int id){           //定义方法：设置学号
            stu_id=id;
        }
        void show_id(){      //定义方法：显示学号
            System.out.println("the student ID is:"+stu_id);
        }
    }
    public class UniversityStudent extends Student{      //定义 UniversityStudent 是 Student 的子类
        int dep_number;               //定义子类特有的属性变量：系别号
        void set_dep(int dep_num){ //定义子类特有的方法
            dep_number=dep_num;
        }
        void show_dep( ){
            System.out.println("the dep_number is:"+dep_number);
        }
        public static void main(String args[]){
            UniversityStudent Lee=new UniversityStudent();
            Lee.set_id(2007070130); //继承父类学生的属性
            Lee.set_dep(701);           //使用本类的属性
            Lee.show_id();              //继承父类学生的方法
            Lee.show_dep();         //使用本类的方法
        }
    }
```

学生有小学生、中学生和大学生之分，因此，学生可以作为具有共性的父类，而大学生则是学生的一种，具有特殊性，因此可以作为子类。这样，大学生子类继承了学生的所有属性和方法，而本身还可以有自身的特殊属性和方法。

2. 成员变量的隐藏和方法的覆盖

先看一个例子，如【例 6-3】所示。

【**例 6-3**】本例是成员变量的隐藏和方法的覆盖示例。

```
    class SuperClass{
  int x;
    ......
      void setX( ){
          x=0;
      }
      ......
    }

    class SubClass extends SuperClass{
        int x;              //hide x SuperClass
        ......
        void setX( ){       //override method setX( ) in SuperClass
          x=5;
        }
        ......
    }
```

在本例中，SubClass 是 SuperClass 的一个子类。其中，声明了一个和父类 SuperClass 同名的变量 x，并定义了与之相同的方法 setX，这时，在子类 SubClass 中，父类的成员变量 x 被隐藏，父类的方法 setX 被重写。于是子类对象所使用的变量 x 为子类中定义的 x，子类对象调用的方法 setX()为子类中所实现的方法。子类通过成员变量的隐藏和方法的重写可以把父类的状态和行为改变为自身的状态和行为。

子类重新定义一个与从父类那里继承来的成员变量完全相同的变量，称为成员变量的隐藏。方法的覆盖是指子类中重定义一个与从父类继承来的方法同名的方法，此时子类将清除父类方法的影响。

注意：

子类在重新定义父类已有的方法时，应保持与父类完全相同的方法头声明，即应与父类有完全相同的方法名、相同的参数列表和相同的返回类型。

3. super

子类在隐藏了父类的成员变量或重写了父类的方法后，有时还需要用到父类的成员变量，或在重写的方法中使用父类中被重写的方法以简化代码，这时，就要访问父类的成员变量或调用父类的方法，在 Java 中通过 super 来实现对父类成员的访问。前面曾提到过，this 用来引用当前对象，与 this 类似，super 用来引用当前对象的父类。

super 的使用有以下 3 种情况。

(1) 用来访问父类被隐藏的成员变量，如：

```
    super.variable
```

(2) 用来调用父类中被重写的方法，如：

     super.Method([paramlist]);

(3) 用来调用父类的构造方法，如：

     super(rparamlist));

下面通过【例 6-4】来说明 super 的使用，以及成员变量的隐藏和方法的重写。

【例 6-4】super 的使用示例。

```
class SuperClass{
    int x;
    SuperClass( ) {
        x=3;
        System.out.println("in superClass: x = "+x);
    }
    void doSomething( ){
        System.out.println("in superClass.doSomething( )");
    }
}

class Subclass extends SuperClass {
    int x;
    Subclass( ) {
        super( );           //call constructor of superClass
        x=5;
        System.out.println("in subclass : x = "+x);
    }
    void doSomething( ){
        super.doSomething( ); //call method of superClass
        System.out.println("in subClass.doSomething( )");
        System.out.println("super.x = "+super.x+" sub.x = "+x);
    }
}

public class Inheritance {
    public static void main( String args[ ] ){
        Subclass subC = new Subclass( );
        subC.doSomething( );
    }
}
```

程序运行结果如下：

```
C:\>java inheritance
in superClass: x = 3
in subclass : x = 5
```

```
in superClass.doSomething( )
in subClass.doSomething( )
super.x = 3 sub.x = 5
```

通常，在实现子类的构造方法时，先调用父类的构造方法。在实现子类的 finalize( ) 方法时，最后调用父类的 finalize( )方法，这符合层次化的观点以及构造方法和 finalize( ) 方法的特点。即初始化过程总是由高级向低级，而资源释放过程应从低级向高级进行。

4. 继承性设计原则

在面向对象继承性设计中，有以下几条重要且有用的原则。

(1) 尽量将公共的操作和属性放在父类中。这是通过类的继承实现代码重用的基本要求，通过定义父类中的方法，使得所有的子类都能重用这些代码，对于提高程序的开发效率是有很大好处的。

(2) 利用继承实现问题模型中的"子类是父类中的一种"的关系。

(3) 子类继承父类的前提是父类中的方法对子类都是可用的。如果要声明一个类继承另一个类，就必须考虑父类的方法是否对子类都是适用的，如果不适用的方法很多，继承就失去了意义。

6.1.3 多态性

1. 多态性的概念

多态性是由封装性和继承性引出的面向对象程序设计语言的另一特征。在面向过程的程序设计中，各个函数是不能重名的，否则在用名字调用时，就会产生歧异和错误。而在面向对象的程序设计中，有时却需要利用这样的"重名"来提高程序的抽象度和简洁性。

多态性是指同名的不同方法在程序中共存。即为同一个方法定义几个版本，运行时根据不同情况执行不同的版本。调用者只需使用同一个方法名，系统会根据不同情况，调用相应的方法，从而实现不同的功能。多态性又被称为"一个名字，多个方法"。

在 Java 中，多态性的实现有两种方式。

(1) 覆盖实现多态性

通过子类对继承父类方法的重定义来实现。使用时需要注意：在子类中重定义父类方法时，要求与父类中的方法原型(参数个数、类型、顺序)完全相同。

在覆盖实现多态性的方式中，如何区别这些同名的不同方法呢？由于这些方法是存在于一个类层次结构的不同子类中的，在调用方法时只需要指明调用哪个类(或对象)的方法，就可以很容易把它们区分开来。

(2) 重载实现多态性

通过定义类中的多个同名的不同方法来实现。编译时是根据参数(个数、类型、顺序)的不同来区分不同的方法。

由于重载发生在同一个类中，不能再用类名来区分不同的方法了，所以在重载中采用的区分方法是使用不同的形式参数表，包括形式参数的个数不同、类型不同或顺序的不同。本书在前面讲过方法重载的概念，即完成一组相似功能的方法可以具有相同的方法名，只是方法接收的参数不同。在前面举的许多例子中都用到了打印输出方法 println( )，这就是一个典型的重载的方法，可以提供给该方法不同的参数：int、double、String 等类型，程序会根据参数的不同来调用相应的方法、打印不同类型的数据。具体调用哪个被重载的方法，是由编译器在编译阶段静态确定的，所以说重载实现多态性体现了静态的多态性。

2. 覆盖实现多态性

子类对象可以作为父类对象使用，这是由于子类通过继承具备了父类的所有属性(私有的除外)。所以，在程序中凡是要求使用父类对象的地方，都可以用子类对象来代替。另外，子类还可以重写父类中已有的成员方法，实现父类中没有的功能。

(1) 重写方法的调用规则

对于重写的方法，Java 运行时系统将根据调用该方法的实例的类型来决定调用哪个方法。对于子类的一个实例，如果子类重写了父类的方法，则运行时系统会调用子类的方法；如果子类继承了父类的方法(未重)，则运行时系统会调用父类的方法。因此，一个对象可以通过引用子类的实例来调用子类的方法，如【例 6-5】所示。

【例 6-5】重写方法的调用规则示例。

```java
class Animal{
    void run( ){
        System.out.println("The animal is running.");
    }
}

class Bird extends Animal{
    void run( ){
        System.out.println("The bird is flying.");
    }
}

public class Dispatch{
    public static void main(String args[]){
        Animal a=new Bird( ); a.run( );
    }
}
```

程序运行结果如下：

```
C:\>java Dispatch
The bird is flying.
```

在【例 6-5】中，声明了 Animal 类型的变量 a，然后用 new 操作符创建一个子类 Bird 的实例 b，并把对该实例的一个引用存储到 a 中，Java 运行时系统分析该引用是类型 Bird

的一个实例，因此调用子类 Bird 的 run 方法。

用这种方式可以实现运行时的多态，它体现了面向对象程序设计中的代码复用和灵活性。已经编译好的类库可以调用新定义的子类的方法而不必重新编译，而且还提供了一个简明的抽象接口。如在【例 6-5】中，如果增加几个 A 类的子类的定义，则用 a.run( )可以分别调用多个子类的不同的 run( )方法，只需分别用 new 创建不同子类的实例即可。

(2) 方法重写时应遵循的原则

方法重写有以下两个原则。

● 改写后的方法不能比被重写的方法有更严格的访问权限。

● 改写后的方法不能比被重写的方法产生更多的异常。

进行方法重写时必须遵守这两个原则，否则会产生编译错误。编译器加上这两个限定，是为了与 Java 语言的多态性特点保持一致。这里可以通过对【例 6-6】的分析得出这些结论。

【例 6-6】假设编译器允许重写的方法比被重写的方法有更严格的访问权限。那么下面的程序段可以编译通过，生成.class 文件。

```
class Parent{
    public void fimction( ){
    }
}
class Child extends Parent{
    private void function( ){
    }
}
public class OverriddenTest {
    public static void main(String args[]){
        Parent p1 = new Parent( );
        Parent p2 = new Child( );
        p1.function( );
        p2.function( );
    }
}
```

当程序执行到 p2.function( )时，由于 p2 指向的是 Child 类的对象，因此 p2.function( )会调用 Child 类的 function( )方法，由于该类的 funtion( )方法的访问权限为 private，所以会导致访问权限冲突。产生这种错误的原因在于子类中重写的方法 function( )比父类中被重写的方法有更严格的访问权限。为了避免这种错误的产生，Java 语言规定不允许这样重写方法，否则会在编译时产生错误。

第 2 点原则也是与对象的多态性有关的，这样限定是出于对程序健壮性的考虑，为了避免程序中有应该捕获而未捕获的异常。涉及异常处理的部分，本书将在后面介绍。

3. 重载实现多态性

重载实现多态性是通过在类中定义多个同名的不同方法来实现的。编译时则根据参数(个数、类型、顺序)的不同来区分不同的方法。通过重载可定义多种同类的操作方法，调用时根据不同需要选择不同的操作。

【例 6-7】就是创建了一个重载的方法。程序中定义一个 MyRect 类，该类中定义了矩形，用 4 个实例变量来定义矩形的左上角和右下角的坐标，x1、y1、x2、y2。另外定义了 3 个同名但参数不同的 buildRect()方法为这些实例变量设置值。

【例 6-7】重载实现多态性举例。

```java
import java.awt.Point;

class MyRect{
 int x1=0;
 int y1=0;
 int x2=0;
 int y2=0;
 }
 MyRect buildRect(int x1,int y1,int x2,int y2){
     this.x1=x1;
     this.y1=y1;
     this.x2=x2;
     this.y2=y2;
     return this;
 }
 MyRect buildRect(Point topLeft,Point bottomRight){
     x1=topLeft.x;
     y1=topLeft.y;
     x2=bottomRight.x;
     y2=bottomRight.y;
     return this;
 }
 MyRect buildRect(Point topLeft,int w,int h){
     x1=topLeft.x;
     y1=topLeft.y;
     x2=(x1+w);
     y2=(y1+h);
     return this;
 }
 void printRect(){
     System.out.println("MyRect:<"+x1+","+y1);
     System.out.println(","+x2+","+y2+">");
 }
 public static void main(String args[]){
     MyRect rect=new MyRect();
     rect.buildRect(25,25,50,50);
     rect.printRect();
     System.out.println("******");
     rect.buildRect(new Point(10,10),new Point(20,20));
     rect.printRect();
     System.out.println("******");
```

```
        rect.buildRect(new Point(10,10),50,50);
        rect.printRect();
        System.out.println("******");
    }
}
```

程序运行结果如下：

```
C: >java MyRect
MyRect:<25,25,50,50>
******
MyRect:<10,10,20,20>
******
MyRect:<10,10,60,60>
******
```

4. 对象状态的确定

既然子类对象可以作为父类对象使用，那么在程序中怎样判断对象究竟属于哪一类呢？在 Java 语言中，提供了 instanceof 操作符用来判断对象是否属于某个类的实例。

下面举例说明其用法。在【例 6-8】中，方法 method( )接收的参数类型为 Employee 类型的，Manager 和 Contractor 都是 Employee 的子类，由于子类对象可以作为父类对象使用，所以该方法也可以接收 Manager 和 Contractor 类型的对象，在方法内部，可以通过 instanceof 操作符来判断对象的类型，进而作出不同的处理。

【例 6-8】确定对象状态的应用举例。

```
public void method(Employee e) {
    if(e instanceof Manager){
        ……                  //do something as a Manager
    }
    else if(e instanceof Contractor) {
        ……                  //do something as a Contractor
    }
    else {
        ……                  //do something else
    }
}
```

6.2　抽象类和接口

6.2.1　抽象类

用 abstract 关键字来修饰的类称为抽象类。声明为 abstract 的类不能被实例化，它只提供了一个基础，要想实例化，该类必须作为父类，子类可以通过继承它，然后添加自己的属性和方法形成具体的有意义的类。

　　同理，用 abstract 修饰的方法称为抽象方法。与 final 类和方法相反，abstract 类必须被继承，abstract 方法必须被重写。

　　当一个类的定义完全表示抽象的概念时，它不应该被实例化为一个对象。例如，Java中的 Number 类就是一个抽象类，它只表示数字这一抽象概念，只有当它作为整数类 Integer或实数类 Float 等的父类时才有意义。定义抽象类的格式如下：

```
abstract class abstractClass{
    ……
}
```

　　由于抽象类不能被实例化，因此下面的语句将产生编译错误：

```
new abstractClass( );            //abstract class can't be instantiated
```

　　抽象类中可以包含抽象方法，为所有子类定义一个统一的接口，对抽象方法只需声明，而不需实现，其声明格式如下：

```
abstract returnType abstractMethod([paramlist]);
```

　　抽象类中不一定要包含抽象方法，但是，一旦某个类中包含了抽象方法，则这个类必须被声明为抽象类。

　　【例 6-9】抽象类举例。

```
abstract class A {
    abstract void callme( );
    void metoo( ){
        System.out.println("Inside A's metoo( ) method");
    }
}

class B extends A{
    void callme( ){
        System.out.println("Inside B's callme( ) method");
    }
}

public class Abstract {
    public static void main( String args[ ] ) {
        A c = new B( );
        c.callme( );
        c.metoo( );
    }
}
```

程序运行结果如下：

```
C:\>java Abstract
Inside B's callme( ) method
Inside A's memo( ) method
```

在该例中，首先定义了一个抽象类 A，其中声明了一个抽象方法 callme( )，然后定义它的子类 B，并重载方法 callme( )。最后，在类 Abstract 中，创建类 B 的一个实例，并把它的引用返回到 A 类型的变量 c 中。由于对象的多态性产生了上述运行结果。

6.2.2　接口

接口是用来实现类间多重继承功能的一种结构，是相对独立的、完成特定功能的属性集合。凡是需要实现这种特定功能的类，都可以继承并使用它。一个类只能有一个父类，但可以同时实现若干个接口。

Java 通过接口使得处于不同层次，甚至互不相关的类可以具有相同的行为。接口就是方法定义和常量值的集合。从本质上讲，接口是一种特殊的抽象类，这种抽象类中只包含常量和方法的定义，而没有变量和方法的实现。它的用处主要体现在以下几个方面。

(1) 通过接口可以实现不相关类的相同行为，而不需要考虑这些类之间的层次关系。

(2) 通过接口可以指明多个类需要实现的方法。

(3) 通过接口可以了解对象的交互界面，而不需要了解对象所对应的类。

1. 接口与多继承

与 C++不同，Java 不支持类的多重继承，而是通过接口实现比多重继承更强的功能。多重继承是指一个类可以为多个类的子类，它使得类的层次关系不清晰，而且当多个父类同时拥有相同的成员变量和成员方法时，子类的行为是不容易确定的，这些都将给编程带来困难。单一继承则清楚地表明了类的层次关系，指明子类和父类各自的行为。接口则把方法的定义和类的层次区分开来，通过它可以在运行时动态地定位所调用的方法。同时，接口中可以实现"多重继承"，一个类可以实现多个接口。正是这些机制使得接口提供了比多重继承更简单、更灵活、而且更强劲的功能。

需要特别说明的是：接口只是定义了行为的协议，并没有定义履行接口协议的具体方法。如果 Java 中的某个类要获取某一接口定义的功能，并不是通过直接继承这个接口中的属性和方法来实现的，因为接口中的属性都是没有方法体的抽象方法。也就是说，接口定义的仅仅是实现某一特定功能的一组功能的对象协议和规范，而并没有真正地实现这个功能，这个功能的真正实现是在实现这个接口的类中完成的，要由这些类来具体地定义接口中各抽象方法的方法体，以适合某些特定的行为。因此在 Java 中，通常把对接口功能的继承称为"实现(implement)"。

因为接口是简单的、未实现的一些抽象的方法的集合，可以考察一下接口与抽象类到底有什么区别，这对于学习 Java 是很有意义的。它们之间的区别主要有以下几点。

(1) 接口不能实现任何方法，而抽象类可以。

(2) 类可以实现许多接口，但只有一个父类。

(3) 接口不是类分级结构的一部分，没有联系的类可以实现相同的接口。

2. 接口的定义

接口是由常量和抽象方法组成的特殊类。定义一个接口跟创建一个类非常相似。接口的定义包括接口声明和接口体两部分。一般格式如下：

```
接口声明{
    接口体
}
```

(1) 接口声明

接口声明中可以包括对接口的访问权限以及它的父接口列表。完整的接口声明如下：

```
[public]interface 接口名[extends 接口列表]{
    ……
}
```

其中，public 指明任意类均可以使用这个接口，默认情况下，只有与该接口定义在同一个包中的类才可以访问这个接口；extends 子句与类声明中的 extends 子句基本相同，所不同的是一个接口可以有多个父接口，父接口名之间用逗号隔开，而一个类只能有一个父类。子接口将继承父接口中的所有常量和方法。

(2) 接口体

接口体包含常量定义和方法定义两部分。

常量定义的格式如下：

```
type NAME=value；
```

其中，type 可以是任意类型；NAME 是常量名，通常用大写字母；value 是常量值。在接口中定义的常量可以被实现该接口的多个类共享，它与 C 中用#define 以及 C++中用 const 定义的常量是相同的。在接口中定义的常量具有 public、final、static 的属性。

方法定义的格式如下：

```
returnType methodName([paramlist])；
```

接口中只进行方法的声明，而不提供方法的实现，所以，方法定义没有方法体，且用分号(;)结尾。在接口中声明的方法具有 public 和 abstract 属性。另外，如果在子接口中定义了和父接口同名的常量或相同的方法，则父接口中的常量被隐藏、方法被重写。

【例 6-10】所示为接口的定义实例。

【例 6-10】接口定义举例。

```
interface Collection{
    int MAX_NUM=100;
    void add(Object obj);
```

```
        void delete(Object Obj);
        Object find(Object obj);
        int currentCount( );
    }
```

该例定义了一个名为 Collection 的接口，其中声明了 1 个常量和 4 个方法。这个接口可以由队列、堆栈、链表等类来实现。

3. 接口的实现

要使用接口，就必须编写实现接口的类。如果一个类实现了一个接口，那么这个类就必须提供在接口中定义的所有方法的实现。

一个类可以根据在接口中定义的协议来实现接口。在类的声明中用 implements 子句来表示一个类实现了某个接口。一个类可以实现多个接口，在 implements 子句中用逗号分隔。在类体中可以使用接口中定义的常量，而且必须实现接口中定义的所有方法。

【例 6-11】接口的实现：在类 FIFOQueue 中实现上面定义的接口 Collection。

```
class FIFOQueue implements Collection{
    void add (Object obj ){
        ...
    }
    void delete( Object obj ){
        ...
    }
    Object find( Object obj ){
        ...
    }
    int currentCount {
        ...
    }
}
```

在类中实现接口所定义的方法时，方法的声明必须与接口中所定义的完全一致。

实现接口时应注意以下几点。

(1) 在类的声明部分，用 implements 关键字声明该类将要实现哪些接口。

(2) 类在实现抽象方法时，必须用 public 修饰符。

(3) 除抽象类以外，在类的定义部分必须为接口中的所有抽象方法定义方法体，且方法头应该与接口中的定义完全一致。

(4) 若实现某接口的类是 abstract 的抽象类，则它可以不实现该接口中的所有方法。但是对于这个抽象类的任何一个非抽象子类，不允许存在未被实现的接口方法。即非抽象类中不能存在抽象方法。

4. 接口类型的使用

当定义一个新的接口时，实际上是定义了一个新的引用数据类型，在可以使用其他类型的名字(如变量声明、方法参数等)的地方，都可以使用这个接口名字。接口可以作为一种引用类型来使用，任何实现该接口的类的实例都可以存储在该接口类型的变量中，通过这些变量可以访问类所实现的接口中的方法。Java 运行时系统会动态地确定该使用哪个类中的方法。

把接口作为一种数据类型可以不需要了解对象所对应的具体的类，而着重于它的交互接口，仍以前面所定义的接口 Collection 和实现该接口的类 FIFOQueue 为例。在【例 6-12】中，以 Collection 作为引用类型来使用。

【例 6-12】接口类型的使用。

```java
class InterfaceType {
    public static void main( String args[] ){
        Collection c = new FIIFOQueue( );
        ......
        c.add(obj);
        ......
    }
}
```

总之，接口的声明仅仅是给出了抽象方法，而具体地实现接口所规定的功能，则需要某个类为接口中的抽象方法定义实在的方法体，即实现这个接口。另外，接口可以作为一种引用类型在使用其他类型名的地方使用。

6.3　其　　他

6.3.1　final 关键字

在前面介绍类体的定义时，可以看到在类、类的成员变量和成员方法的定义格式中，都可以使用 final 关键字。对于这 3 种不同的语法单元，final 的作用也不同，下面分别加以叙述。

1. final 修饰变量

如果一个变量前面有 final 修饰，那么这个变量就变成了常量，一旦被赋值，就不允许在程序的其他地方修改。使用方式如下：

> final type variableName；

注意：

用 final 修饰成员变量时，在定义的同时就应该给出其初始值，而对局部变量，不要求在定义的同时给出初始值。但无论哪种情况，初始值一旦给定，就不允许再对其修改。

2. final 修饰方法

类的成员方法前也可以用 final 修饰，用 final 修饰的方法不能再被子类重写。使用方式如下：

```
final returnType methodName(paramList){
        ……
    }
```

3. final 类

final 类不能被继承。由于安全性的原因或者是面向对象的设计上的考虑，有时候希望一些类不能被继承。例如，Java 中的 String 类，它对编译器和解释器的正常运行有很重要的作用，不能轻易地改变它，因此把它声明为 final 类，使它不能被继承，这就保证了 String 类型的唯一性。同时，如果认为一个类的定义已经很完美，不需要再生成它的子类了，这时也应把它声明为 final 类，这就阻止了某些类对它的其他处理。定义一个 final 类的格式如下：

```
final class  类名{
        ……
    }
```

6.3.2   实例成员和类成员

Java 的类包括两种类型的成员：实例成员和类成员。除非特别指定，定义在类中的成员一般都是实例成员。

在类中声明一个变量或方法时，还可以指定它为类成员。类成员用 static 修饰符声明，格式如下：

```
static type classVar；
static returnType classMethod([paramlist]){
        ……
    }
```

上述语句分别声明了类变量和类方法。如果在声明时不用 static 修饰，则声明为实例变量和实例方法。

1. 实例变量

可以用如下形式声明实例变量：

```
class Myclass{
        float aFloat;
        int aInt;
    }
```

在类 Myclass 中声明了实例变量 aFloat、aInt。声明了实例变量之后，当每次创建类的一个新对象时，系统就会为该对象创建实例变量的副本，然后就可以通过对象访问这些实例变量。

2. 实例方法

实例方法是对当前对象的实例变量进行操作的，而且可以访问类变量。

在【例 6-13】中定义的类有一个实例变量 x 以及两个实例方法 x()和 setX()，该类的对象通过它们来设置和查询 x 的数值。

【例 6-13】实例方法举例。

```
class AnIntergerNamedX{
        int x;
        public int x(){
                 return x;
        }
        public void setX(int newX){
                 x=newX;
        }
}
```

类的所有对象共享了一个实例方法的相同实现。AnIntergerNamedX 类的所有对象共享了方法 x()和 setX()的相同实现。这里的方法 x()和 setX()都使用了对象的实例变量 x。但是，所有对象共享了 x()和 setX()的相同实现，会不会引起混淆呢？当然不会。在实例方法中，实例变量的名字都是引用了当前对象的实例变量。因此，在方法 x()和 setX()中的 x 就等价于当前对象的 x，不会产生模棱两可的情况。即将实例方法和操作它的对象联系在一起，保证每个对象拥有不同的数据，但处理这些数据的方法函数仅一套，可被该类的所有对象共享。

例如，AnIntergerNamedX 外部的对象如果想访问 x ，必须通过 AnIntergerNamedX 的一个特定实例来实现。假设下面的代码段出现在其他对象的方法中，它包含两个 AnIntergerNamedX 类型的对象，并且将 x 设置为不同的值，然后显示出来。

```
……
AnIntergerNamedX myX=new AnIntergerNamedX();
AnIntergerNamedX anotherX=new AnIntergerNamedX();
mxX.setX(1);
anotherX.x=2;
System.out.println("myX.x="+ myX.x());
System.out.println("anotherX.x="+ anotherX.x());
……
```

这里使用了两种方法访问实例变量 x：

● 使用 setX 方法来设置 myX.x 的值；

- 直接赋值给 anotherX.x。

不管使用哪种方法，代码是操作了 x 的两个不同的副本，一个是包含在 myX 对象中，另外一个是包含在 anotherX 对象中。它们的输出为：

```
myX.x=1
anotherX.x=2
```

这说明了类的每个对象都有自己的实例变量并且每个实例变量都有不同的数值。

3. 类变量

类变量用 static 修饰符声明。类变量与实例变量是有区别的，系统只为每个类分配类变量，而不管类创建的对象有多少。当第一次调用类的时候，系统为该类变量分配内存，所有该类的对象共享类变量。因此，可以通过类本身或者某个对象来访问该类变量。

例如，修改前面的 AnIntergerNamedX 类，让 x 变量成为一个类变量，如【例 6-14】所示。

【例 6-14】类变量举例。

```
class AnIntergerNamedX{
        static int x;
        public int x(){
                return x;
        }
        public void setX(int newX){
                x=newX;
        }
}
```

则测试程序的结果输出如下：

```
myX.x=2
anotherX.x=2
```

输出的两个变量结果相同，这是因为 x 现在是一个类变量了，因此，就只有该类变量的唯一副本，它被该类的所有对象所共享，包括 myX 和 anotherX。当在任一对象中调用 setX 时，也就改变了该类所有对象所共享的值。

4. 类方法

当定义一个方法时，可以指定方法为类方法而不是实例方法。第一次调用含类方法的类时，系统就会为类方法创建一个副本。类的所有实例共享类方法的相同副本。

类方法只能操作类变量而不能直接访问在类中定义的实例变量，除非这些类方法创建了一个新的对象，并通过对象访问它们。同时，类方法可以在类中被调用，不必通过一个实例来调用类方法。

为了指定一个方法为类方法，可以在方法声明的时候使用 static 关键字。现在再改变一下 AnIntergerNamedX 类，将它的成员变量 x 定义为实例变量，将它的两个方法定义为类方法。

```
class AnIntergerNamedX{
        int x;
        static public int x(){
                return x;
        }
        static public void setX(int newX){
                x=newX;
        }
}
```

当企图编译这个修改了的类时，就会出错。原因是类方法不能访问实例变量，除非方法中先创建类的对象，并且通过该对象来访问变量。另外，在类方法中不能使用 this 或 super 关键字。

下面再修改一下，使 x 变量为一个类变量：

```
class AnIntergerNamedX{
        static int x;
        static public int x(){
                return x;
        }
        static public void setX(int newX){
                x=newX;
        }
}
```

现在编译就可以通过了。

实例成员和类成员之间的另外一个不同点是类成员可以用类名来访问，而不必创建类的对象。其形式如下：

　　类名.类成员名

例如：

```
……
AnIntergerNamedX.setX(1);
System.out.println("AnIntergerNamedX.x="+ AnIntergerNamedX..x());
……
```

5. 举例

【例 6-15】实例成员和类成员举例。

```
class member{
static int classVar;
```

```
        int instanceVar;

        static void setClassVar(int i){
                classVar=i;
//              instanceVar=i;          //can't access nonstatic member in static method
        }
    static int getClassVar(){
        return classVar;
    }
    void setinstanceVar(int i){
        classVar=i;
        instanceVar=i;
    }
    int getInstanceVar(){
        return instanceVar;
    }
}
public class memberTest{
    public static void main(String args[]){
    member m1=new member();
    member m2=new member();
    m1.setClassVar(1);
    m2.setClassVar(2);
System.out.println("m1.classVar="+m1.getClassVar()+"m2.classVar="+m2.getClassVar( ));
    m1.setinstanceVar(11);
    m2.setinstanceVar(22);
    System.out.println("m1.InstanceVar="+m1.getInstanceVar()+"
    m2.InstanceVar="+m2.getInstanceVar( ));
    }
}
```

程序运行结果如下:

```
C:\>java memberTest
m1.classVar=2      m2.classVar=2
m1.InstanceVar=11          m2.InstanceVar=22
```

　　从类成员的特性可以看出,可用 static 来定义全局变量和全局方法,这时由于类成员仍然封装在类中,故可以通过限制全局变量和全局方法的使用范围来防止冲突。另外,由于可以从类名直接访问类成员,所以访问类成员之前不需要对它进行实例化。一个类的 main( )方法必须要用 static 来修饰,就是因为 Java 运行时系统在开始执行一个程序之前,并没有生成类的一个实例,它只能通过类名来调用 main( )方法作为程序的入口。

6.3.3　类 java.lang.Object

　　类 java.lang.Object 处于 Java 开发环境的类层次树的根部,其他所有的类都直接或间接地成为它的子类。该类定义了一些所有对象最基本的状态和行为,包括与同类对象相比较、转化为字符串等。下面分别进行介绍(详细用法可以参阅 Java JDK 的 API)。

1. equals( )

该方法用来比较两个对象是否相同，如果相同，则返回 true，否则返回 false。它比较的是两个对象引用上的相同，相当于操作符"="的作用。

例如：

```
Integer one=new Integer(1);
Integer anotherOne=new Integer(1);
if(one.equals(anotherOne))
    System.out.println("objects are equal");
```

其中，equals( )方法返回 false，因为虽然对象 One 和 anotherOne 都包含相同的整数值 1，但它们在内存中的位置并不相同。

2. getClass( )

getClass()是 final 方法，它不能被重载。它返回一个对象在运行时所对应的类的表示，从而可以得到相应的信息。例如下面的方法用于得到并显示对象的类名：

```
void PrintClassName(Object obj){
    System.out.println("The object's class is"+obj.getClass( ).getName( ));
}
```

用户还可以用 newInstance()创建一个类的实例，而不必在编译时就知道到底是哪个类。下面的代码创建了一个与对象 obj 具有相同类型的一个新的实例，所创建的对象可以是任何类。

```
Object creatNewInstanceOf(object obj){
    return obj.getClass( ).newInstance( )
}
```

3. toString( )

toString( )方法用来返回对象的字符串表示，可以用来显示一个对象。例如：

```
System.out.println(Thread.currentThread( ).toString( ));
```

可以显示当前的线程。

通过重载 toString( )方法可以适当地显示对象的信息以进行调试。

4. finalize( )

该方法用于在垃圾收集前清除对象，前面已经讲述过。

5. notify( )、notifyAll( )和 wait ()

这些方法用于多线程处理中的同步，多线程技术会在后面章节介绍。

6.4　小　　结

本章详细讲解了以类为中心的面向对象技术的两大特点：继承和多态，并对抽象类和接口等技术进行了简要介绍。

6.5　思　考　练　习

1. 设有下面两个类的定义：

```
class Person{
long id；//身份证号
String name：//姓名
}
class Student extends Person{
    int score：//成绩
    int getScore( ){
        return score； }
}
```

则类 Person 和类 Student 的关系是_____。

A. 包含关系　　　　　　B. 继承关系　　　　C. 关联关系　　　　　　D. 无关系

2. 设有如下程序：

```
class MyClass extends Object{
    private int x;
    private int y;
    public MyClass( ){
        x=0;
        y=0;
    }
    public MyClass(int x, int y){
        this.x=x        this.y=y
    }
    public void show( ){
        System.out.println("\nx="+x+"    y="+y);
    }
    public void show(boolean flag){
```

```
            if (flag) System.out.println("\nx="+x+"   y="+y);
            else System.out.println("\ny="+y+"   x="+x);
        }
        protected void finalize( ) throws throwable{
            super.finalize();
        }
    }
    public class MyPro{
        public static void main(String args[]){
            MyClass myclass=new MyClass(5,10);
            System.out.println("\nx="+myclass.x+"   y="+myclass.y);
        }
    }
```

编译运行结果是什么？(　　　)

A. x=0　　y=0　　　　　　　　B. x=5　　y=10　　　　　　　　C. 编译不能通过

3. 接口中可以有的语句为＿＿＿(从 ABCD 中多选)；一个类可以继承＿＿＿父类，实现 ＿＿＿接口；一个接口可继承＿＿＿接口(从 EF 中单选)；接口＿＿＿继承父类，＿＿＿实现其他接口；实现某个接口的类＿＿＿当作该接口类型使用(从 GH 中单选)；

A. int x;　　　　　　　　B. int y=0;　　　　　　　　C. public void aa( );

D. public void bb( ){System.out.println("hello");}　　　　　E. 仅一个

F. 一个或多个　　　　　　G. 可以　　　　　　　　H. 不可以

4. 解释 this 和 super 的意义和作用。

5. 什么是继承？继承的意义是什么？如何定义继承关系？

6. 什么是多态？Java 程序如何实现多态？有哪些实现方式？

7. 利用多态性编程，实现求三角形、正方形和圆形的面积。

提示：

抽象出一个共享父类，定义一函数为求面积的公共接口，再重新定义各形状的求面积函数。在主类中创建不同类的对象，并求得不同形状的面积。

第7章 字 符 串

本章学习目标：

- 掌握字符串的定义
- 掌握 String 类型字符串的操作方法
- 掌握 StringBuffer 类型字符串的操作方法
- 初步掌握 StringTokenizer 字符分析器的操作方法

7.1 字符串的创建

字符串可以看成是由两个或两个以上的字符组成的数组，Java 语言使用 String 和 StringBuffer 两个类来存储和操作字符串，因此 Java 语言中的字符串是作为对象来处理的。

Java 中的字符串与其他大多数语言一样可以分为字符串常量和字符串变量两种类型。其中，字符串常量是由一系列字符用双引号括起来表示，如"Hello!"。而字符串变量是利用 String 或 StringBuffer 类型的变量来代表这些字符串常量。例如：

```
String str;
str="Hello!";
```

其中，str 表示一个字符串变量，str 的值为"Hello!"。下面介绍如何创建 String 和 StringBuffer 类的字符串。

7.1.1 创建 String 类的字符串

创建 String 类的字符串有以下几种方法。

(1) 由字符串常量直接赋值给字符串变量，例如：

```
String str＝"Hello! ";
```

(2) 由一个字符串来创建另一个字符串，例如：

```
String str1=new String("Hello");
String str2=new String(str);
String str3=new String();
```

其中，str3 为空字符串。

(3) 由字符数组来创建字符串，例如：

```
char num[]={'H', 'i'};
String str=new String(num);
```

(4) 由字节型数组来创建字符串，例如：

```
byte bytes[ ]={25,26,27};
String str=new String(bytes);
```

(5) 由 StringBuffer 对象来创建 String 类型字符串，例如：

```
String str= new String(s);
```

其中，s 为 StringBuffer 类型的字符串对象。

7.1.2　创建 StringBuffer 类的字符串

创建 StringBuffer 类的字符串有以下方法。

(1) 由 String 对象来构造 StringBuffer 类型的字符串，方法如下：

```
StringBuffer( String s );
```

上述方法分配了 s 大小的空间和 16 个字符的缓冲区。

例如：

```
StringBuffer str＝new StringBuffer("Hello!");
```

注意：

字符串常量不能直接赋值给 StringBuffer 类型的字符串变量。

(2) 构造 StringBuffer 类型的空字符串，方法如下：

```
StringBuffer( );
```

上述方法创建一个具有 16 个字符缓冲区的空字符串。

```
StringBuffer( int len );
```

上述方法生成具有 len 个字符缓冲区的空字符串。

例如：

```
StringBuffer str＝new StringBuffer();
StringBuffer str＝new StringBuffer(12);
```

用户可以通过以上几种方法来生成 Sting 类型或 StringBuffer 类型的字符串，其中，String 类型的构造方法如表 7-1 所示。

表 7-1　String 类型的构造方法

构　造　方　法	功　能　描　述
String()	构造一个空的字符串
String(string)	用一个字符串来生成一个新的字符串，两个字符串相等
String(char[ ]) String(char[ ],int,int)	用字符型数组来生成一个新的字符串，其中第一个参数是字符数组，第二和第三个参数分别是用来生成字符串的字符型数组的起始位置和长度
String(byte[ ]) String(byte[ ],int,int)	用 byte 型数组生成一个新的字符串，其中第一个参数是 byte 型数组，第二和第三个参数分别是用来生成字符串的 byte 型数组的起始位置和长度
String(StringBuffer)	利用 StringBuffer 对象来创建一个 String 类型的字符串

7.2　String 类型字符串的操作

Java 中的 String 类定义了许多成员方法用来操作 String 类型的字符串下面介绍常见的几类操作。

1. 求字符串的长度

String 类提供了 length()方法用来获得字符串的长度，该方法的定义如下：

    public int length();

例如：

    String s="You are great!";
    String t="你很优秀!";
    int len_s,len_t;
    len_s=s.length();
    len_t=t.length();

上面的例子可以得到字符串"You are great!"的长度 len_s 为 14，字符串"你很优秀!"的长度 len_t 为 5。需要注意的是，空格符也算一个字符。在 Java 语言中，任何一个符号，包括汉字都只占用一个字符，因为每个字符都是由 Unicode 编码存储的。

2. 字符串的连接

(1) 两个字符串使用+进行连接，例如：

    String str1="I"+"like"+"swimmming";
    String str2;
    str2=str1+"but Jane like running.";

```
System.out.println(str1);
System.out.println(str2);
```

屏幕上输出为：

I like swimming
I like swimming but Jane like running.

(2) 使用 contat()方法进行连接，该方法定义如下：

String contat();

例如：

```
String str1="I"+"like"+"swimmming";
String str2;
String s=str1. contat(but Jane like running.)
System.out.println(s);
```

跟第一种方法一样，在屏幕上同样可以得到"I like swimming but Jane like running."。

3. 字符串的大小写转换

(1) 把字符串中所有的字符变为小写，方法定义如下：

String toLowerCase();

(2) 把字符串中所有的字符变成大写，方法定义如下：

String toUpperCase();

例如：

```
String date＝"Today is Sunday.";
String date_lower,date_upper;
date_lower=date. toLowerCase();
date_upper=date. toUpperCase();
```

执行以后，可以得到：

date_lower="today is sunday."
date_upper= " TODAY IS SUNDAY."

4. 求字符串的子集

(1) 获得给定字符串中的一个字符，方法如下：

char   CharAt(int index);

CharAt()方法可以得到给定字符串中 index 位置的字符,字符串第一个字符的索引为 0,
index 的范围从 0 到字符串长度减一。

例如：

```
String date="Today is Sunday.";
System.out.println(data.CharAt(0));
System.out.println(data.CharAt(3) );
System.out.println(data.CharAt(s.length()-1));
```

输出结果如下：

Ta.

（2）获得给定字符串的子串，有如下两个方法：

```
String substring(int begin_index);
String substring(int begin_index,int end_index);
```

substring(int begin_index) 方法得到的是从 begin_index 位置开始到字符串结束的一个字符串，共有字符串长度减去 begin_index 个字符，而方法 substring(int begin_index,int end_index)得到的是 begin_index 位置和 end_index-1 位置之间连续的一个字符串，共有 end_index-begin_index 个字符。其中，begin_index 和 end_index 的取值范围都是从 0 到字符串长度减一，且 end_index 大于 begin_index。

例如：

```
String date=" It is Sunday";
String str1,str2;
str1=date. substring(6) ;
str2=date. substring(6,9);
```

得到的结果为：

```
str1="Sunday";
str2="Sun";
```

需要注意的是 str2 子字符串获得的是原字符串第 6 到 8 位的字符串，而不是第 6 位到第 9 位的字符串。

5. 字符串的比较

（1）equals()和 equalsIgnoreCase()方法，方法定义如下：

```
boolean equals(String s);
boolean equalsIgnoreCase(String s);
```

equals()方法是把两个字符串进行比较，如果完全相同的话，则返回 true，否则返回 false；equalsIgnoreCase()方法是把两个字符串进行比较，比较时不区分两个字符串中的大小写，如果除了字符的大小写不同，其他的完全相同的话，则返回 true，否则返回 false。

例如：

```
String date1="SunDay ",date2=" Sunday";
System.out.println(data1. equals (data2));
System.out.println(data1. equalsIgnoreCase (data2));
```

屏幕上输出为：

```
false
true
```

注意：

Java 语言中比较两个字符串是否完全相同，不能使用＝符号，因为即使两个字符串完全相同的情况下也会返回 false。来看下面的【例 7-1】。

【例 7-1】 比较两个字符串是否相同。

```
pubilc class Test {
  public static void main(String[] args) {
      String s1=new String("SunDay");
      String s2=new String("SunDay");
      String s3="SunDay";
      String s4="SunDay";
      System.out.println("s1==s2? "+((s1==s2)?True: False));
      System.out.println("s3==s4? "+((s3==s4)? Ttrue: False));
      System.out.println("s2==s3? "+((s2==s3)? True: False));
       System.out.println("s2 equals s3? "+s2. equals(s3));
  }
}
```

程序运行结果如下：

```
s1==s2? False
s3==s4? True
s2==s3? False
s2 equals s3? True
```

本例中定义了 4 个相同的字符串 s1、s2、s3 和 s4，利用＝符号进行判断时，得到 s1 和 s2 不相等，s2 和 s3 不相等，而 s3 和 s4 相等，这样的结果是因为 s3 和 s4 指向的同一个对象，而 s1、s2 和 s3 分别指向不同的对象，＝符号比较的是两个字符串对象，而 equals() 方法比较的才是它们的内容，因此利用 equals()方法比较 s2 和 s3，可以得到它们是相等的。如图 7-1 所示是这 4 个字符串在内存中的示意图。

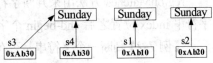

图 7-1 字符串内存示意图

(2) compareTo()和 compareToIgnoreCase()方法

```
int compareTo(String s);
int compareToIgnoreCase(String s);
```

compareTo() 方法是把两个字符串按字典顺序进行比较，如果完全相同的话，则返回 0；如果调用 compareTo()方法的字符串大于字符串 s 的话，则返回正数；如果小于的话，则返回负数。compareToIgnoreCase()方法与 compareTo()方法类似，只是在两个字符串进行比较的时候，不区分两个字符串的大小写。

例如：

> String s1="me" ,s2="6";

则 s1. compareTo("her")大于 0，s1. compareTo("you")小于 0，s1. compareTo("me")等于 0，s2. compareTo("35")大于 0，s2. compareTo("2")小于 0。值的注意的是，"6"与"35"比较的并不是数值的大小，而是字符"6"和字符"3"在字典顺序中的大小。同样，"6"与"2"比较的是字符"6"和字符"2"按字典顺序的大小。

(3) startsWith()和 endsWith()方法

```
boolean startWith(String s)
boolean startWith(String s,int index)
```

strarWith()方法用来判断字符串的前缀是否是字符串 s。如果是，则返回 true；否则，返回 false。其中，index 是指前缀开始的位置。

```
boolean endsWith(String s)
```

endsWith()方法则用来判断字符串的后缀是否是字符串 s。如果是，则返回 true；否则，返回 false。

例如：

```
String s="abcdgde ";
boolean b1,b2,b3;
b1=s. startsWith("abc");
b2= s.startsWith(s,2);
b3= s.endsWith("abc");
```

可以得到：b1 的值为 true，b2 的值为 false，b3 的值为 false。

(4) regionMatches()方法

```
boolean regionMatches(int index,String s,int begin,int end)
boolean regionMatches(boolean b,int index,String s,int begin,int end)
```

regionMatches 方法用来判断字符串 s 从 begin 位置到 end 位置结束的子串是否跟当前字符串 index 位置之后 end-begin 个字符子串相同。如果相同，则返回 true；否则返回 false。

【例 7-2】判断一个字符串是否在另一个字符串当中，如果存在，返回所在位置的索引。

```
public class Hello {
  public static void main(String[] args) {
      String source="It is Sunday";
```

```
        String s="Sunday";
        int i=0,len=s.length();
        while(i<=source.length()-len){
            if(source.regionMatches(i,s,0,len))
                break;
            i++;
        }
        if(i<=source.length()-len)
            System.out.println("Sunday 在源串中的索引为:"+i);
        else
            System.out.println("Sunday 不在源串中。");
    }
}
```

程序的输出结果如下：

Sunday 在源串中的索引为:6

6. 字符串的检索

Java 中的 String 类提供了 indexOf()和 lastIndexOf()两种方法用来查找一个字符串在另一个字符串中的位置。indexOf()是从字符串的第一个字符开始检索，lastIndexOf()是从字符串的最后一个字符开始检索。

```
        int indexOf(String s);
```

从开始位置向后搜索字符串 s，如果找到，则返回 s 第一次出现的位置，否则，返回-1。

```
        int lastIndexOf(String s);
```

从最后位置向前搜索字符串 s，如果找到，则返回 s 第一次出现的位置，否则，返回-1。

```
        int indexOf(String s,int begin_index);
```

从 begin_index 位置向后搜索字符串 s，如果找到，则返回 s 第一次出现的位置，否则，返回-1。

```
        int lastIndexOf(String s,int begin_index);
```

从 begin_index 位置向前搜索字符串 s，如果找到，则返回 s 第一次出现的位置，否则，返回-1。

例如：

```
        String s="more and more",s1="more";
        int a1,a2;
        a1=s.indexOf(s1);
        a2=s.lastIndexOf(s1);
```

得到的结果如下：

> a1=0，a2=9

【例 7-3】求给定字符串中第一个单词出现的次数(单词之间用空格分隔)。

```
pubilc class Test {
 public static void main(String[] args) {
    String str="more pains more gains";
    int space_index=str.indexOf(" ");              //求出第一个空格的位置
    String first_word=str.substring(0,space_index);      //求出第一个单词
    int totalnum=0,index=0;
    while(index!=-1) {
        index=str.indexOf(first_word,index+1);
        totalnum++;
    }
    System.out.println("字符串中第一个单词"+first_word+"出现的次数为："+totalnum);
 }
}
```

程序运行结果如下：

> 字符串中第一个单词 more 出现的次数为：2

7. 字符串 0 类型与其他类型的转换

(1) 字符串类型与数值类型的转换

下面是由数值类型转换为字符串类型的方法。

```
String static valueOf(boolean t);
String static valueOf(int t);
String static valueOf(float t);
String static valueOf(double t);
String static valueOf(char t);
String static valueOf(byte t);
```

valueOf()方法可以把 boolean、int、float、double、char、byte 类型转换为 String 类型，并返回该字符串。调用格式为 String.valueOf(数值类型的值)。

例如：

```
String str1,str2;
str1=String.valueOf(25.1);
str2=String.valueOf('a');
```

下面是由字符串类型转换为数值类型的方法。

- public int parseInt(String s)

parseInt()方法是把 String 类型转换为 int 类型，调用方式为：Integer.parseInt(String)。

- public float parseFloat(String s)

parseFloat()方法是把 String 类型转化为 float 类型，调用方式为：Float.parseFloat(String)。

- public double parseDouble(String s)

parseDouble()方法是把 String 类型转化为 double 类型，调用方式为：Double. parseDouble(String)。

- public short parseShort(String s)

parseShort()方法是把 String 类型转换为 short 类型，调用方法为：Short. parseShort (String s)。

- public long parseLong(String)

parseLong()方法是把 String 类型转化为 long 类型，调用方式为：Long. parseLong (String s)。

- public byte parseByte(String s)

parseByte()方法是把 String 类型转换为 byte 类型，调用方式为：Byte. parseByte (String)。

例如：

```
int a；
try{
    a=Integer.parseInt("Java");
        }catch(Exception e){}
```

字符串类型转换为数值类型不一定会成功，所以在进行转换操作时要捕捉异常。

(2) 字符串类型与字符或字节数组的转换

用字符数组或字节数组来构造字符串的方法如下：

```
String(char[],int offset,int length);
String(byte[],int offset,int length);
```

也就是说，上述方法可以用来实现字符数组或字节数组到字符串的转换。

String 类也实现了字符串向字符数组的转换，方法如下：

```
char[ ] toCharArray();
```

调用方式为：字符串对象. toCharArray()，该方法返回一个字符数组。

String 类还提供了另一种方法实现字符串向字符数组的转换：

```
public void getChars(int begin,int end,char c[ ],int index)
```

getChars()方法用来将字符串中从 begin 位置到 end-1 位置上的字符复制到字符数组中，并从字符数组的 index 位置开始存放。值得注意的是，end-begin 的长度应该小于 char 类型数组所能容纳的大小。

例如：

```
char c[ ]= new char[10];
 "今天星期六".getChars(0, 5, c, 0);
String s=new String(c,0,4);
System.out.println(s);
```

得到结果是：

　　　　　　今天星期

此外，String 类实现字符串向字节数组的转换，方法如下：

　　byte[ ] getBytes();

调用方式为：字符串对象.getBytes()，该方法返回一个字节数组。
例如：

　　byte b[ ]= "今天星期六".getBytes();
　　String s=new String(b,4,6);
　　System.out.println(s);

得到如下结果：

　　　　　　星期六

8. 字符串的替换

(1) 字符串中字符的替换

　　String replace(char oldChar,char newChar);

用来把字符串中出现的某个字符全部替换成新字符。
例如：

　　String s="bag";
　　s=s.replace('a', 'e');

替换后可以得到：s="beg"。

(2) 字符串中子串的替换

　　String replaceAll(String oldstring,String newstring);

用来把字符串中出现的子串 oldstring 全部替换为字符串 newstring。
例如：

　　String s="more and more ";
　　s=s.replaceAll ("more ", "less");

可以得到：

　　s="less and less "

9. 字符串的其他操作

(1) 字符串前后部分空格的删除

　　String trim();

用来把字符串前后部分的空格删除，返回删除空格后的字符串。

例如：

```
String str="   It is Sunday   ";
String s=str.trim();
```

可以得到：

```
s="It is Sunday"
```

(2) 对象的字符串表示

```
String toString();
```

toString()是 Object 类一个 public 方法，用来把任意对象表示成 String 类型的字符串。

【例 7-4】 将 StringBuffer 类型和 Date 类型的对象用字符串表示。

```
import java.util.Date;
public class Hello {
  public static void main(String[] args) {
       StringBuffer s=new StringBuffer("Hello!");
       Date date=new Date();
       System.out.println(s.toString());
       System.out.println(date.toString());
  }
}
```

程序输出结果如下：

```
Hello!
Tue Apr 15 21:28:23 CST 2008
```

7.3　StringBuffer 类型字符串的操作

StringBuffer 类也定义的许多成员方法用来对 StringBuffer 类型字符串进行操作，不过跟 String 类型的字符串对其拷贝进行操作不同的是，StringBuffer 对字符串的操作是对原字符串本身进行的，操作后的结果会使原字符串发生改变。

7.3.1　字符串操作

1. 字符串的追加

(1) 追加数值类型的数据

```
StringBuffer append(数值类型  t);
```

该方法用来在字符串后面增加一个数值数据，其参数类型包括 boolean、int、char、float、

double、long 类型。

(2) 追加 String 类型的数据

```
StringBuffer append(String s)
```

该方法用来在字符串后面增加一个 String 类型的数据。

(3) 追加字符数组类型的数据

```
StringBuffer append(char[ ])
StringBuffer append(char[ ],int begin,int end)
```

该方法用来在字符串后面增加一个字符数组类型数据，begin 和 end 是指所增加字符数组中字符的开始位置和结束位置。

(4) 追加 Object 类型的数据

```
StringBuffer append(Object t)
```

该方法用来在字符串后面增加一个 Object 类型的数据。

例如：

```
StringBuffer s=new StringBuffer("It is ");
s.append("JDK");
s.append(2.0);
System.out.println(s);
```

输出结果如下：

```
It is JDK2.0
```

值得注意的是，StringBuffer 类型的字符串不能用符号"+"进行连接，只能用上面的 append()方法。

2. 字符串的插入

(1) 插入数值类型的数据

```
StringBuffer insert(int offset, 数值类型  t);
```

该方法用来在字符串的 offset 位置插入一个数值数据，其参数类型包括 boolean、int、char、float、double、long 类型。

(2) 插入 String 类型的数据

```
StringBuffer insert(int offset, String t);
```

该方法用来在字符串的 offset 位置插入一个字符串。

(3) 插入字符数组类型的数据

```
StringBuffer insert(int offset,char[ ] t);
StringBuffer insert(int offset, char[ ] t,int begin,int end);
```

该方法用来在字符串的 offset 位置插入一个字符数组类型的数据，begin 和 end 是指所增加字符数组中字符的开始位置和结束位置。

(4) 插入 Object 类型的数据

```
StringBuffer insert(int offset,Object t);
```

该方法用来在字符串的 offset 位置插入一个 Object 类型的数据。

例如：

```
StringBuffer s=new StringBuffer("It is ");
s.insert(6,2.0);
s.insert(6,"JDK");
System.out.println(s);
```

输出结果如下：

```
It is JDK2.0
```

3. 字符串的删除

(1) 删除字符串的一个字符

```
StringBuffer deleteCharAt(int index);
```

deleteCharAt 方法是删除字符串中 index 位置的一个字符。

(2) 删除字符串的子串

```
StringBuffer delete(int begin_index,int end_index);
```

delete 方法是删除从 begin_index 位置开始到 end_index-1 位置的所有字符，删除的字符总数为 end_index-begin_index。

例如：

```
StringBuffer s=new StringBuffer("It iss Sunday");
s=s.deleteCharAt(5) ;
s=s.delete(5,12);
```

删除后 s 的结果如下：

```
It is
```

4. 字符串的修改

```
void setLength(int length);
```

该方法用来把字符串的长度改为 length，操作后的字符串的字符有 length 个。值得注意的是，如果 length 的长度小于原字符串的长度，那么进行 setLength 操作后，字符串的长度变为 length，且后面的字符将被删除；如果 length 的长度大于原字符串的长度，那么进行 setLength 操作后，会在原字符串的后面补字符'\u0000'来使原字符串变长为 length。字符 '\u0000'是字符串的有效字符。

例如：

```
StringBuffer s=new StringBuffer("Sunday");
s.setLength(8) ;
System.out.println(s);
s.setLength(3) ;
System.out.println(s);
```

输出结果如下：

```
Sunday□□
Sun
```

5. 求字符串的长度和容量

(1) 字符串的长度

```
StringBuffer length()
```

length 方法跟 String 类型的一样，用来求当前字符串的长度。

(2) StringBuffer 字符串的容量

```
StringBuffer capacity()
```

该方法用来求当前 StringBuffer 字符串和 StringBuffer 缓冲区大小之和。

例如：

```
StringBuffer s=new StringBuffer("Sunday");
int len1,len2;
len1=s.capacity();
len2=s.length();
```

得到的结果如下：

```
len1=22
len2=6
```

在上面例子中，定义"Sunday"时就为其分配了 s 大小的空间和 16 个字符的缓冲区，因此调用 s.capacity()得到的结果为 22。

6. 字符串的替换

(1) 子串的替换

```
StringBuffer replace(int begin_index,int end_index,String s);
```

replace 方法是用字符串 s 来替换 begin_index 位置和 end_index 位置之间的子串。

(2) 单个字符的替换

```
void setCharAt(int index,char ch);
```

setCharAt 是用来把字符串 index 位置的字符替换为 ch。
例如：

```
StringBuffer s=new StringBuffer("me them");
s.setCharAt(1,'y');
s.replace(3,7,"their");
System.out.println(s);
```

输出结果如下：

my their

7. 字符串的反转

```
StringBuffer reverse();
```

reverse 方法是将字符串倒序，请看【例 7-5】。

【例 7-5】输入一个字符串，判断它是不是回文。

```
import java.util.*;
public class Hello {
  public static void main(String[] args) {
        Scanner scan = new Scanner(System.in);
        System.out.println("请输入字符");
        String str = scan.nextLine();              //从键盘输入字符
        StringBuffer oldstr=new StringBuffer(str);
        StringBuffer newstr=oldstr.reverse();
        String temp=new String(newstr);
        if(str.equals(temp))
                System.out.println(str+"是回文。");
        else
                System.out.println(str+"不是回文。");
        }
    }
```

如果输入字符串"abcba"，则输出结果为"abcab 是回文"。
如果输入字符串"ttargs"，则输出结果为"ttargs 不是回文"。

注意：

String 中对字符串的操作不是对原字符串本身进行操作，而是对新生成的一个原字符串对象的拷贝进行的，其操作的结果不影响原字符串。而 StringBuffer 中对字符串的操作是对原字符串本身进行的，可以对字符串进行修改而不产生副本。

下面请看一个例子，如【例 7-6】所示。

【例 7-6】String 与 StringBuffer。

```
public class Hello {
  public static void main(String[] args) {
        String prestr=new String("It is Monday.");
        StringBuffer presb=new StringBuffer("Dog is cute.");
        String str;
        StringBuffer sb;
        str=prestr.replaceAll("Monday","Sunday");
        sb=presb.replace(0,3,"Cat");
System.out.println("String 类型源串为："+prestr+"操作结果为："+str+"源串变为："+prestr);
System.out.println("StringBuffer 类型源串为："+presb+"操作结果为："+sb+"源串变为："+presb);
  }
}
```

输出结果如下：

String 类型源串为：It is Monday.操作结果为：It is Sunday.源串变为：It is Monday.
StringBuffer 类型源串为：Cat is cute.操作结果为：Cat is cute.源串变为：Cat is cute.

从上面的例子可以看到，对 String 类型的字符串 prestr 进行替换后，源字符串并没改变，而对 StringBuffer 类型的字符串 presb 进行替换后，源字符串就变成了替换后的字符串。

7.3.2　字符分析器

Java 的 java.util 包中提供了 StringTokenizer 类，该类可以通过分析一个字符串把字符串分解成可被独立使用的单词，这些单词称为语言符号。例如，字符串"It is Sunday"，如果把空格作为该字符串的分隔符的话，那么该字符串有 It、is 和 Sunday 3 个单词。而对于"It;is;Sunday"字符串，如果把分号作为该字符串的分隔符的话，那么该字符串也有 3 个单词。

StringTokenizer 类的构造方法如下。

1. StringTokenizer(String s)

为字符串 s 构造一个字符分析器，使用默认的分隔符，默认的分隔符包括空格符、Tab符、换行符、回车符等。

2. StringTokenizer(String s, String delim)

为字符串 s 构造一个字符分析器，使用 delim 作为分隔符。

3. StringTokenizer(String s, String delim,boolean isTokenReturn)

为字符串 s 构造一个字符分析器，使用 delim 作为分隔符，如果 isTokenReturn 为 true，则分隔符也被作为符号返回；如果 isTokenReturn 为 false，则不返回分隔符。

例如：

>   StringTokenizer s=new StringTokenizer("It;is;Sunday",";");

StringTokenizer 对象被称为字符分析器。字符分析器中有一些方法可以对字符串进行操作，常用的方法有如下几种：

>   public String nextToken();

逐个获取字符串中的单词并返回该字符串。

>   public String nextToken(String delim)

以 delim 作为分隔符逐个获取字符串中的单词并返回该字符串。

>   public int countTokens()

返回单词计数器的个数。

>   public boolean hasMoreTokens();

检测字符串中是否还有单词，如果还有单词，则返回 true，否则返回 false。

【例 7-7】分析字符串，输出单词的总数和每个单词。

```java
import java.util.*;
public class Hello {
 public static void main(String[] args) {
      String s="Friday;Saturday;Sunday";
      StringTokenizer stk=new StringTokenizer(s,";");
      System.out.println("共有"+ stk.countTokens()+"个单词，分别为:");
      while(stk.hasMoreTokens()){
          System.out.println(stk.nextToken());
      }
  }
 }
```

输出结果如下：
共有 3 个单词，分别为:

Friday

Saturday

Sunday

7.3.3　main()方法

Java 中的每一个程序都是从 public static void main(String[] args)方法进入的。显然，main方法中的参数是字符串数组 arg[]，args 是命令行参数，字符串数组 arg[]的元素是在程序运行时从命令行输入的，其形式如下：

```
java 类文件名  arg[0] arg[1] arg[2] arg[3]…
```

其中，元素之间用空格分开。

【例 7-8】输出命令行上输入的字符串。

```
public class Test {
 public static void main(String[] args) {
      for(int i=0;i< args.length;i++)
          System.out.println("输入的第"+(i+1)+"个字符串为："+args [i]);
 }
}
```

如果在命令行中输入"java Test"，则没有输出；如果在命令行中输入"java Test Sunday 1.0 c"，程序输出如下：

> 输入的第 1 个字符串为：Sunday
> 输入的第 2 个字符串为：1.0
> 输入的第 3 个字符串为：c

从上面的例子看到，Sunday、1.0 和 c 分别对应着字符串数组的 args[0]、args[1]和 args[2]。

7.4 小　　结

本章学习了字符串的两种类型 String 和 StringBuffer，分析了两种类型的区别，同时还介绍了如何创建字符串，并着重对 String 类型和 StringBuffer 类型的成员方法做了详细讲述和实例分析，此外，还讲述了如何使用字符分析器来分析字符串以及 main()方法中字符串数组参数的用法。

7.5 思 考 练 习

1. String 类型与 StringBuffer 类型的区别是什么？

2. 有如下 4 个字符串 s1、s2、s3 和 s4：

```
String s1="Hello World! ";
String s2=new String("Hello World! ");
s3=s1;
s4=s2;
```

求下列表达式的结果？

```
s1==s3
s3==s4
s1==s2
```

```
s1.equals(s2)
s1.compareTo(s2)
```

3. 下面程序的输出结果是什么？

```
public class Test {
        public static void main(String[] args) {
                String s1="I like cat";
                StringBuffer sb1=new StringBuffer ("It is Java");
                String s2;
                StringBuffer sb2;
                s2=s1.replaceAll("cat","dog");
                sb2=sb1.delete(2,4);
                System.out.println("s1 为："+s1);
                System.out.println("s2 为："+s2);
                 System.out.println("sb1 为："+s1);
                System.out.println("sb2 为："+s2);
        }
}
```

4. 设 s1 和 s2 为 String 类型的字符串，s3 和 s4 为 StringBuffer 类型的字符串，下列哪个语句或表达式不正确？

```
s1="Hello World! ";
s3="Hello World! ";
String s5=s1+s2;
StringBuffer s6=s3+s4;
String s5= s1-s2;
s1<=s2
char c=s1.charAt(s2.length());
s4.setCharAt(s4.length(),'y');
```

5. StringTokenizer 类的主要用途是什么？该类有哪几种重要的方法？它们的功能是什么？

6. 下列程序的输出结果是什么？

```
import java.util.*;
public class Hello {
        public static void main(String[] args) {
                String s="Friday;Saturday\Sunday Monday,Tuesday";
                StringTokenizer stk=new StringTokenizer(s,"; \");
                while(stk.hasMoreTokens()){
                        System.out.println(stk.nextToken());
                }
        }
}
```

7. 编写程序，在命令行输入"java 类文件名 11 24 62 73 103 56"，求这一串数字的最大值和平均数。

8. 编写程序，输入两个字符串，完成以下几个功能。

(1) 求出两个字符串的长度。

(2) 检验第一个串是否为第二个串的子串。

(3) 把第一个串转换为 byte 类型并输出。

第8章　多线程与Applet技术

本章学习目标：

- 理解什么是多线程
- 掌握线程的创建方法、生命期及状态
- 掌握线程的调度方法和优先级设置方法
- 了解线程组的概念及其实现方法
- 熟悉 Applet 技术
- 掌握 Applet 的开发步骤
- 掌握 Graphics 类的用法

8.1 多　线　程

随着计算机的飞速发展，个人计算机上的操作系统可以同一时间内执行多个程序，于是，引入了进程的概念。所谓进程，就是一个动态执行的程序，当用户运行一个程序的时候，就创建了一个用来容纳组成代码和数据空间的进程。例如，在 Windows XP 上运行的每一个程序都是一个进程。而且每一个进程都有自己的一块内存空间和一组系统资源，它们之间都是相互独立的。进程概念的引入使得计算机操作系统同时处理多个任务成为了可能。

跟进程相似，线程是比进程更小的单位。所谓线程，是指进程中单一顺序的执行流，线程可以共享内存单元和系统资源，但不能单独执行，而必须存在于某个进程当中。由于线程本身的数据通常只有微处理器的寄存器数据和一个供程序执行时使用的堆栈，因此，线程也被称做轻负荷进程。一个进程中至少包括一个线程。

以前开发的很多程序都是单线程的，即一个进程中只包含一个线程，也就是说一个程序只有一条执行路线。但是，现实中的很多进程都是可以按照多条路线来执行的。例如，在浏览器中可以在下载图片的同时滚动页面来浏览不同的内容。这与多线程的概念是相似的，多线程其实就意味着一个程序可以按照不同的执行路线共同工作。而多线程的定义是指在单个程序中可以同时运行多个不同的线程执行不同的任务。需要注意的是，计算机系统中多个线程是并发执行的，因此，任意时刻只能有一个线程在执行，但是由于 CPU 的速度非常快，给用户的感觉像是多个线程同时在运行。

如图 8-1 所示描绘了单线程和多线程程序的不同。

Java 语言本身就支持多线程。Java 中的线程由虚拟的 CPU、CPU 所执行的代码和 CPU

所处理的数据 3 部分组成。虚拟处理机被封装在 java.lang.Thread 类中，有多少个线程就有多少个虚拟处理机在同时运行，提供对多线程的支持。Java 的多线程就是系统每次给 Java 程序一个 CPU 时间，Java 虚拟处理机在多个线程之间轮流切换，保证每个线程都能机会均等地使用 CPU 资源，不过每个时刻只能有一个线程在运行。Java 是从 main 方法入口执行程序，因此就启动了一个 main 线程，倘若 Java 程序中还有其他没运行结束的线程，即使 main 方法执行完最后一句，Java 虚拟处理机也不会结束该程序，而是一直等到所有线程都运行结束后才停止。

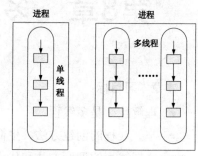

图 8-1　进程、单线程和多线程

8.2　多线程的创建

在 Java 中可以通过 java.lang.Thread 类来实现多线程，有以下两种途径可以实现多线程的创建：一种是直接继承 Thread 类并重写其中的 run()方法，另一种是使用 Runnable 接口。这两种途径都是通过 run()方法来实现的，Java 语言把线程中真正执行的语句块称为线程体，方法 run()就是一个线程体，在一个线程被创建并初始化之后，系统就自动调用 run( )方法。

8.2.1　Thread 子类创建线程

要实现多线程，可以通过继承 Thread 类并重写其中的 run()方法来实现，把线程实现的代码写到 run( )方法中，线程从 run( )方法开始执行，直到执行完最后一行代码或线程消亡。

Java 中 Thread 类的几个构造方法如下：

```
public Thread ();
public Thread (Runnable target);
public Thread (Runnable target，String name);
public Thread (String name);
public Thread (ThreadGroup group，Runnable target);
public Thread (ThreadGroup group，String name);
public Thread (ThreadGroup group，Runnable target，String name);
```

其中，target 通过实现 Runnable 接口来指明实际执行线程体的目标对象；name 为线程名，Java 中的每个线程都有自己的名称，可以给线程指定一个名称，如果不特意指定，Java 会自动提供唯一的名称给每一个线程；group 指明该线程所属的线程组，线程组 ThreadGroup 的具体知识和用法将在后面 8.7 小节中介绍。

【例 8-1】利用 Thread 子类创建一个线程。

```
class SimpleThread extends Thread {
    private String threadname; //定义了成员变量
```

```
        public SimpleThread(String str) {      //定义了构造函数
            threadname=str;
        }
        public void run() { //重写 run 方法
          for (int i = 0; i < 6; i++) {
            System.out.println(threadname+"被调用！ ");
            try {
                sleep(10) ; //线程睡眠 10s
            } catch (InterruptedException e) {
            }
            }
            System.out.println(threadname+"运行结束");//线程执行结束
            }
        }
        public class Test {
            public static void main (String args[]) {
                SimpleThread First_thread=new SimpleThread("线程 1");
                SimpleThread Second_thread=new SimpleThread("线程 2");
                First_thread.start();//启动线程
                Second_thread.start();
            }
        }
```

程序运行结果如下：

线程 1 被调用
线程 2 被调用
线程 2 被调用
线程 1 被调用
线程 2 被调用
线程 1 被调用
线程 1 被调用
线程 2 被调用
线程 2 被调用
线程 1 被调用
线程 1 被调用
线程 2 被调用
线程 1 运行结束
线程 2 运行结束

　　本例中，通过 SimpleThread 类的构造方法定义了 First_thread 和 Second_thread 两个线程对象，两个对象通过 start()方法进行了启动，调用了 SimpleThread 类的 run()方法，在 run()方法中实现了被调用的线程循环输出 6 次，并且为了使每个线程都有机会获得调度，所以定期让线程睡眠 10s。由于两个线程是独立的，而 Java 线程在睡眠一段时间被唤醒后，系统调用哪个线程是随机的，因此得到上述的执行结果。为了实现线程的休眠，程序调用了 sleep()方法。需要注意的是，程序运行的结果并不是唯一的。

8.2.2　使用 Runnable 接口

要实现多线程，除了通过继承 Thread 子类以外，另一种途径就是实现 Runnable 接口，利用 Runnable 接口来提供 run()方法。利用 Runnable 接口可以让其他类的子类实现多线程的创建，这是利用继承 Thread 类的方法无法办到的。不过，采用 Runnable 接口的方式来创建线程，还必须引用 Thread 类的构造方法，把采用 Runnable 接口类的对象作为参数封装到线程对象中。

【例 8-2】利用 Runnable 接口创建一个线程。

```
class SimpleThread implements Runnable {
    public SimpleThread(String str) {     //定义了构造函数
        super(str);
    }
    public void run() { //重写 run 方法
        for (int i = 0; i < 10; i++) {
            System.out.println(getName()+"被调用！ ");
            try {
                Thread.sleep(10) ; //线程睡眠 10s
            } catch (InterruptedException e) {
            }
        }
        System.out.println(getName()+"运行结束");//线程执行结束
    }
}
public class Test {
    public static void main (String args[]) {
        Thread First_thread =new Thread(new SimpleThread("线程 1"));
        Thread Second_thread =new Thread(new SimpleThread("线程 2"));
        First_thread.start();//启动线程
        Second_thread.start();
    }
}
```

上述程序的功能与【例 8-1】的程序相同，只是实现的方法有所不同。在【例 8-1】中，通过定义成员变量来获得线程的名字，而本例中，利用子线程类继承 Thread 类中的 super()函数，然后利用 java 中的 getName()函数来获得线程的名字，这是得到线程名的另一种方法。而在 main 方法中，通过 Thread 类的构造方法创建了 First_thread 和 Second_thread 两个线程对象，并把实现 Runnable 接口的 SimpleThread 对象封装其中，用来实现线程的创建。

注意：

使用子类直接继承 Thread 类的方法创建线程，可以在子类中增加新的成员变量和成员方法，使得线程具有新的属性和功能，还可以直接操作线程，但由于 java 中不支持多继承，因此 Thread 子类不能扩展其他的类，而利用 Runnable 接口，线程的创建可以从其他类继承，使得代码和数据分开，但还是需要使用 Thread 对象来操纵线程。

8.3　线程的生命期及其状态

8.3.1　线程的状态

线程的生命期是指从线程被创建开始到死亡的过程，通常包括 5 种状态：新建、就绪、运行、阻塞、死亡。在线程的生命期内，这 5 种状态通过线程的调度而进行转换，转换关系如图 8-2 所示。

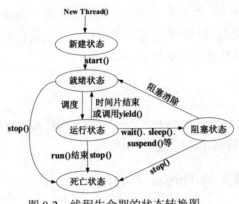

图 8-2　线程生命期的状态转换图

1. 新建状态

当用 Thread 类或其子类创建了一个线程对象时，该线程对象就处于新建状态，系统为新线程分配了内存空间和其他资源。

2. 就绪状态

如果系统资源未满足线程的调度，线程就开始排队等待 CPU 的时间片，此时，线程就处于就绪状态。有 3 种情况使得线程进入就绪状态：一是新建状态的线程被启动，但不具备运行的条件；二是处于正在运行的线程时间片结束或调用了 yield()方法；三是被阻塞的线程引起阻塞的因素消除了，进入排队队列等待CPU 的调度。

3. 运行状态

当线程被调度获得了 CPU 控制权时，就进入了运行状态。线程在运行状态时，会调用本对象的 run()方法。一般在子类中重写父类的 run()方法来实现多线程。

4. 阻塞状态

当运行的线程被人为挂起或由于某些操作使得资源不满足的时候，线程将暂时终止自己的运行，让出 CPU，进入阻塞状态。有下面 4 种原因使得线程进入阻塞状态。

- 在线程运行过程中，调用了 wait()方法，使得线程等待。等待中的线程并不会排队等待 CPU 的调度，必须调用 notify()通知方法，才能使它重新进入排队队列等待 CPU 的时间片，也就是进入就绪状态。
- 在线程运行过程中，调用了 sleep(int time)方法，使得线程休眠。休眠中的线程只有经过休眠时间 time 之后才会重新进入排队队列等待 CPU 的调度，也就是进入了就绪状态。
- 在线程运行过程中，调用了 suspend()方法，使得线程挂起。挂起的线程需要调用 resume()恢复方法，才能进入就绪状态。
- 在线程运行过程中，由于输入输出流而引起阻塞。被阻塞的线程并不会排队等待 CPU 的调度，只有引起阻塞的原因消除后，才能使它重新进入排队队列等待 CPU 的时间片，也就是进入了就绪状态。

5. 死亡状态

线程消亡(即处于死亡状态)有两种情况：一种是线程的 run()方法执行完所有的任务正常地结束；另一种是线程被 stop()方法强制终止。

8.3.2　与线程状态有关的 Thread 类方法

1. 线程状态的判断

isAlive()方法用于判断线程是否在运行。如果是，返回 true；否则返回 false。不管是线程未开启还是结束，isAlive()方法都会返回 false。

2. 线程的新建和启动

通过 new Thread()方法可以创建一个线程对象，不过此时 Java 虚拟机并不知道它，因此，还需要通过 start()方法来启动它。

【例 8-3】每隔一段时间检测一下线程是否在运行。

```java
class SimpleThread extends Thread{
 public void run() {
     System.out.println("线程开始");
     try{
         for(int i=0;i<3;i++) {
             System.out.println(Thread.currentThread().isAlive()?"线程在运行":"线程结束");
             Thread.sleep(100);
         }
     }catch(InterruptedException e){}
 }
}
public class Hello {
 public static void main (String[] args) {
     SimpleThread td=new SimpleThread();
```

```
            System.out.println(td.isAlive()?"线程开始":"线程未开始");
            td.start();
            try{
                    Thread.sleep(1000);
            }catch(InterruptedException e){}
            System.out.println(td.isAlive()?"线程在运行":"线程结束");    }
    }
```

程序运行结果如下：

```
    线程未开始
    线程开始
    线程在运行
    线程在运行
    线程在运行
    线程结束
```

本例中，通过 new SimpleThread()创建了一个线程对象，接着用 isAlive()方法进行判断，由于线程此时还没有启动，因此，isAlive()返回 false，然后通过 td.start()方法启动线程，线程每隔 100ms 判断一次线程是否在运行，最后让线程等待 1000ms 后再判断一次线程 td 是否结束，可以看到此时线程 td 已经结束了。

3. 线程的阻塞和唤醒

(1) wait()方法

wait()方法是让线程等待并释放占有的资源。该方法可能会抛出 InterruptedException 异常，因此需要写在 try{}语句当中。方法定义如下：

```
    public final void wait() throw InterruptedException;
    public final void wait(long time) throw InterruptedException;
    public final void wait(long time,int args) throw InterruptedException;
```

其中，参数 time 表示睡眠时间的毫秒数，args 表示睡眠时间的纳秒数。调用 wait()方法的线程必须通过调用 notify()方法来唤醒它。notify 方法定义如下：

```
    public final void notify();
    public final void notifyAll();
```

其中，notify()方法是随机唤醒一个等待的线程，而 notifyAll()方法是唤醒所有等待的线程。wait()、notify()和 notifyAll()方法通常是在线程同步方法中使用，具体例子将在 8.4 节中介绍。

(2) sleep()方法

sleep ()方法是让线程睡眠一段时间后，再重新进入排队队列等待 CPU 的调度。sleep () 方法会抛出 InterruptedException 异常，因此需要写在 try{}语句当中。方法定义如下：

```
    public static void sleep(long time) throw InterruptedException ;
    public static void sleep(long time,int args) throw InterruptedException ;
```

其中，参数 time 表示睡眠时间的毫秒数，args 表示睡眠时间的纳秒数，sleep ()方法的例子可以参见【例 8-1】，这里不再介绍。

注意：

Thread 的 sleep()方法使线程进入睡眠状态，但它并不会释放线程持有的资源，不能被其他资源唤醒，不过睡眠一段时间后会自动醒过来，而 wait()方法让线程进入等待状态的同时也释放了线程持有的资源，线程能被其他资源唤醒。

(3) join()方法

join()方法是指线程的联合，即在一个线程运行过程中，若其他线程调用了 join()方法与当前运行的线程联合，则运行的线程会立刻阻塞，直到与它联合的线程运行完毕后才重新进入就绪状态，等待 CPU 的调度。不过，倘若与运行线程联合的线程调用 join()方法的时候，已经运行完毕了，那么调用 join()方法将不会对正在运行的线程产生影响。方法定义如下：

```
public final void join() throw InterruptedException;
public final void join(long time) throw InterruptedException;
public final void join(long time,int args) throw InterruptedException;
```

【例 8-4】 利用 join()方法实现线程的等待。

```
class SimpleThread extends Thread
{
    SimpleThread(String s) {
        super(s) ;
    }
    public void run() {
        for(int i=0 ; i<3 ; i++) {
            System.out.println(getName()+": "+ i) ;
        }
    }
}
public class Test
{
    public static void main(String args[]) {
        SimpleThread t1 = new SimpleThread("first") ;
        SimpleThread t2 = new SimpleThread("second") ;
        t1.start() ;
        try{
            t1.join() ;
        }catch(InterruptedException e) {

        }
        t2.start() ;
        try{
            t2.join() ;
```

```
    }catch(InterruptedException e) {

    }
    System.out.println("主线程运行！");
    }
    }
```

程序运行结果如下：

```
first: 0
first: 1
first: 2
second: 0
second: 1
second: 2
主线程运行！
```

上面的例子中启动了子线程 t1 和 t2，在 t2 启动之前调用了子线程 t1 的 join()方法，因此 t2 要等待 t1 运行结束才被启动，t2 启动后，又调用了子线程 t2 的 join()方法，因此运行 main 方法的线程要等待 t2 运行结束，才继续往后执行。

(4) yield()方法

yield()方法是释放当前 CPU 的控制权。当线程调用 yield()方法时，若系统中存在相同优先级的线程，则线程将立刻停止并调用其他优先级相同的线程，若不存在相同优先级的线程，那么 yield()方法将不产生任何效果，当前调用的线程将继续运行。

(5) suspend()方法

在 Java2 之前，可以利用 suspend()和 resume()方法对线程进行挂起和恢复，但这两个方法可能会导致死锁，因此现在不提倡使用。Java 语言建议采用 wait()和 notify()来代替 suspend()和 resume()方法。

4. 线程的停止

Java2 之前使用 stop()方法停止一个线程，不过 stop()方法是不安全的，停止一个线程可能会使线程发生死锁，所以现在不推荐使用了。Java 建议使用其他的方法来代替 stop()方法。例如，可以把当前线程对象设置为空，或者为线程类设置一个布尔标志，定期地检测该标志是否为真，如要停止一个线程，就把该布尔标志设置为 true。

【例 8-5】线程的停止。

```
public class ThreadStop {
    class SimpleThread extends Thread{
    private boolean stop_singal=false;
    public void run() {
        try{
            while(stop_singal==false&&t==Thread.currentThread()) {
                System.out.println("Go on!");
                Thread.sleep(100);
```

```
                    }
                }catch(InterruptedException e){}
            }
        }
    SimpleThread t=new SimpleThread();
    public void startThread(){
        t.start();
    }
    public void StopThread1(){
        System.out.println("用方法 1 使线程 1 停止");
        t=null;
    }
    public void StopThread2() {
        System.out.println("用方法 2 使线程 2 停止");
        t.stop_singal=true;
    }
    public static void main (String[] args) {
        ThreadStop t1=new ThreadStop();
        ThreadStop t2=new ThreadStop();
        t1.startThread();
        System.out.println("线程 1 开始");
        t2.startThread();
        System.out.println("线程 2 开始");
        try{
            Thread.sleep(500);
        }catch(InterruptedException e){}
        t1.StopThread1();
        t2.StopThread2();
    }
}
```

程序运行结果如下：

```
线程 1 开始
Go on!
线程 2 开始
Go on!
Go on!
Go on!
Go on!
Go on!
Go on!
Go on!
Go on!
Go on!
用方法 1 使线程 1 停止
用方法 2 使线程 2 停止
```

本例中通过 stopThread1 和 stopThread2 两种方法来实现线程的停止。stopThread1 方法是把当前线程对象设置为空来实现的，而 stopThread2 方法是把停止的标志设置为 true 来实现的。两种方法在本质上是一样的。

8.4　线程的同步

前面提到的线程都是独立的、异步执行的，不存在多个线程同时访问和修改同一个变量的情况。但是，实际应用中经常有一些线程需要对同一数据进行操作的情况。例如，假设有两个线程 Thread1 和 Thread2 同时要访问变量 num，线程 Thread1 对其进行 num=num+1 的操作，线程 Thread2 是把 num 加 1 后的值附给一个变量 data，而线程 Thread1 的加操作需要三步来执行：第一，把 num 装入寄存器；第二，对该寄存器加 1；第三，把寄存器内容写回 num，假设在第一步和第二步完成后该线程被切换，如果此时线程 Thread2 具有更高优先级线程，线程 Thread2 占用了 CPU，紧接着就把 num 值赋给了 data，虽然 num 的值已加 1，但是还在寄存器中，于是出现了数据不一致性。为解决共享数据的操作问题，Java 语言引入了线程同步的概念。线程同步的基本思想就是避免多个线程访问同一个资源。

Java 中使用关键字 synchronized 来实现线程的同步。当一个方法或对象用 synchronized 修饰时，表明该方法或对象在任一时刻只能由一个线程访问，其他线程只要调用该同步方法或对象就会发生阻塞，阻塞的线程只有当正在运行同步方法或对象的线程交出 CPU 控制权且引起阻塞的原因消除后，才能被调用。

当一个方法或对象使用 synchronized 关键字声明时，系统就为其设置一特殊的内部标记，称为锁。当一个线程调用该方法或对象的时候，系统都会检查锁是否已经给其他线程了。如果没有，系统就把该锁给它。如果该锁已经被其他线程占用了，那么该线程就要等到锁被释放以后，才能访问该方法。有时，需要暂时释放锁，使得其他线程可以调用同步方法，这时可以利用 wait()方法来实现。wait()方法可以使持有锁的线程暂时释放锁，直到有其他线程通过 notify 方法使它重新获得该锁为止。

Java 语言中的线程同步通常有方法同步和对象同步两种情况。下面详细阐述这两种线程同步的情况。

1. 方法同步

一个类中的任何方法都可以设计成为 synchronized 方法。下面通过【例 8-6】来说明线程是如何实现同步的。

本例中有两个线程：Company 和 Staff。职员 Staff 有一个账户，公司 Company 每个月把工资存到该职员的账户上，该职员可以从账户上领取工资，职员每次要等 Company 线程把钱存到账户后，才能从账户上领取工资，这就涉及到线程的同步机制。

【例 8-6】线程同步。

```
class Bank{
 private int[] month =new int[8];
```

```java
        private int num=0;
        public synchronized void save(int mon){
            num++;
            month[num]=mon;
            this.notify();
        }
        public synchronized int take(){
            while(num ==0){
                try{
                        this.wait();
                    }catch(InterruptedException e){}
                }
                num--;
                return month[num+1];
        }
    }
    class Company implements Runnable{
        Bank account;
        public Company(Bank s){
            account = s;
        }
    public void run(){
        for(int i=1;i<7;i++){
            account.save(i);
            System.out.println("公司存:第"+i+"个月的工资");
            try{
                Thread.sleep((int)(Math.random()*10));
            }catch(InterruptedException e){}
        }
    }
    }
    class Staff implements Runnable{
        Bank account;
        public Staff(Bank s){
            account =s;
        }
        public void run(){
        int temp;
        for(int i=1;i<7;i++){
            temp=account.take();
            System.out.println("职员取：第"+temp+"个月的工资");
            try{
                    Thread.sleep((int)(Math.random()*10));
                }catch(InterruptedException e){}
            }
        }
    }
    public class Test {
```

```
    public static void main(String args[]){
        Bank staffaccount = new Bank();
        Company com=new Company(staffaccount);
        Staff sta = new Staff(staffaccount);
        Thread t1 = new Thread(com); //线程实例化
        Thread t2 = new Thread(sta); /
        t1.start(); //线程启动
        t2.start();
    }
}
```

程序运行结果如下：

```
公司存：第 1 个月的工资
职员取：第 1 个月的工资
公司存：第 2 个月的工资
职员取：第 2 个月的工资
公司存：第 3 个月的工资
公司存：第 4 个月的工资
职员取：第 4 个月的工资
公司存：第 5 个月的工资
公司存：第 6 个月的工资
职员取：第 6 个月的工资
职员取：第 5 个月的工资
职员取：第 3 个月的工资
```

本例中，Company 线程和 Staff 线程共享了 Bank 对象。当 Company 线程调用 save()
方法时，就获得了锁，锁定了 Bank 对象。这样，Staff 线程就不能访问 Bank 对象，也就不
能使用 take()方法。当 save()方法运行结束后，Company 线程就释放对 Bank 对象的锁。同
样，对于 Staff 线程引用 take()方法也是类似的。程序中，使用了 wait()方法来保证当账户
里没有工资的时候，职员不能取钱，此时一旦 Staff 线程调用 take()方法就要进行等待，直
到 Company 线程调用了 save()方法然后唤醒它。

2. 对象同步

synchronized 除了像上面讲的放在方法前面表示整个方法为同步方法以外，还可以放
在对象前面限制一段代码的执行，实现对象同步。可以把【例 8-6】改为下面的形式：

```
    public synchronized void save(int mon){
     synchronized(this){
         num++;
         month[num]=mon;
          this.notify();
     }
    }
    public synchronized int take(){
         synchronized(this){
```

```
        while(num ==0){
                try{
                        this.wait();
                }catch(InterruptedException e){}
            }
         num--;
        return month[num+1];
    }
}
```

　　上面对象同步实现的效果跟方法同步实现的效果是等价的。

　　倘若一个对象拥有多个资源,synchronized(this)方法为了只让一个线程使用其中一部分资源,而将所有线程都锁在外面了。由于每个对象都有锁,所以可以使用如下所示的 Object 对象来上锁:

```
class Bank{
Object o1=new Object();
Object o2=new Object();
public synchronized void save(int mon){
        synchronized(o1){
                ……
        }
}
public synchronized int take(){
    synchronized(o2){
        ……
    }
}
}
```

　　为什么要实现对象同步呢?那是因为如果整个方法为同步的话,倘若该方法执行时间很长,而实现同步的关键数据却很短或者一个对象拥有多个共享资源,在这种情况下,将导致其他线程因无法调用该线程的其他 synchronized 方法进行操作而长时间无法继续执行,这就降低了程序的运行效率。

3. 饿死和死锁

　　当一个程序中存在多个线程共享一部分资源时,必须保证公平性,也就是说每个线程都应该有机会获得资源而被 CPU 调度,否则的话,就可能发生饿死和死锁。在程序设计中,我们应该避免这种情况的发生。如果一个线程执行很长时间,一直占着 CPU 资源,而使得其他线程不能运行,就可能导致"饿死"。而如果两个或多个线程都在互相等待对方持有的锁(唤醒),那么这些线程都将进入阻塞状态,永远地等待下去,无法执行,程序就出现了死锁。Java 中没有办法解决线程的饿死和死锁问题,所以程序员在编写代码时就要保证程序不会发生这两种情况。

【例 8-7】发生死锁的程序。

```
public class DeadLock implements Runnable {
    public boolean test = true;
    static Object r1 = "资源一";
    static Object r2 = "资源二";
    public void run() {
        if(test == true) {
            System.out.println("资源一被锁住" );
            synchronized(r1) {
                try {
                    Thread.sleep(100);
                } catch (Exception e) {}
                synchronized(r2) {
                    System.out.println("running2");
                }
            }
        }
        if(test == false) {
            synchronized(r2){
                System.out.println("资源二被锁住" );
                try {
                    Thread.sleep(100);
                } catch (Exception e) {}
                synchronized(r1) {
                    System.out.println("running1");
                }
            }
        }
    }
    public static void main(String[] args) {
        DeadLock d2 = new DeadLock();
        DeadLock d2 = new DeadLock();
        d1.test = true;
        d2.test = false;
        Thread t1 = new Thread(d1);
        Thread t2 = new Thread(d2);
        t1.start();
        t2.start();
    }
}
```

程序运行结果如下：

资源一被锁住
资源二被锁住

线程 t1 先占有了资源一，继续运行时需要资源二，而此时资源二却被线程 t2 占有了，因此只能等待 t2 释放资源二才能运行，同时，资源二也在等待 t1 释放资源一才能运行，也就是说，资源一和资源二在互相等待对方的资源，都无法运行，即发生了死锁。

8.5　线程的优先级和调度

8.5.1　线程的优先级

在 Java 中，可以给每个线程赋一个从 1 到 10 的整数值来表示线程的优先级，优先级决定了线程获得 CPU 调度执行的优先程度。其中，Thread.MIN_PRIORITY(通常为 1)的优先级最小，Thread.MAX_PRIORITY(通常为 10)的优先级最高，Thread NORM_PRIORITY 表示默认优先级，默认值为 5。有以下两种方法对优先级进行操作：

(1) 获得线程的优先级

    int getPriority();

(2) 改变线程的优先级

    void setPriority(int newPriority);

其中，newPriority 是指所要设置的新优先级。

8.5.2　线程的调度

Java 实现了一个线程调度器，用于监控某一时刻由哪一个线程在占用 CPU。Java 调度器调度遵循以下原则：优先级高的线程比优先级低的线程先被调度，优先级相等的线程按照排队队列的顺序进行调度，先到队列的线程先被调度。当一个优先级低的线程在运行过程中，来了一个高优先级的线程，在时间片方式下，优先级高的线程要等优先级低的线程时间片运行完毕才能被调度，而在抢占式调度方式下，优先级高的线程可以立刻获得 CPU 的控制权。由于优先级低的线程只有等优先级高的线程运行完毕或优先级高的线程进入阻塞状态时才有机会运行，所以为了让优先级低的线程也有机会运行，通常会不时让优先级高的线程进入睡眠或等待状态，让出 CPU 的控制权。

【例 8-8】设置线程的优先级。

```
class SimpleThread extends Thread {
    String name;
    SimpleThread ( String threadname ) {
        name = threadname;
    }
    public void run() {
        for ( int i=0; i<2; i++ )
            System.out.println( name+"的优先级为："+getPriority() );
```

```
        }
    }

class Test{
    public static void main( String args [] ) {
        Thread t1 = new SimpleThread("c1");
        t1.setPriority( Thread.MIN_PRIORITY );
        t1.start( );
        Thread t2 = new SimpleThread ("c2");
        t2.setPriority( Thread.MAX_PRIORITY );
        t2.start( );
        Thread t3 = new SimpleThread ("c3");
        t3.start( );
        Thread t4 = new SimpleThread ("c4");
        t4.start( );
    }
}
```

程序运行结果如下：

```
c2 的优先级为：10
c2 的优先级为：10
c3 的优先级为：5
c3 的优先级为：5
c4 的优先级为：5
c4 的优先级为：5
c1 的优先级为：1
c1 的优先级为：1
```

8.6　守　护　线　程

setDaemon(boolean on)方法是把调用该方法的线程设置为守护线程。线程默认为非守护线程，也就是用户线程。当一个线程被设置为守护线程时，守护线程在所有非守护线程运行完毕后，即它的 run()方法还没执行完，守护线程也会立刻结束。把一个线程设置为守护线程的方式如下：

```
    thread. setDaemon(true);
```

值得注意的是，要在调用 start()方法之前调用 setDaemon()方法来设置守护线程，一旦线程运行之后，setDaemon()方法就无效了。

【例 8-9】守护线程。

```
class Thread1 extends Thread {
    public void run() {
        if(this.isDaemon()==false)
```

```
            System.out.println("thread1 is not daemon");
        else
            System.out.println("thread1 is    daemon");
        try {
            Thread.sleep(500);
        }catch (InterruptedException e){}
        System.out.println("thread1 done!");
    }
}

class Thread2 extends Thread {
    public void run() {
        if(this.isDaemon()==false)
            System.out.println("thread2 is not daemon");
        else
            System.out.println("thread2 is    daemon");
        try {
                for(int i=0;i<15;i++){
                    System.out.println(i);
                    Thread.sleep(100);
                }
        }catch (InterruptedException e){}
        System.out.println("thread2 done!");
    }
}
public class Test {
  public static void main (String[] args) {
    Thread t1=new Thread1();
    Thread t2=new Thread2();
    t2.setDaemon(true);
    t1.start();
    t2.start();
  }
}
```

程序输出结果如下：

```
thread1 is not daemon
thread2 is    daemon
0
1
2
3
4
thread1 done!
```

本例中，main 方法定义了 t1 和 t2 两个线程，接着把线程 t2 设置为守护线程，线程 t1 不进行任何设置，因此 t1 为系统默认的线程也就是用户线程，然后启动线程 t1 和 t2。线程 t1 启动后，睡眠了 500ms 后结束，在这段时间内，线程 t2 循环输出 0~4，在线程 t1 结束的时候，虽然线程 t2 还有 10 个数字未输出，但由于线程 t2 为守护线程，所以，即使还没运行结束也要立刻停止，因此得到了上述运行结果。

8.7　线　程　组

线程组是把多个线程集成到一个对象里并可以同时管理这些线程。每个线程组都有一个名字以及与它相关的一些属性。每个线程都属于一个线程组。在线程创建时，可以将线程放在某个指定的线程组中，也可以将它放在一个默认的线程组中。若创建线程时不明确指定属于哪个线程组，它们就会自动归属于系统默认的线程组。一旦线程加入了某个线程组，它将一直是这个线程组的成员，而不能改变到其他的组中。以下 3 种 Thread 类的构造方法实现线程创建的同时指定其属于哪个线程组。

```
public Thread (ThreadGroup group，Runnable target)；
public Thread (ThreadGroup group，String name)；
public Thread (ThreadGroup group，Runnable target，String name)；
```

当 Java 程序开始运行时，系统将生成一个名为 main 的线程组，如果没有指定线程组，那它就属于 main 线程组。值得注意的是，线程可以访问自己所在的线程组，却不能访问父线程组。对线程组进行操作就相当于对线程组中的所有线程同时进行操作。

Java 中的线程组由 ThreadGroup 类来实现，ThreadGroup 类提供了一些方法对线程组进行操作，常用的方法如下：

```
activeCount()                        //返回线程组中当前所有激活的线程的数目
activeCountGroupCount()              //返回当前激活的线程作为父线程的线程组的数目
getName()                            //返回线程组的名字
getParent()                          //返回该线程的父线程组的名称
setMaxPriority(int priority)         //设置线程组的最高优先级
getMaxPriority()                     //获得线程组包含的线程中的最高优先级
getTheradGroup()                     //返回线程组
isDestroyed()                        //判断线程组是否已经被销毁
destroy()                            //销毁线程组及其他包含的所有线程
interrupt()                          //向线程组及其子组中的线程发送一个中断信息
parentOf(ThreadGroup group)          //判断线程组是否是线程组 group 或其子线程组的成员
setDaemon(booleam daemon)            //将该线程组设置为守护状态
isDaemon()                           //判断是否是守护线程组
list()                               //显示当前线程组的信息
toString()                           //返回一个表示本线程组的字符串
enumerate(Thread[ ] list)            //将当前线程组中所有的线程复制到 list 数组中
enumerate(Thread[ ] list,boolean args)
//将当前线程组中所有的线程复制到 list 数组中，若 args 为 true，则把所有子线程组中的线程复制到 list 数组中
```

enumerate(ThreadGroup[ ] group) //将当前线程组中所有的子线程组复制到 group 数组中
enumerate(ThreadGroup[ ] group,boolean args)
//将当前线程组中所有的子线程组复制到 group 数组中，若 args 为 true，则把所有子线程组中的
子线程组复制到 group 数组中

【例 8-10】下面的例子演示了线程组的各种方法。

```java
public class Test {
    public static void main(String[] args) {
        ThreadGroup group = Thread.currentThread().getThreadGroup();
        group.list();
        ThreadGroup g1 = new ThreadGroup("线程组 1");
        g1.setMaxPriority(Thread.MAX_PRIORITY);
        Thread t = new Thread(g1, "线程 a");
        t.setPriority(5) ;
        g1.list();
        ThreadGroup g2 = new ThreadGroup(g1, "g2");
        g2.list();
        for (int i = 0; i < 3; i++)
            new Thread(g2, Integer.toString(i));
        group.list();
        System.out.println("Starting all threads:");
        Thread[] all_thread = new Thread[group.activeCount()];
        group.enumerate(all_thread);
        System.out.println(group.getParent());
        for(int i = 0; i < all_thread.length; i++)
            if(!all_thread[i].isAlive())
                all_thread[i].start();
        System.out.println("all threads started");
        group.destroy();
    }
}
```

程序运行结果如下：

```
java.lang.ThreadGroup[name=main,maxpri=10]
    Thread[main,5,main]
java.lang.ThreadGroup[name=线程组 1,maxpri=10]
java.lang.ThreadGroup[name=g2,maxpri=10]
java.lang.ThreadGroup[name=main,maxpri=10]
    Thread[main,5,main]
    java.lang.ThreadGroup[name=线程组 1,maxpri=10]
        java.lang.ThreadGroup[name=g2,maxpri=10]
Starting all threads:
java.lang.ThreadGroup[name=system,maxpri=10]
all threads started
```

8.8　Applet 概 述

前面已经提到过，Java 语言不仅可以用来编制独立运行的 Application 应用程序，而且还可以用来开发 Applet。事实上，Java 语言最初展现给世人的就是 Applet。Applet 技术的出现，使互联网立刻焕发出无限的生机，因为 Applet 不仅可以生成绚丽多彩的 Web 页面、进行良好的人机交互，同时还能处理图形图像、声音、视频和动画等多媒体数据。随即 Applet 吸引了全世界编程者的目光，Java 语言也正因此火热流行起来。可见，Applet 在 Java 的发展过程中起到了不可估量的推动作用。

Applet 一般称为小应用程序，Java Applet 就是用 Java 语言编写的这样的一些小应用程序。它们可以通过嵌入到 Web 页面或者其他特定的容器中来运行，也可以通过 Java 开发工具的 appletviewer 来运行。Applet 必须运行于某个特定的"容器"中，这个容器可以是浏览器(如 IE、FireFox、Opear、Netscape 等)，也可以是通过各种插件，或者包括支持 Applet 的移动设备在内的其他各种程序来运行。与独立运行的 Java 应用程序不同，Applet 有自己的一套执行流程，而不是通过 main 方法来开始执行程序，并且在运行过程中 Applet 通常会与用户进行交互操作，显示动态的页面效果，并且还会进行严格的安全检查，以防止潜在的不安全因素(如根据安全策略，限制 Applet 对客户端机器的文件系统进行访问等)。Java Applet 可以实现图形图像绘制、字体和颜色控制、动画和音视频播放、人机交互以及网络通信等功能。此外，Java Applet 还提供了称为抽象窗口工具箱(Abstract Window Toolkit，简称 AWT)的窗口环境开发工具，AWT 利用计算机的 GUI 技术，可以帮助用户轻松地建立标准的图形用户界面，如窗口、按钮、菜单、下拉框和滚动条等。现在，网络上已经有非常多的 Applet 收集站提供各种精彩范例来展现各种功能。下面列出几个网上推荐的 Applet 收集站。当然，读者也可以自行去搜索以欣赏 Java Applet 的精彩。

(1) http://www.gamelan.com: 这是 Internet 上最负盛名的 Applet 收集站，它按照小应用程序的用途加以分类，并列出了它们的说明、功能和程序代码，其规模和种类之多，令人叹为观止。

(2) http://www.jars.com/: 这个站点的特色是对它收集的小应用程序都加以评分，JARS 是 Java Applet Rating Services(小应用程序评价服务)的缩写。许多 Java 开发者均以能获得其好评为荣。

(3) http://www.yahoo.com/Computers_and_Internet/Languages/Applet/: 这是 Yahoo 公司提供的小应用程序目录，收集的数量虽然稍逊于 Gamelan，但也非常丰富。

(4) http://home.netscape.com/comprod/products/navigator/version_2.0/java_applets/: 这是网景公司提供的小应用程序演示网页，同时也提供了一些 Java 信息。

(5) http://java.wiwi.uni_frankfurt.de/: 这是一个小应用程序的信息站点，提供了许多实用信息，读者可以借助这里的数据库，查询自己感兴趣的小应用程序的相关信息。

下面将重点介绍 Applet 的开发技术及其宿主环境——HTML(Hyper Text Markup Language，即：超文本标记语言)。

8.9　Applet 开发技术

8.9.1　Applet 开发步骤

Applet 的开发可分为 3 个步骤。

(1) 用 UltraEdit 或 Notepad 等纯文本软件编辑 Java Applet 源程序。

(2) 利用 javac 编译器将 Applet 源程序转换成 class 字节码文件。

(3) 编写 HTML 页面，并通过＜APPLET＞＜/APPLET＞标签引用上述字节码文件。

下面通过一个简单的例子来说明 Applet 程序的开发过程。

1. 编辑 Applet 的 java 源程序

在"F:\工作目录"文件夹下创建 HelloApplet.java 文件。文件的源代码如下：

```
import java.awt.*;
import java.applet.*;
public class HelloApplet extends Applet
{
        public void paint(Graphics g )
        {
                g.drawString("Hello!",10,10);
                g.drawString("Welcome to Applet Programming!",30,30);
        }
}
```

编写完以后保存上述程序。下面对该程序做一些简单说明。

程序开头两行的 import 语句用来导入 Applet 小程序中用到的一些 Java 标准库类，类似于 C 语言中的 include 语句，多数 Applet 程序都会含有类似的代码，以使用 JDK 提供的功能；接下来在程序中定义了一个公共类 HelloApplet，它通过 extends 继承于 Applet 类，并重写父类中的 paint()方法，其中参数 g 为 Graphics 类的对象，代表当前会话的上下文，在 paint()方法中，两次调用 g 的 drawString()方法，分别在坐标(10,10)和(30,30)处输出字符串"Hello！"和"Welcome to Applet Programming!"，其中的坐标是用像素点表示的，且以显示窗口的左上角作为坐标系的原点(0，0)。另外，细心的读者可能早已发现：Applet 程序中没有出现 main()方法。这正是 Applet 小程序与 Application 应用程序的重要区别之一。因为 Applet 小程序没有 main()方法作为执行入口，因此必须将其放至在"容器"中加以执行，常见的做法是编写 HTML 文件，将 Applet 嵌入其中，然后用支持 Java 的浏览器或 appletviewer 工具来运行。

2. 编译 Applet 源程序

用如下命令编译 HelloApplet.java 源文件：

F:\工作目录\>javac HelloApplet.java<回车>

与编译独立运行的 Java Application 一样，如果编写的 Java Applet 源程序不符合 Java 编程语言的语法规则，即源程序中存在语法错误的话，Java 编译器会给出相应的语法错误提示信息。Applet 源文件中必须不含任何语法错误，Java 编译器才能成功地将其转换为浏览器或 appletviewer 能够执行的字节码程序。

成功编译 HelloApplet.java 源程序之后，系统就会在当前目录生成一个字节码文件，其名称为 HelloApplet.class。

3. 编写 HTML 宿主文件

在运行所编写的 Applet 程序，即 HelloApplet.class 之前，还需要建立一个 HTML 页面，该页面的文件扩展名可以为 html 或 htm，浏览器或 appletviewer 将通过该文件执行其中的 Applet 字节码程序。

文件名为 HelloApplet.html 的 Web 页面的代码如下。

```
<HTML>
<TITLE>Hello    Applet</TITLE>
<APPLET    CODE="HelloApplet.class"    WIDTH=300    HEIGHT=300>
</APPLET>
</HTML>
```

上述 HTML 代码中，用尖括号< >括起来的都是标签，一般都是成对出现的，前面加斜杠的表明标签结束。可以说，HTML 文件基本上就是由各种各样的标签组成的，每种标签都有其特定的含义，都能表达某种信息，在后面的小节中将有具体介绍。这里只简单介绍一下<APPLET>标签。<APPLET>标签至少需要包括以下 3 个参数。

● CODE：指明该 Applet 字节码文件名。
● WIDTH：指定 Applet 占用整个页面的宽度，以像素点作为度量单位。
● HEIGHT：指定 Applet 占用整个页面的高度，以像素点作为度量单位。

通过<APPLET></APPLET>标签对就可以将 Applet 的字节码文件嵌入其中，需要注意的是：字节码文件名要么包含具体路径，要么与 HTML 文件处于同一目录中，否则可能会出现加载 Applet 字节码失败的错误。

这里的 HTML 文件使用的文件名为 HelloApplet.html，它对应于 HelloApplet.java 的名字，但这种对应关系不是必须的，可以用其他的任何名字(如 test.html)命名该 HTML 文件。但是使文件名保持一种对应关系会给文件的管理带来一些方便。

4. 运行 HelloApplet.html

如果使用 appletviewer 来运行 HelloApplet.html，则需要输入如下命令：

F:\工作目录\>appletviewer HelloApplet.html<回车>

运行结果如图 8-3 所示。

如果用浏览器运行 HelloApplet.html，则双击该网页将自动打开，显示结果如图 8-4 所示。

图 8-3　使用 appletviewer 运行 HelloApplet.html　　　　图 8-4　使用浏览器运行 HelloApplet.html

开发运行 Applet 程序的整个过程就是这样的，包括 java 源文件编辑、编译生成字节码 class 文件、编写 html 文件以及用 appletviewer 或用浏览器运行。下面接着对 Applet 的具体技术进行详细的介绍。

8.9.2　Applet 技术解析

在 Applet 小程序最前面的加载语句中，分别导入了 Java 的系统包 applet 和 awt。通常，每一个系统包下都会包含一些 Java 类，如 import java.applet.*可以导入如图 8-5 所示的所有 Java 类。

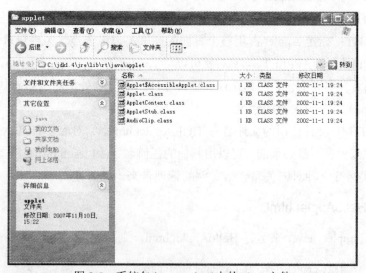

图 8-5　系统包 java.applet.*中的 class 文件

类是面向对象程序设计的核心概念，Java 系统预先提供了很多类来协助用户开发程序，用户可以直接引用这些类而不必自己实现。编写 Java Applet 小程序一定要用到 Applet 基类，

在图 8-5 中可以找到这个类，它是用户自定义 applet 类的基类(也称父类)，用关键字 extends
来对其进行继承。另外，Applet 小程序通常都需要使用到图形界面元素，这就要加载 awt
包，其对应路径下包含了很多的处理图形界面的类，如图 8-6 所示。

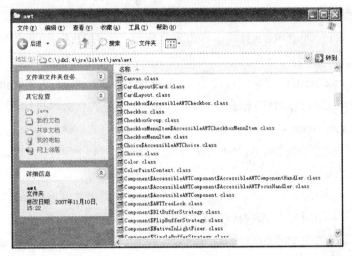

图 8-6　awt 包中的 class

Applet 类是用户编写的 applet 小程序的基类，该类的继承关系如图 8-7 所示。

图 8-7　Applet 类的继承关系图

Applet 类中有不少成员方法，下面列出其中常用的一些方法及其功能。读者也可以通
过反编译工具打开 Applet.class 进行查看。

(1) public final void setStub(AppletStub stub) //设置 Applet 的 Stub 是 Java 和 C 之间转换
参数并返回值的代码位，它由系统自动设定。

(2) public boolean isActive()　　//判断一个 Applet 是否处于活动状态。

(3) public URL getDocumentBase()　　//检索该 Applet 运行的文件目录的对象。

(4) public URL getCodeBase()　　　//获取该 Applet 代码的 URL 地址。

(5) public String getParameter(String name) //获取该 Applet 由 name 指定参数的值。

(6) public AppletContext getAppletContext()　　//返回浏览器或小应用程序观察器。

(7) public void resize(int width,int height)　//调整 Applet 运行的窗口尺寸。

(8) public void resize(Dimension d)　　　　//调整 Applet 运行的窗口尺寸。

(9) public void showStatus(String msg)　　//在浏览器的状态条中显示指定信息。

(10) public Image getImage(URL url)　　//按 URL 指定的地址装入图像。

(11) public Image getImage(URL url,String name)　//按 URL 指定的地址和文件名加载
图像。

(12) public AudioClip getAudioClip(URL url)　　//按 URL 指定的地址获取声音文件。

(13) public AudioClip getAudioClip(URL url, String name)　//按 URL 指定的地址和文件

名获取声音。

(14) public String getAppletInfo()　//返回 Applet 有关的作者、版本和版权信息。

(15) public String[][] getParameterInfo()　//返回描述 Applet 参数的字符串数组，该数组通常包含 3 个字符串：参数名、该参数所需值的类型和该参数的说明。

(16) public void play(URL url)　　　　//加载并播放一个 URL 指定的音频剪辑。

(17) public void init()　　//该方法主要是为 Applet 的正常运行做一些初始化工作。

(18) public void start()　//系统在调用完 init()方法之后，将自动调用 start()方法。

(19) public void stop() //该方法在用户离开 Applet 所在的页面时执行，可以被多次调用。

(20) public void destroy()　//用来释放资源，在 stop( )之后执行。

细心的读者可能会注意到 Applet 类中并没有 public void paint(Graphics g)方法，那么 paint()方法就应该是从 Applet 类的父类中继承而来的。首先查找直接父类 Panel，也没有发现 paint()方法。接着继续查找 Container 父类，这时就找到了。可见 paint()方法是由 awt 组件类定义的。该方法用来为 Applet 绘制图像或者输出某些信息。

Applet 小程序的生命周期相对于 Application 而言较为复杂。在其生命周期中涉及到 Applet 类的 4 个方法：init()、start()、stop()和 destroy()，Applet 的生命周期中有相对应的 4 个状态：初始态、运行态、停止态和消亡态。当程序执行完 init()方法后，Applet 小程序就进入了初始态；然后立刻执行 start()方法，Applet 小程序进入运行态；当 Applet 小程序所在的浏览器图标化或者是转入其他页面时，该 Applet 小程序立刻执行 stop ()方法，使 Applet 小程序进入停止态；在停止态中，如果浏览器又重新加载该 Applet 小程序所在的页面，或者是浏览器从图标中还原，则 Applet 小程序又会调用 start()方法，进入运行态；不过，在停止态时，若浏览器被关闭，则 Applet 小程序会调用 destroy()方法，使其进入消亡态。

1. init()方法

当 Applet 小程序第一次被加载执行时，便调用该方法，并且在小程序的整个生命周期中，只调用一次该方法，一般在其中进行一些初始化操作，如处理由浏览器传递来的参数、添加图形用户界面的组件、加载图像和音频文件等。另外需要说明的是：Applet 小程序虽然有默认的构造方法，但它习惯于在 init()方法中进行初始化操作，而不是在默认的构造方法内。该方法的代码格式如下：

```
public void init( )
{
      //编写代码
}
```

2. start()方法

系统在执行完 init()方法后，将自行调用 start()方法，并且每当浏览器从图标还原为窗口时，或者当用户离开包含该 Applet 小程序的页面后又返回时，系统都将重新执行一遍 start()方法，因此 start()方法在小程序的生命周期内可能会被调用多次，这一点是与 init()

方法不同的。此外，该方法通常作为 Applet 小程序的主体，在其内可以安排一些需要重复执行的任务或者重新激活一个线程，如打开一个数据库连接、播放动画或是启动一个播放音乐的线程等。该方法的格式如下：

```
public void start( )
{
      //编写代码
}
```

3. stop()方法

与 start()方法相反，当用户离开 Applet 小程序所在的页面或者浏览器图标化时，系统会自动调用 stop()方法，因此，该方法在 Applet 小程序的生命周期内也可能被多次调用。这样处理的好处是：当用户不再使用 Applet 小程序的时候，停掉一些耗用系统资源的任务(如断开数据库的连接或是中断一个线程的执行等)，以提高系统的运行效率，况且这也并不需要人为地去干预。假如 Applet 小程序中不需要包含打开数据库连接或者播放动画、音乐等代码时，也可以不重载该方法。该方法的格式如下：

```
public void stop( )
{
      //编写代码
}
```

4. destroy()方法

当浏览器或其他容器被关闭时，Java 系统会自动调用 destroy()方法。该方法通常用于回收 init()方法中初始化的资源，在调用该方法之前，肯定已经调用了 stop()方法。可以按照如下格式来书写 destroy()方法：

```
public void destroy( )
{
      //编写代码
}
```

除了上述 4 个方法以外，由 AWT 组件类定义的 paint()方法也是 Applet 程序中的常用方法。

5. paint()方法

Applet 小程序的窗口绘制通常是由 paint()方法来完成的。paint()方法在小程序执行后会被自行调用，并且在遇到窗口最小化后再恢复或者被其他窗口遮挡后再恢复时，它都会被自动调用，以重新绘制窗口。paint()方法有一个 Graphics 类的参数对象，该对象可以被用来输出文本、绘制图形、显示图像等。该方法的格式如下：

```
        public void paint(Graphics g)
        {
            //编写代码
        }
```

下面的【例 8-11】演示了 Applet 小程序生命周期中的这几个常见方法的使用情况。

【例 8-11】Applet 的方法示例。

```
import java.awt.*;
import java.applet.*;
public class DemoApplet extends Applet
{
        public void init( )
        {
                System.out.println("init()方法");
        }
        public void start( )
        {
                System.out.println("start()方法");
        }
        public void paint(Graphics g)
        {
                System.out.println("paint()方法");
        }
        public void stop( )
        {
                System.out.println("stop()方法");
        }
        public void destroy( )
        {
                System.out.println("destroy()方法");
        }
}
```

将上述 Applet 小程序编译后嵌入 HTML 页面，并用 appletviewer 加以执行，则程序的控制台将输出如下信息：

```
init()方法
start()方法
paint()方法
paint()方法            //将 Applet 变为非活动窗口后再变回来增加的控制台输出
stop()方法             //将 Applet 图标化后增加的控制台输出
start()方法            //将 Applet 图标恢复后增加的控制台输出
paint()方法            //将 Applet 图标恢复后增加的控制台输出
stop()方法             //关闭 Applet 程序后增加的控制台输出
destroy()方法          //关闭 Applet 程序后增加的控制台输出
```

8.10　Applet 多媒体编程

本节将通过一系列的 Applet 小程序实例来介绍相关技术。

8.10.1　文字

在 Graphics 类中，Java 提供了 3 种输出文字的方法：

```
drawString(String str, int x, int y)          //字符串输出方法
drawBytes(byte bytes[ ], int offset, int number, int x, int y) //字节输出方法
drawChars(char chars[ ], int offset, int number, int x, int y) //字符输出方法
```

其中，drawString()方法是最常用的，前面的例子中已经使用过该方法。另外，Java 提供了 Font 类来设置输出文字的字体、风格和大小。Font 类的构造方法如下：

```
Font(String name，int style，int size)
```

字体名称 name 可以是：Courier、Times New Roman、宋体或楷体等；风格 style 可以是：正常字体(Font.PLAN)、黑体(Font.BOLD)或斜体(Font.ITALIC)，且它们可以进行组合使用；大小 size 的取值与 Word 中的字号相类似，值越大字体也越大。Graphics 类提供了专门的方法 void setFont(Font font)来设置字体。

利用 Color 类来设置颜色，可以输出五颜六色的文字。Color 类提供了 13 种颜色常量、2 种创建颜色对象的构造方法以及多种获取颜色信息的方法。下面请看一个程序实例，如【例 8-12】所示。

【例 8-12】文字输出示例。

```
import java.awt.*;
import java.applet.*;
public class TextApplet extends Applet
{
        Font f1 = new Font("Times New Roman",Font.PLAIN,12);
        Font f2 = new Font("宋体",Font.BOLD,24);
        Font f3 = new Font("黑体",Font.BOLD,36);
        Color c1 = new Color(255,0,0);    //红色
        Color c2 = new Color(0,255,0);    //绿色
        Color c3 = new Color(0,0,255);    //蓝色
        public void paint(Graphics g)
        {
            g.setFont(f1);
            g.setColor(c1);
            g.drawString("Times New Roman",20,30);
            g.setFont(f2);
```

```
                g.setColor(c2);
                g.drawString("宋体",20,60);
                g.setFont(f3);
                g.setColor(c3);
                g.drawString("黑体",20,120);
        }
    }
```

程序运行结果如图 8-8 所示。

图 8-8　Applet 的文字输出

8.10.2　图形

java.awt.Graphics 类不仅可以输出文字，而且还可以绘制图形。Graphics 类绘制直线的方法如下：

```
        public void drawLine(int x1, int y1, int x2, int y2);
```

其功能为以像素为单位绘制一条从(x1,y1)至(x2,y2)的直线，如【例 8-13】所示。

【例 8-13】画线示例。

```
    import java.awt.*;
    import java.applet.*;
    public class LineApplet extends Applet
    {
        public void paint(Graphics g)
        {
                int x1,y1,x2,y2;
                x1 = 10;
                y1 = 10;
                x2 = 100;
                y2 = 100;
                g.drawLine(x1,y1,x2,y2);
        }
    }
```

程序运行结果如图 8-9 所示。

drawRect()方法用于绘制矩形，该方法的前两个参数用于指定矩形左上角的坐标，后两个参数用于指定矩形的宽度和高度，另外，Graphics 类还提供了 fillRect()方法用于绘制以前景色填充的实心矩形，请看下面的【例 8-14】。

图 8-9　绘制直线

【例 8-14】矩形绘制示例。

```
    import java.awt.*;
    import java.applet.*;
    public class RectApplet extends Applet
```

```
        {
            public void paint(Graphics g)
            {
                g.drawRect(10,10,60,60);
                g.fillRect(80,10,60,60);
            }
        }
```

图 8-10　绘制矩形

程序运行结果如图 8-10 所示。

Graphics 类还提供了 drawRoundRect()和 fillRoundRect()方法来绘制圆角矩形，它们的前 4 个参数与一般矩形相同，后两个参数用于指定圆角的宽度和高度，如【例 8-15】所示。

【例 8-15】绘制圆角矩形。

```
        import java.awt.*;
        import java.applet.*;
        public class RRectApplet extends Applet
        {
            public void paint(Graphics g)
            {
                g.drawRoundRect(10,10,60,60,10,10);
                g.fillRoundRect(80,10,60,60,30,30);
            }
        }
```

图 8-11　绘制圆角矩形

程序运行结果如图 8-11 所示。

除了绘制普通矩形和圆角矩形以外，Graphics 类还可以绘制"三维"矩形。所谓三维，是指通过阴影表现突起或凹进效果，相应的方法为 draw3Drect()和 fill3Drect()，该方法共有 5 个参数，其中前 4 个参数与一般矩形相同，第五个参数取值为 true，代表突起，false 代表凹进，请看【例 8-16】。

【例 8-16】绘制 3D 矩形。

```
        import java.awt.*;
        import java.applet.*;
        public class Rect3DApplet extends Applet
        {
            public void paint(Graphics g)
            {
                g.fill3DRect(20,20,60,60,true);
                g.fill3DRect(120,20,60,60,false);
            }
        }
```

图 8-12　3D 矩形的绘制

程序运行结果如图 8-12 所示。

提示:

读者上机实践时可能会发现很难看到 3D 矩形的三维效果，这主要是由于线宽太细了 (至少在 JDK 1.4 的版本中是这样)，倘若将颜色换成非黑色的，效果会好一点。

下面再来看看如何绘制多边形。Graphics 类提供了 drawPolygon()和 fillPolygon()方法来进行多边形的绘制，请看【例 8-17】。

【例 8-17】绘制多边形。

```
import java.awt.*;
import java.applet.*;
public class PolyApplet extends Applet
{
        public void paint(Graphics g)
        {
                int x[ ] = { 30,90,100,140,50,60,30 };
                int y[ ] = { 30,70,40,70,100,80,100 };
                int pts = x.length;
                g.drawPolygon(x,y,pts);
        }
}
```

图 8-13　多边形的绘制 1

从上述程序可以看出，drawPolygon()方法的参数有 3 个: 前两个分别为 x、y 坐标数组，最后的参数为坐标点个数。程序运行结果如图 8-13 所示。

从程序运行结果可以看出: 多边形的最后一个坐标点会自动与第一个坐标点进行连接，以构成封闭的多边形。多边形的绘制还可以采取其他形式，比如:

```
int x[ ] = { 39,94,97,142,53,58,26 };
int y[ ] = { 33,74,36,70,108,80,106 };
int pts = x.length;
Polygon poly = new Polygon(x,y,pts);
g.fillPolygon(poly);
```

采用这种形式的好处是可以通过 "poly.addPoint(x,y);" 方法来添加多边形的坐标点。请看【例 8-18】。

【例 8-18】绘制多边形的另一种形式。

```
import java.awt.*;
import java.applet.*;
public class Poly1Applet extends Applet
{
        public void paint(Graphics g)
        {
                int x[ ] = { 30,90,100,140,50,60,30 };
                int y[ ] = { 30,70,40,70,100,80,100 };
```

```
                    int pts = x.length;
                    Polygon poly = new Polygon(x,y,pts);
                    poly.addPoint(50,50);    //添加坐标点
                    g.fillPolygon(poly);       //以 Polygon 对象为参数调用 fillPolygon( )方法
               }
          }
```

程序运行结果如图 8-14 所示。

drawOval()和 fillOval()方法是用来绘制椭圆的，它们的前两个参数代表包围椭圆的矩形左上角坐标，后两个参数分别代表椭圆的宽度和高度，如果宽度和高度相等，就相当于画圆了。请看【例 8-19】。

【例 8-19】绘制椭圆。

```
          import java.awt.*;
          import java.applet.*;
          public class OvalApplet extends Applet
          {
                    public void paint(Graphics g)
                    {
                              g.drawOval(20,20,60,60);
                              g.fillOval(120,20,100,60);
                    }
          }
```

图 8-14　多边形绘制 2

程序运行结果如图 8-15 所示。

此外，Graphics 类还提供 drawArc()方法来绘制圆弧，以及 fillArc()方法来绘制扇形。它们有 6 个参数，前 4 个与 drawOval 的参数相同，后两个指定了圆弧的起始角和张角，特别地，当张角取值大于 360°时，就是画椭圆了。请看【例 8-20】。

【例 8-20】绘制圆弧。

```
          import java.awt.*;
          import java.applet.*;
          public class ArcApplet extends Applet
          {
                    public void paint(Graphics g)
                    {
                              g.drawArc(10,20,150,50,90,180);
                              g.fillArc(10,80,70,70,90,-180);
                    }
          }
```

图 8-15　圆与椭圆

程序运行结果如图 8-16 所示。

综合运用上述各种图形绘制方法，可以组合出各种漂亮的图案来，如下面的【例 8-21】就是运用各种图形绘制方法来画一个台灯的大致轮廓。

【例 8-21】绘制台灯。

图 8-16　圆弧和扇形

```java
import java.awt.*;
import java.applet.*;
public class LampApplet extends Applet
{
        public void paint(Graphics g)
        {
                //绘制灯上的黑点
                g.fillArc(78,120,40,40,63,-174);
                g.fillArc(173,100,40,40,110,180);
                g.fillOval(120,96,40,40);
                //绘制灯的上下轮廓
                g.drawArc(85,157,130,50,-65,312);
                g.drawArc(85,87,130,50,62,58);
                //绘制灯的左右轮廓
                g.drawLine(85,177,119,89);
                g.drawLine(215,177,181,89);
                //绘制灯柱线
                g.drawLine(125,250,125,160);
                g.drawLine(175,250,175,160);
                //绘制底座
                g.fillRect(10,250,260,30);
        }
}
```

程序运行结果如图 8-17 所示。

图 8-17　绘制台灯

8.10.3　图像

通过调用绘制图形的方法生成的图形一般都较简单，如果要在程序中显示漂亮的背景或图像，可以利用 Graphics 类提供的 getImage()和 drawImage()方法来实现。如【例 8-22】所示。

【例 8-22】图像显示。

```java
import java.awt.*;
import java.applet.*;
public class PicApplet extends Applet
{
        Image pic; //图像对象
        public void init( )
        {
                pic=getImage(getCodeBase(),"fish.jpg"); //获得图片
        }
        public void paint(Graphics g)
        {
                g.drawImage(pic,30,30,this);
        }
}
```

程序运行结果如图 8-18 所示。

图像可以用特定的软件来制作，也
可以用摄像器材直接拍摄获取，图像文
件一般是二进制存储的，根据图像存储
格式的不同，有位图 bmp、png、gif 和 jpg
等。本例中采用的就是 jpg 格式的图像，
此外，也可以采用其他类型的图像，如
用 gif 图像的话，如果其帧数较多，就可
以显示图像动画效果了，有兴趣的读者
可以亲自尝试。

图 8-18　图像显示

8.10.4　声音

除了显示图像外，读者还可以利用 Java 提供的 AudioClip 类来播放声音文件，为此，
AudioClip 类提供了许多方法，如 getAudioClip()、loop()和 stop()等，请看下面的【例 8-23】。

【例 8-23】播放声音。

```
import java.awt.*;
import java.applet.*;
public class AudioApplet extends Applet
{
        AudioClip audio; //声音对象
        public void init( )
        {
                audio=getAudioClip(getCodeBase(),"fire.au"); //获得声音
        }
        public void paint(Graphics g)
        {
                g.drawString("循环播放声音的 Applet 小程序",30,30);
        }
        public void start( )
        {
                audio.loop( ); //循环播放声音
        }
        public void stop( )
        {
                audio.stop( ); //停止播放
        }
}
```

本例中 "getAudioClip(getCodeBase(),"fire.au");" 语句用来获得声音文件，后面通过调
用 loop()方法来循环播放该声音文件。

8.10.5　动画

所谓动画，就是通过连续播放一系列画面，给视觉造成连续变化的图画，这是动画最

基本的原理。Java 语言中的动画技术，即在屏幕上显示一系列连续动画的第一帧图像，然后每隔很短的时间再显示下一帧图像，如此往复，利用人眼视觉的暂停现象，使人感觉画面上的物体在运动。

前面是用 paint()方法在 Applet 上显示静态图像，当拖动边框改变 Applet 大小时，可以看到，图像被破坏，但很快通过闪烁又恢复原来的画面。这是为什么呢？原来，当系统发现屏幕上该区域的画面被破坏时，会自动调用 paint()方法将该画面重新画好。更确切地说是调用 repaint()方法来完成重画任务，而 repaint()方法又调用 update()方法，update()方法是先清除整个 Applet 区域中的内容，然后调用 paint()方法，从而完成一次重画工作。

这样，就可以确定制作动画的基本方案了，那就是在 Applet 开始运行之后，每隔一段时间调用一次 repaint()方法重画一帧。但如果这样的话，又会存在一些其他问题，如用户离开网页后，嵌入的 Applet 会继续运行，占用 CPU 时间。出于对网络高效使用的目的，可以采用多线程来实现动画。

1. 用多线程实现动画文字

在 Java 中实现多线程的方法有两种：一种是继承 Thread 类；另外一种是实现 Runnable 接口。对于 Applet 小程序，一般通过实现 Runnable 接口的方式。实现动画文字与实现动画的方法是一样的，可以通过实现 Runnable 接口来实现多线程绘出动画文字，使文字像打字一样一个一个地跳出来，然后全部隐去，再重复显示文字，实现类似打字的效果。

【例 8-24】动画文字。

```java
import java.awt.*;
import java.applet.Applet;
public class JumpText extends Applet implements Runnable{
  Thread runThread;
  String s="Happy New Year!";
  int s_length=s.length();
  int x_character=0;
  Font wordFont=new Font("宋体",Font.BOLD,50);
  public void start(){
        if(runThread==null){
              runThread=new Thread(this);
              runThread.start();
        }
  }
  public void stop(){
        if(runThread!=null){
              runThread.stop();
              runThread=null;
        }
  }
  public void run(){
        while(true){
              if(x_character++>s_length)
                    x_character=0;
```

```
                repaint();
                try{
                        Thread.sleep(300);
                }catch(InterruptedException e){}
        }
    }
    public void paint(Graphics g){
        g.setFont(wordFont);
        g.setColor(Color.red);
        g.drawString(s.substring(0,x_character),8,50);
    }
}
```

在成功编译该动画程序后，在 IE 浏览器中显示的文字是逐字跳出来的，然后再全部消隐，重复显示文字。如图 8-19 所示是程序运行时的两个状态。

图 8-19　文字动画

在【例 8-24】中，先声明了一个 Thread 类型的实例变量 Thread runThread，用来存放新的线程对象；再覆盖 start()方法，生成一个新线程并启动该线程。这里用到了 Thread 类的构造方法，格式如下：

Thread(Runnable target);

由于实现 Runnable 接口的正是 JumpText 类本身，所以参数 target 可设置为 this，即本对象。生成 Thread 对象后，就可以直接调用 start()方法，启动该线程。这样程序中就有了两个线程，一个运行原来的 Applet 中本身的代码，另一个通过接口中唯一定义的方法 run()运行另一线程的工作。

为了不占用 CPU，应该在 Applet 被挂起时，停止这一线程的运行，所以还要覆盖 stop()方法。将 Thread 对象设置为 null，挂起时让系统把这个无用的 Thread 对象当做垃圾收集掉，释放内存。当用户再次进入页面时，Applet 又会重新调用 start()方法生成新的线程并启动动画。

2. 显示动画

如果有人认为动画不只是文字跳来跳去，那可以看看动画的形成，如【例 8-25】所示。

【例 8-25】图片平移。

```
import java.awt.*;
import java.applet.*;
public class MovingImg extends Applet{
    Image img0,img1;
```

```
        int x=10;
        public void init(){
            img0=getImage(getCodeBase(),"T5.gif");
            img1=getImage(getCodeBase(),"T1.gif");
        }
        public void paint(Graphics g){
            g.drawImage(img0,0,10,this);
            g.drawImage(img1,x,30,this);
            g.drawImage(img0,0,60,this);
            try{
                Thread.sleep(50);
                x+=5;
                if(x==550){
                    x=10;
                    Thread.sleep(1500);
                }
            }catch(InterruptedException e){}
            repaint();
        }
    }
```

程序运行结果如图 8-20 所示。

这是一个很简单的动画，在 Applet 中用两条
线作为点缀，一个由圆圈组成的图形不断地从左边
移动到右边。程序中创建了两个 Image 对象 img0
和 img1。这两个对象在 init()方法中加载后，通过
paint()方法分别放在合适的位置，img1 对象的横坐

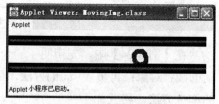

图 8-20　图片平移动画

标由变量 x 确定。X 的初始值为 10，通过 x 变量的不断变化，使图形沿横坐标不断向右移
动。在 try 和 catch 语句块中，程序调用了 sleep()方法，它是 Thread 类中定义的一个类方法，
调用它可以使程序休眠指定的毫秒数。休眠结束后 x 加 5，意味着下一帧 img1 的显示位置
向右移动 5 个像素点。当图形移动到 550 点的位置时，使 x 重新回到 10，图形又回到左边，
继续向右移动。

paint()方法的最后一句是调用 repaint()方法，repaint()方法的功能是重画图像，它先调
用 update()方法将显示区清空，再调用 paint()方法绘出图像。这就形成了一个循环，paint()
方法调用了 repaint()方法，repaint()方法又调用 paint()方法，从而使图形不停地移动。

运行这个 Applet 时，画面有闪烁的现象。一般来说，画面越大，闪烁越严重，避免闪
动的方法有两个，一是通过覆盖 update()方法，二是使用 buffer 屏幕缓冲区。如果画面较
大，只使用 update()以背景色清除显示区的时间就较长，不可避免地会产生闪烁。这时，
可以通过双缓冲技术，有效地消除闪烁。

3. 双缓冲技术

双缓冲技术是编写 Java 动画程序的关键技术之一，实际上它也是计算机动画的一项传
统技术，当一组动画的每一幅图像文件的数据量都比较大时，计算机系统每次在屏幕上绘

画的速度就有所减慢，可能会造成动画画面的闪烁，而在动画程序中使用双缓冲区技术就可以避免画面的闪烁，但是，它是以占用大量的内存为代价的。

双缓冲技术是指当需要在屏幕上显示的图像文件又大又多时，利用该技术在屏幕外面创建一个虚拟的备用屏幕，计算机系统直接在备用屏幕上作画，等画完以后将备用屏幕中的点阵内容直接切换给当前屏幕。直接切换准备好的画面的速度要比在屏幕上当场作画(刷新画面)的速度快得多。

双缓冲技术也可以这样解释。Java 动画程序在显示动画图形之前，首先创建两个图形缓冲区：一个是为前台的显示缓冲；一个是为后台的图形缓冲。然后在显示(绘制)图形时，对两个缓冲区进行同步的图形数据更新，该操作相当于为前台显示区的数据作了一个后台的图形数据备份。当前台显示区的图形数据需要恢复时，可以用后台备份的图形数据来恢复。其具体方法则是重写 paint()和 update()方法，将备份好的图形数据一次性地画到显示屏幕上。

采用双缓冲技术需要完成以下几个步骤。

(1) 定义作为第二个缓冲区的 Image 对象和 Graphics 对象。

```
Image offScreenImg;        //声明备用屏幕类型
Graphics offScreenG;       //声明备用屏幕绘图类型
```

(2) 在初始化方法中创建这两个对象。

```
int applet_width=getSize().width;    //获取程序显示区宽度
int applet_height=getSize().height;  //获取程序显示区高度
offScreenImg=createImage(applet_width, applet_height); //创建备用屏幕
offScreenG= offScreenImg.getGraphics();   //获取备用屏幕绘图环境
```

(3) 在 paint()方法中将要显示的图形和文字绘制在第二缓冲区中。

```
offScreenG.drawImage(Xximg,x,y,this); //将图像绘制在备用屏幕上
offScreenG.drawString("………",x,y);     //将字符绘制在备用屏幕上
offScreenG.draw…
```

(4) 在 update()方法中将第二缓冲区的内容绘制到 Java 动画程序的真正图像显示区。

```
g. drawImage(offScreenG,0,0,this);//将备用屏幕内容画到当前屏幕上
```

如果备用屏幕创建成功,Java 动画程序将备用屏幕的绘图环境 offScreenG 传递给 paint()方法，paint()方法中所画的内容都将画在备用屏幕上，然后再在 update()方法中调用 drawImage()方法将备用屏幕 offScreenImg 中的内容画到当前屏幕上。

如果 Java 动画程序创建备用屏幕不成功，则将计算机系统生成的当前屏幕的绘图环境 Graphics 对象 g 传递给 paint()方法。

【例 8-26】双缓冲改进的例子。

```
import java.awt.*;
import java.applet.Applet;
public class MovingImg1 extends Applet{
```

```
        Image new0,new1;
        Image buffer;                    //声明备用屏幕类型
        Graphics gContext;               //声明备用屏幕绘图类型
        int x=10;
        public void init(){
            new0=getImage(getCodeBase(),"T5.gif");
            new1=getImage(getCodeBase(),"T1.gif");
            buffer=createImage(getWidth(),getHeight());  //创建备用屏幕
            gContext=buffer.getGraphics();                       //获取备用屏幕的绘图环境
        }
        public void paint(Graphics g){
            gContext.drawImage(new0,0,10,this);
            gContext.drawImage(new1,x,30,this);
            gContext.drawImage(new0,0,60,this);
            g.drawImage(buffer,0,0,this);
            try{
                Thread.sleep(50);            //sleep();程序休眠指定的毫秒数
                x+=5;
                if(x==550){
                    x=10;                    //使横坐标回到 10
                    Thread.sleep(1500);
                }
            }catch(InterruptedException e){}
            repaint();
        }
        public void update(Graphics g){
            paint(g);
        }
    }
```

　　改进后的程序比原程序增加了 buffer 和 gContext 对象，覆盖了 update()方法。buffer 是新增的 Image 对象，用做屏幕缓冲区。gContext 是新增的 Graphics 对象，代表着屏幕缓冲区的绘图环境。在 init()方法中，程序调用 createImage()方法，按照 Applet 的宽度和高度创建了屏幕缓冲区，然后调用 getGraphics()方法创建了 buffer 的绘图区。

　　paint()方法改变了图像输出方向，两个图像都被画在屏幕缓冲区中。由于屏幕缓冲区不可见，当屏幕缓冲区上的画图完成以后，再调用 drawImage()方法将整个屏幕缓冲区拷贝到屏幕上，这个过程是直接覆盖，因此不会产生闪烁。

8.11　小　　结

　　本章简单介绍了进程和线程的区别，阐述了多线程的基本概念以及创建多线程程序的两种方法和应用实例，讲解了线程的不同状态的转换关系和调用方法，然后又进一步讲述了控制线程的一些基本方法、线程的调度策略以及优先级的定义，最后介绍守护线程和线

程组的相关知识。

　　本章还介绍了 Java Applet 的相关内容。详细介绍了 Java Applet 的开发步骤，并通过一系列实例的讲解，试图以点带面，让读者在最短的时间内掌握 Applet 的开发技术，尤其是 Graphics 类的使用。

8.12　思　考　练　习

　　1. Java 为什么要引入线程机制？线程的概念是什么？线程和进程的区别是什么？解释什么是 Java 的多线程。

　　2. 线程创建方式有哪两种？请举例说明。

　　3. 生命是线程的生命周期？它包括哪几种状态？它们的关系是什么？

　　4. 请举例说明如何实现线程的同步(用两种方法)。

　　5. Java 中有哪些情况会导致线程的不可运行？

　　6. wait()方法和 sleep()方法的区别是什么？

　　7. 线程组的作用是什么？如何创建一个线程组？

　　8. Java 线程调度的原则是什么？

　　9. 如何理解死锁？

　　10. 下列程序的输出结果是什么？

```java
class Daemon extends Thread {
    public void run() {
    if(this.isDaemon()==false)
        System.out.println("thread is not daemon");
    else
        System.out.println("thread is daemon");
    try {
        for(int i=0;i<10;i++){
            System.out.println(i);
            Thread.sleep(200);
        }
    }catch (InterruptedException e){}
    System.out.println("thread done!");
    }
}
public class Test {
    public static void main (String[] args) {
        Thread t=new Daemon();
        t.setDaemon(true);
        t.start();
        try {
```

```
                    Thread.sleep(900);
               }
          }catch (InterruptedException e){}
          System.out.println("main done!");
     }
}
```

11. 编写程序实现如下功能：一个线程进行如下运算 1*2+2*3+3*4+…+1999*2000,而另一个线程则每隔一段时间读取一次前一个线程的运算结果。

12. 编写程序实现如下功能：第一个线程打印 6 个 a，第二个线程打印 8 个 b，第三个线程打印数字 1 到 10，第二和第三个线程要在第一个线程打印完成之后才能开始打印。

13. 编写一个线程同步程序：有一个字符缓冲区，长度为 length，创建两个线程，其中一个线程向字符缓冲区写入一个字符,(字符缓冲区一次只能装入一个字符),另一个线程从字符缓冲区取出一个字符，并且输出，要保证当一个线程在写字符的时候，另一个线程不能访问字符缓冲区，而且在字符缓冲区为空的时候取不出字符，而在字符缓冲区满的时候写不进字符。

14. 什么是 Java Applet 程序，它与前面介绍过的 Java Application 有何不同？

15. 简述 Java Applet 程序的开发步骤。

16. 简述与 Java Applet 生命周期相关的 4 个方法。

17. 编写一个 Java Applet 程序，使其在窗口中以红色、绿色和蓝色为顺序循环显示字符串"Welcome to Java Applet"。

18. 列举几个 Graphics 类提供的方法，并说明其用法。

19. 编写 Applet 程序，绘制一幅五颜六色的图。

20. 编写一简易自行车在公路上由左向右行驶的 Applet 程序。

第9章　图形用户界面

本章学习目标：

- 了解图形用户界面的历史及其设计原则
- 掌握 AWT 组件中的各类组件
- 理解 AWT 事件处理机制
- 学会编写常见事件处理程序
- 了解 Swing 组件集及其简单编程

9.1　概　　述

图形用户界面(Graphical User Interface，简称 GUI)大大方便了人机交互，是一种结合计算机科学、美学、心理学、行为学，及各商业领域需求分析的人机系统工程，强调人—机—环境三者作为一个系统进行总体设计。大家最熟悉的图形用户界面莫过于美国微软公司开发的 Windows 操作系统了，有人评价微软公司对于 IT 界最杰出的贡献有两项：图形用户界面技术和 Web-Services 技术。但事实上 GUI 技术并不是微软首创的，早在 20 世纪70 年代施乐公司帕洛阿尔托研究中心就提出了图形用户界面这一概念，他们建构了WIMP(也就是视窗、图标、菜单、点选器和下拉菜单)范例，并率先在施乐的一台实验性计算机上使用，而微软公司的第一个视窗版本操作系统 Windows 1.0 直到 1985 年才发布，它是基于 MAC OS 的 GUI 进行设计的。

下面以时间为序，简单介绍一下与图形用户界面技术相关的一些历史。

- 1973 年施乐公司帕洛阿尔托研究中心(Xerox PARC)最先提出了图形用户界面这一概念，并建构了 WIMP 图形界面。
- 1980 年出现的 Three Rivers Perq Graphical Workstation。
- 1981 年 Xerox Star。
- 1983 年 Visi On。该图形用户界面最初是一家公司为电子制表软件而设计的，这个电子制表软件就是具有传奇色彩的 VisiCalc，1983 年它首先引入了在 PC 环境下的"视窗"和鼠标的概念，虽然先于"微软视窗"出现，但 Visi On 并没有成功研制出来。
- 1984 年苹果公司发布的 Macintosh。Macintosh 是首例成功使用 GUI 并将其用于商业用途的产品。从 1984 年开始，Macintosh 的 GUI 随着时间的推移一直在作修改，在 System 7 中，做了主要的一次升级。2001 年 Mac OS X 问世，这是它的最大规模的一次修改。

- 1985 年发布的第一个微软视窗版本操作系统 Windows 1.0，以及其后陆续推出的 Windows 2.0、Windows 3.0、Windows NT、Windows 95、Windows 98、Windows Me、Windows 2000、Windows XP、Windows 2003 Server 和 Windows Vista 等。

图形用户界面的开发通常要遵循一些设计原则，如下所示。

(1) 用户至上的原则。设计界面时一定要充分考虑用户的实际需要，使程序能真正吸引住用户，让用户觉得简单易用。

(2) 交互界面要友好。在程序与用户交互时，所弹出的对话框、提示栏等一定要美观，不要"吓"着用户。另外，能替用户做的事情，最好都在后台处理掉。切忌别在不必要的时候弹出任何提示信息，否则可能会招致用户的厌烦。

(3) 配色方案要合理。建议用柔和的色调，不用太刺眼的颜色，至于具体的色彩搭配，还得看设计者的艺术细胞了，当然也可以参考现成的一些成熟产品(如 Windows 操作系统本身就是很好的范例)。

基于 Java 的图形用户界面开发工具(即组件集)最主流的有 3 种：AWT、Swing 和 SWT/JFace。其中，前两个是美国 Sun 公司随 JDK 一起发布的，而 SWT 则是由 IBM 领导的开源项目(现在已脱离 IBM 了)Eclipse 的一个子项目。这就意味着假如使用 AWT 或 Swing，则只要机器上安装了 JDK 或 JRE，发布软件时便无须带其他的类库。但如果使用的是 SWT，那么在发布时就必须要自带上 SWT 的*.dll(Windows 平台)或*.so(Linux&Unix 平台)文件连同相关的*.jar 打包文件。虽然 SWT 最初仅仅是 Eclipse 组织为了开发 Eclipse IDE 环境所编写的一组底层图形界面 API，但或许是无心插柳，又或许是有意为之，在目前看来,SWT 无论在性能还是外观上都不逊色于 Sun 公司提供的 AWT 和 SWING 组件集。本书限于篇幅，对 SWT/JFace 组件集不做介绍，请有兴趣的读者自行学习。本章重点介绍基础性的 AWT 组件集，同时对 Swing 组件集做一个简介。

9.2   AWT 组件集

AWT(Abstract Windowing Toolkit)，中文可译为抽象窗口工具集，是 Java 提供的用来开发图形用户界面的基本工具。AWT 由 JDK 的 java.awt 包提供，其中包含了许多可以用来建立图形用户界面(GUI)的类，一般称这些类为组件(component)，AWT 提供的这些图形用户界面基本组件可用于编写 Java Applet 小程序或 Java Application 独立应用程序。

AWT 常用组件的继承关系如图 9-1 所示。

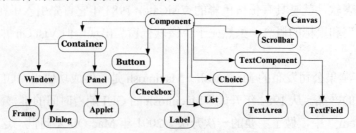

图 9-1   AWT 组件的继承关系图

AWT 组件大致可以分为以下 3 类：

(1) 容器类组件；

(2) 布局类组件；

(3) 普通组件类。

下面详细介绍这 3 类组件。

9.2.1　容器类组件

容器类组件由 Container 类派生而来，常用的有 Window 类型的 Frame 类和 Dialog 类，以及 Panel 类型的 Applet 类，如图 9-1 所示。这些容器类组件可以用来容纳其他普通组件或者是容器组件自身，起到组织用户界面的作用。通常一个程序的图形用户界面总是对应于一个总的容器组件，如 Frame，这个容器组件可以直接容纳普通组件(如 Label、List、Scrollbar、Choice 和 Checkbox 等)，也可以容纳其他容器类组件，如 Panel 等，再在 Panel 容器上布置其他组件元素，照此即可设计出满足用户需求的界面来。容器类组件都有一定的范围和位置，并且它们的布局也从整体上决定了所容纳的组件的位置。因此，在界面设计的初始阶段，首先要考虑的就是容器类组件的布局。

9.2.2　布局组件类

布局类组件本身是非可视组件，但它们却能很好地在容器中布置其他普通的可视组件。AWT 提供了 5 种基本的布局方式：FlowLayout、BorderLayout、GridLayout、GridBag-Layout 和 CardLayout 等，它们均为 Object 类的子类，如图 9-2 所示。

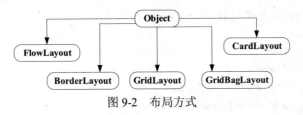

图 9-2　布局方式

上述布局类组件的布局方式不使用绝对坐标，即不采用传统的像素坐标来设定位置，这样可以使设计好的 UI 界面与平台无关，即程序在不同运行平台上都能保持同样的界面效果，这也是 Java 语言与平台无关的一个表现。下面来具体介绍每一种布局方式的特点。

1. FlowLayout

FlowLayout 是最简单的一种布局方式，被容纳的可视组件将从左向右，从上至下依次排列，若某一组件在本行放置不下，就会自动排到下一行的开始处，该方式为 Panel 类和 Applet 类容器的默认布局方式。请看下面的【例 9-1】。

【例 9-1】Applet 中 FlowLayout 的布局方式。

```java
import java.awt.*;
import java.applet.Applet;
public class myButtons extends Applet {
```

```
        Button button1, button2, button3;
        public void init() {
            button1 = new Button("确认");
            button2 = new Button("取消");
            button3 = new Button("关闭");
            add(button1);
            add(button2);
            add(button3);
        }
    }
```

　　在上述 Applet 小程序中，利用 AWT 提供的可视组件 Button 创建了 3 个按钮，按钮上显示的文本分别为"确认"、"取消"和"关闭"，再通过 add()方法将这 3 个按钮添加至名为 myButtons 的 Applet 子类容器中。其显示效果如图 9-3 所示。

图 9-3　FlowLayout 显示效果

　　值得注意的是，当用户手动改变窗口的尺寸时，界面也会随之相应改变。如【例 9-1】中，当用户缩小窗口宽度时，若按钮在一行放不下，就会自动排至下一行，如图 9-4 所示。

　　另外，对于其他容器类组件，如 Frame 或 Dialog，由于其默认布局方式为BorderLayout，因此，若要在Frame或Dialog容器中使用 FlowLayout 布局方式，则需要调用 Container.set-Layout()方法来做相应的设置，如【例 9-2】所示。

图 9-4　FlowLayout 换行

【例 9-2】Frame 容器中设置 FlowLayout 布局方式。

```
        import java.awt.*;
        public class myButtons1    {
            public static void main(String[] args)
            {    Frame frame = new Frame();
            frame.setLayout(new FlowLayout( ) );
            frame.add(new Button("第 1 个按钮"));
            frame.add(new Button("第 2 个按钮"));
            frame.add(new Button("第 3 个按钮"));
            frame.add(new Button("第 4 个按钮"));
            frame.add(new Button("第 5 个按钮"));
            frame.setSize(200,200);
            frame.show();
            }
        }
```

　　上述程序执行时的用户界面如图 9-5 所示。

　　默认情况下，FlowLayout 的对齐方式为 CENTER 即居中对齐，这一点从图 9-5 中就可以看出，而 FlowLayout 还提供了其他对齐方式，如 LEFT 或 RIGHT。假如要对图 9-5 中的按钮按居左方式排列的话，可以将"frame.setLayout(new FlowLayout( ));"语句修改为："frame.setLayout(new FlowLayout(FlowLayout.LEFT));"，其界面效果如图 9-6 所示。

图 9-5　Frame 类容器的 FlowLayout 布局　　　　图 9-6　居左的 FlowLayout 布局

当然，除了在构造方法中进行对齐方式的设置以外，也可以通过 setAlignment()方法来进行设置。此外，对于图 9-6 中的 3 行按钮，还可以设置其水平和垂直的间隔，该间隔通常以像素为单位。默认情况下，水平和垂直的间隔值均为 3 个像素。也可以通过下面的 FlowLayout 构造方法进行设置，例如：

    frame.setLayout(new FlowLayout(FlowLayout.LEFT, 9, 12));

上述语句设置可视按钮组件的水平和垂直间隔分别为 9 和 12 个像素。

不过，读者可能会发现：上述程序执行后单击窗体右上角的"关闭"图标按钮也无法退出，怎么办呢？没有关系，只要在"frame.show();"语句前添加如下语句即可：

```
frame.addWindowListener( new WindowAdapter( ) {
    public void windowClosing(WindowEvent e)
  {
            System.exit(0);
      }
    }
  );
```

并在程序最前面添加"import java.awt.event.*;"语句引入相应的包，现在再运行程序就可以轻松退出了。该程序假如去掉"frame.setLayout(new FlowLayout( ));"这一设置布局方式的语句，则会呈现如图 9-7 所示的默认 BorderLayout 的布局界面。

图 9-7　默认的 BorderLayout 布局

从图 9-7 可以看出，一旦将布局设置语句去掉，即采用 Frame 类容器默认的 BorderLayout 布局方式，界面马上就发生了改变，为什么 BorderLayout 的布局是这样的效果呢？下面就来介绍这种布局方式。

2. BorderLayout

BorderLayout 布局方式将容器划分为"东"、"西"、"南"、"北"、"中"5 个区，分别为 BorderLayout.EAST、BorderLayout.WEST、BorderLayout.SOUTH、BorderLayout.NORTH 和 BorderLayout.CENTER，每个区可以摆放一个组件，因此最多可以在

BorderLayout 的容器组件中放置 5 个子组件,前面已提到过,该布局方式是 Frame 或 Dialog 容器类组件的默认布局方式。同 FlowLayout 布局方式相同,如果要往容器组件添加子组件,也需要调用 add()方法,不过 BorderLayout 布局的 add()方法多了一个参数,用来指明子组件的方位位置,若要在南边布置一个按钮,则可以使用如下代码。

```
add(BorderLayout.SOUTH, new Button("南边按钮"));
```

或:

```
add(new Button("南边按钮"), BorderLayout.SOUTH);
```

或:

```
add(new Button("南边按钮"),  "South");
```

或:

```
add("South", new Button("南边按钮"));
```

注意:

上面的方位字符串 "South" 不能写成 "south",否则就会出错。

当然,也可以不指出方位位置,这时就采用默认的 BorderLayout.CENTER 方位,如图 9-7 的显示效果,由于每一个按钮的方位都是 BorderLayout.CENTER,因此后加入的按钮就遮盖住了前面的按钮。一般应给每个组件指明一个不同的方位位置,请看【例 9-3】。

【例 9-3】在 Frame 容器的不同方位放置按钮组件。

```java
import java.awt.*;
import java.awt.event.*;
public class myButtons2   {
  public static void main(String[] args)
  {   Frame frame = new Frame();
    frame.add(new Button("第 1 个按钮"),BorderLayout.EAST);
    frame.add(new Button("第 2 个按钮"),BorderLayout.WEST);
    frame.add(new Button("第 3 个按钮"),BorderLayout.SOUTH);
    frame.add(new Button("第 4 个按钮"),BorderLayout.NORTH);
    frame.add(new Button("第 5 个按钮"),BorderLayout.CENTER);
    frame.setSize(200,200);
    frame.addWindowListener( new WindowAdapter( ) {
        public void windowClosing(WindowEvent e)
       {
            System.exit(0);
       }
     }
   );
    frame.show();
  }
}
```

上述程序的运行界面如图 9-8 所示。

如图 9-8 所示：对于"东""西"向组件，它会在容器水平方向进行延伸并占满；对于"南""北"向组件，它会在垂直方向进行延伸并占满；而居中的组件则占满剩下的区域。图 9-9 所示为仅添加"南""北""中"3 个方位的按钮的界面效果。

图 9-8　BorderLayout 布局

图 9-9　3 个按钮的情况

此外，BorderLayout 布局也允许在组件之间设置水平和垂直间距，间距同样以像素为单位进行表示。

3. GridLayout

GridLayout 布局将容器划分为行和列的网格，每个网格单元可以放置一个组件，组件通过 add()方法按从上到下、从左至右的顺序加入网格的各个单元中。因此，在使用这种布局时，用户应该首先设计好排列位置，然后再依次调用 add()方法进行添加。另外，在创建 GridLayout 布局组件时，需要指定网格的行数和列数，如下所示：

```
setLayout(new GridLayout(3, 3));
```

GridLayout 布局也允许在组件之间设置水平和垂直间距，间距同样以像素为单位表示，如下面的语句为创建 6 行 6 列，水平间隔和垂直间隔均为 10 个像素的 GridLayout 布局对象：

```
setLayout(new GridLayout(6, 6, 10, 10));
```

请看【例 9-4】。

【例 9-4】GridLayout 布局。

```
import java.awt.*;
import java.awt.event.*;
public class myButtons3    {
    public static void main(String[] args)
    {    Frame frame = new Frame();
        frame.setLayout(new GridLayout(3,3,6,18));
        frame.add(new Button("第 1 个按钮"));
        frame.add(new Button("第 2 个按钮"));
        frame.add(new Button("第 3 个按钮"));
        frame.add(new Button("第 4 个按钮"));
        frame.add(new Button("第 5 个按钮"));
```

```
frame.add(new Button("第 6 个按钮"));
frame.add(new Button("第 7 个按钮"));
frame.add(new Button("第 8 个按钮"));
frame.add(new Button("第 9 个按钮"));
frame.setSize(200,200);
frame.addWindowListener( new WindowAdapter( ) {
    public void windowClosing(WindowEvent e)
    {
            System.exit(0);
    }
  }
);
frame.show();
    }
}
```

图 9-10　GridLayout 布局界面

上述程序的运行界面如图 9-10 所示。

4. GridBagLayout

GridBagLayout 是所有 AWT 布局管理方式中最复杂的，同时也是功能最强的一种布局方式，这主要是因为它提供了许多可设置参数，使得容器的布局方式可以得到准确的控制，尽管设置步骤相对复杂得多，但是只要理解了它的基本布局思想，就可以很容易使用 GridBagLayout 来进行界面设计了。

GridBagLayout 与 GridLayout 相似，都是在容器中以网格的形式来布置组件，不过 GridBagLayout 布局方式的功能却要强大很多。首先，GridBagLayout 设置的所有行和列都可以是大小不同的；其次，GridLayout 布局把每个组件都以同样的样式整齐地限制在各自的单元格中，而 GridBagLayout 允许不同组件在容器中占据不同大小的矩形区域。

GridBagLayout 通常由一个专门的类来对布局行为进行约束，该类为 GridBag Constraints，它的所有成员都是 public(公有)的，要掌握如何使用 GridBagLayout 布局，首先就要先熟悉这些约束变量，以及如何设置这些约束变量。以下是 GridBagConstraints 中的常用成员变量属性：

```
public girdx          //组件所处位置的起始单元格列号
public gridy          //组件所处位置的起始单元格行号
public gridheight     //组件在垂直方向占据的单元格个数
public gridwidth      //组件在水平方向占据的单元格个数
public double weightx //容器缩放时，单元格在水平方向的缩放比例
public double weighty //容器缩放时，单元格在垂直方向的缩放比例
public int anchor     //当组件较小时指定其在网格中的起始位置
public int fill       //当组件分布区域变大时指明是否缩放，以及如何缩放
public Insets insets  //组件与外部分布区域边缘的间距
public int ipadx      //组件在水平方向的内部缩进
public int ipady      //组件在垂直方向的内部缩进
```

当把 gridx 的值设置为 GridBagConstriants.RELETIVE 时，添加的组件将被放置在前一

个组件的右侧。同理，当把 gridy 的值设置为 GridBagConstraints.RELATIVE 时，添加的组件将被放置在前一个组件的下方，这是一种根据前一个组件来决定当前组件的相对位置的方式，对 gridwidth 和 gridheight 也可以采用 GridBagConstraints 的 REMAINDER 方式，此时，创建的组件会从创建的起点位置开始一直延伸到容器所能允许的范围为止。该功能使得用户可以创建跨越某些行或列的组件，从而控制相应方向上的组件数量。weightx 和 weighty 属性用来控制在容器变形时，单元格本身如何缩放，这两个属性都是浮点型，描述了每个单元格在拉伸时横向或纵向的分配比例。当组件在横向或纵向上小于所分配到的单元格面积时，anchor 属性就会起作用，在这种情况下，anchor 将决定组件如何在可用的空间中进行对齐，默认情况下组件会固定在单元格的中心，而周围均匀分布多余空间，用户也可以指定其他的对齐方式，包括下面的几种：

```
GridBagConstraints.NORTH
GridBagConstraints.SOUTH
GridBagConstraints.NORTHWEST
GridBagConstraints.SOUTHWEST
GridBagConstraints.SOUTHEAST
GridBagConstraints.NORTHEAST
GridBagConstraints.EAST
GridBagConstraints.WEST
```

weightx 和 weighty 属性控制的是容器增长时单元格缩放的程度，但它们对各个单元格中的组件并没有直接的影响，实际上，当容器变形时容器的所有单元格都增长了，而网格内的组件并没有相应增长，这是因为在所分配的单元格内部，组件的增长是由 GridBagConstraints 对象的 fill 成员属性来控制的，它可以有如下的取值：

```
GridBagConstraints.NONE            //不增长
GridBagConstraints.HORIZONTAL      //只横向增长
GridBagConstraints.VERTICAL        //只纵向增长
GridBagConstraints.BOTH            //双向增长
```

当创建一个 GridBagConstraints 对象时，其 fill 值默认为 NONE，所以在单元格增长时，单元格内部的组件并不会增长。另外，insets 属性可以用来调整组件周围的空间大小，而 ipadx 和 ipady 两个属性则是在对容器进行 GridBagLayout 布局时，把每个组件的最小尺寸作为如何分配空间的一个约束条件来考虑。如果一个按钮的最小尺寸是 20 像素宽，15 像素高，而相关联的约束对象中，ipadx 为 3，ipady 为 2，那么按钮的最小尺寸将会成为横向 26 像素，纵向 19 像素。

至于其他的设置说明，这里不再赘述，请读者自行参考 JDK 相关文档。需要说明的是，上述约束变量一经设置后，就对后面的所有添加组件生效，直到下一次修改设置为止。

下面请看 GridBagLayout 布局方式的两个示例。

【例 9-5】GridBagLayout 布局示例 1。

```
import    java.awt.*;
public    class    GridBag1    extends    Panel    {
```

```java
private    Panel    panel1    =    new    Panel();
private    Panel    panel2    =    new    Panel();
public    GridBag1()    {
  panel1.setLayout(new    GridLayout(3,    1));
  panel1.add(new    Button("1"));
  panel1.add(new    Button("2"));
  panel1.add(new    Button("3"));
  panel2.setLayout(new    GridLayout(3,    1));
  panel2.add(new    Button("a"));
  panel2.add(new    Button("b"));
  setLayout(new    GridBagLayout());
  GridBagConstraints    c    =    new    GridBagConstraints();
  c.gridx    =    0;    c.gridy    =    0;
  add(new    Button("上左"),    c);
  c.gridx    =    1;
  add(new    Button("上中"),    c);
  c.gridx    =    2;
  add(new    Button("上右"),    c);
  c.gridx    =    0;    c.gridy    =    1;
  add(new    Button("中左"),    c);
  c.gridx    =    1;
  add(panel1,    c);
  c.gridy    =    2;
  add(new    Button("中下"),    c);
  c.gridx    =    2;
  add(panel2,    c);
  }
  public    static    void    main(String    args[])    {
    Frame    f    =    new    Frame("GridBagLayout 布局");
    f.add(new    GridBag1());
    f.pack();
    f.setVisible(true);
  }
}
```

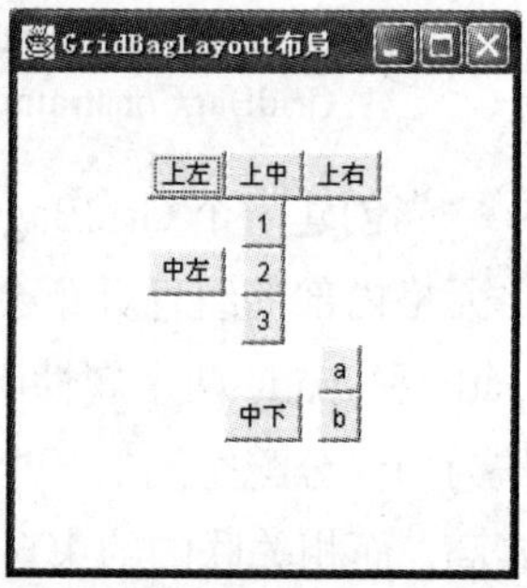

上述程序的运行界面如图 9-11 所示。

【例 9-6】GridBagLayout 布局示例 2。

图 9-11　GridBagLayout 布局 1

```java
import    java.awt.*;
import    java.util.*;
import    java.applet.Applet;
public    class    GridBag    extends    Applet    {
  protected void    addbutton(String name,GridBagLayout gridbag, GridBagConstraints c) {
            Button    button    =    new    Button(name);
            gridbag.setConstraints(button,    c);
            add(button);
        }
    public    void    init()    {
```

```
            GridBagLayout    gridbag   =   new   GridBagLayout();
            GridBagConstraints   c   =   new   GridBagConstraints();
            setFont(new   Font("Helvetica",   Font.PLAIN,   14));
            setLayout(gridbag);
            c.fill   =   GridBagConstraints.BOTH;
            c.weightx   =   1.0;
            addbutton("Button1",   gridbag,   c);
            addbutton("Button2",   gridbag,   c);
            addbutton("Button3",   gridbag,   c);
            c.gridwidth   =   GridBagConstraints.REMAINDER;   //行末
            addbutton("Button4",   gridbag,   c);
            c.weightx   =   0.0;
            addbutton("Button5",   gridbag,   c);   //下一行
            c.gridwidth   =   GridBagConstraints.RELATIVE;   //扩展至行末
            addbutton("Button6",   gridbag,   c);
            c.gridwidth   =   GridBagConstraints.REMAINDER;   //行末
            addbutton("Button7",   gridbag,   c);
            c.gridwidth   =   1;
            c.gridheight   =   2;
            c.weighty   =   1.0;
            addbutton("Button8",   gridbag,   c);
            c.weighty   =   0.0;
            c.gridwidth   =   GridBagConstraints.REMAINDER;
            c.gridheight   =   1;
            addbutton("Button9",   gridbag,   c);
            addbutton("Button10",   gridbag,   c);
            setSize(200,   300);
        }
    public   static   void   main(String   args[])   {
        Frame   f   =   new   Frame("GridBagLayout 示例");
        GridBag   gb   =   new   GridBag();
        gb.init();
        f.add("Center",   gb);
        f.pack();
        f.setSize(f.getPreferredSize());
        f.show();
    }
}
```

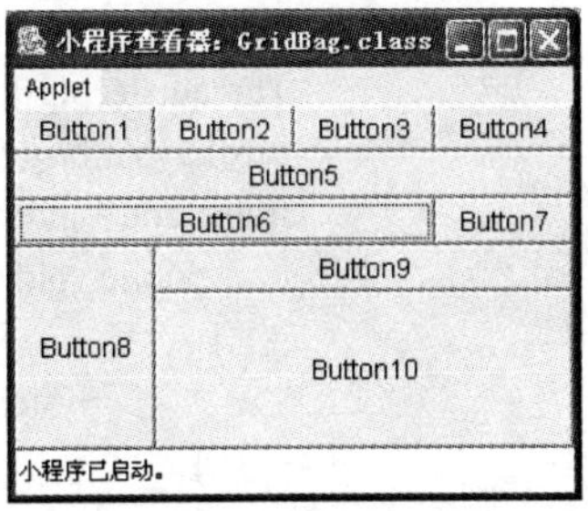

上述程序的运行界面如图 9-12 所示。

图 9-12　GridBagLayout 布局 2

5. CardLayout

CardLayout 布局将组件(通常是 Panel 类的容器组件)像扑克牌(卡片)一样摞起来，每次只能显示其中的一张，实现分页的效果，每一页都可以有各自的界面，这样就相当于扩展了原本有限的屏幕区域。

CardLayout 布局组件提供了以下方法来对各张 Card 页面进行切换。

```
        public void first (Container parent)   //显示第一张卡片
        public void next (Container parent)   //显示下一张卡片
        public void previous (Container parent)   //显示上一张卡片
        public void show (Container parent，String name)   //显示指定卡片
        public void last (Container parent)   //显示最后一张卡片
```

请看下面使用 CardLayout 布局的【例 9-7】。

【例 9-7】CardLayout 布局 1。

```
import java.awt.*;
import java.awt.event.*;
public class cardLayout    {
    public static void main(String[] args) throws InterruptedException
    {   Frame frame = new Frame();
        CardLayout cardLayout = new CardLayout( ) ;
        frame.setLayout(cardLayout);
        Button a = new Button("按钮 1");
        Button b = new Button("按钮 2");
        Button c = new Button("按钮 3");
        frame.add("第 1 页",a);
        frame.add("第 2 页",b);
        frame.add("第 3 页",c);
        frame.setSize(200,200);
        frame.show();
        Thread.sleep(1000L);
        cardLayout.show(frame,"第 2 页");
        Thread.sleep(1000L);
        cardLayout.previous(frame);
        Thread.sleep(1000L);
        cardLayout.next(frame);
        Thread.sleep(1000L);
        cardLayout.first(frame);
        Thread.sleep(1000L);
        cardLayout.last(frame);
        frame.addWindowListener( new WindowAdapter( ) {
            public void windowClosing(WindowEvent e)
            {
                    System.exit(0);
            }
        }
        );
    }
}
```

上述程序运行时，界面首先显示第 1 页(即"按钮 1")，然后通过调用"card Layout.
show(frame,"第 2 页");"显示第 2 页(即"按钮 2")，接着通过调用其他方法陆续显示第 1
页、第 2 页、第 1 页和最后的第 3 页，每一页的显示时间间隔为 1000ms，即 1 秒。读者不
妨亲自上机实践，体会一下该卡片布局方式。

【例 9-8】CardLayout 布局 2。

```
import java.awt.*;
import java.applet.*;
public class CardApplet extends Applet
{
    CardLayout cardLayout;
    Panel panel;
    Button button1, button2, button3;
    public void init()
    {
        panel = new Panel();
        add(panel);
        cardLayout = new CardLayout(0, 0);
        panel.setLayout(cardLayout);
        button1 = new Button("Button1");
        button2 = new Button("Button2");
        button3 = new Button("Button3");
        panel.add("Button1", button1);
        panel.add("Button2", button2);
        panel.add("Button3", button3);
    }
    public boolean action(Event evt, Object arg)
    {
        cardLayout.next(panel);
        return true;
    }
}
```

该程序与【例 9-7】的程序有所不同。【例 9-7】的程序是通过 Thread.sleep()来自动切换不同的卡片页，而本程序则借助事件(鼠标单击按钮)处理来实现翻页功能。事实上，事件处理在用户图形界面设计中占据非常重要的地位，图形界面中各元素的设计功能以及界面的变换都需要依靠事件处理来实现。关于事件处理的相关知识，将在 9.2.4 节进行详细介绍。

提示：

尽管有些 Java IDE(如 JBuilder)也提供了广大编程者所熟悉的基于绝对像素坐标的 XYLayout 布局方式(用户在此布局方式下可以进行可视化的拖放操作)，但用户需要清楚，Java 用户界面设计的独到之处恰恰在于其与平台无关的布局方式。因此，一般不建议采用 XYLayout 布局，它使用起来不但要依赖于特定的包，而且还有损 Java 的独立性，不利于程序移植，除非用户认定所编写的程序就只在某特定平台(如 Windows)下运行。

9.2.3　普通组件

AWT 提供了一系列的普通组件以构建用户图形界面，主要包括：标签、文本框、文本域、按钮、复选框、单选框、列表框、下拉框、滚动条和菜单等。下面分别对这些普通组件进行逐一介绍。

1. 标签

标签是很简单的一种组件，一般用来显示标识性的文本信息，常被放置于其他组件的旁边起提示作用。AWT 提供的标签类为 Label，因此，可以通过创建 Label 对象来使用标签。Label 类的构造方法如下：

```
Label()            //构造一个不显示任何信息的标签
Label(String text) //构造一个显示 text 信息的标签
Label(String text, int alignment) //构造一个显示 text 信息的标签，并指定其对齐方式
```

Label 的对齐方式有：Label.LEFT、Label. CENTER 和 Label.RIGHT，分别代表左对齐、居中对齐和右对齐。

Label 类提供的方法较少，主要有如下几个：

```
public String getText() //获取 Label 对象的当前文本
public void setText() //设置 Label 对象的显示文本
public int getAlignment() //返回 Label 对象的对齐方式
public void setAlignment() //设置 Label 对象的对齐方式
```

标签同样是通过调用容器类组件提供的 add()方法来加入界面中的，请看【例 9-9】。

【例 9-9】Label 标签组件。

```
import java.awt.*;
import java.applet.Applet;
public class myLabel extends Applet {
    Label Label1, Label2, Label3;
    public void init() {
        Label1 = new Label("确认");
        Label2 = new Label("取消");
        Label3 = new Label("关闭");
        add(Label1);
        add(Label2);
        add(Label3);
    }
}
```

上述 Applet 小程序的运行界面如图 9-13 所示。　　　　　　图 9-13　Label 标签组件

2. 文本框

文本框是图形用户界面中常用于接收用户输入或程序输出的一种组件，它只允许输入或显示单行的文本信息，且用户还可以限定文本框的宽度。AWT 提供的文本框类为 TextField，它直接继承于 TextComponent，而 TextComponent 则从 Component 类继承而来，这点从图 9-1 也可以看出。TextField 类提供了以下构造方法：

```
public TextField()                 //创建一个 TextField 文本框对象
public TextField(int columns)      //创建一个限定宽度的 TextField 文本框对象
```

```
public TextField(String text)        //创建一个带有初始文本的 TextField 文本框对象
public TextField(String text, int columns) //创建一个限定宽度且有初始文本的 TextField 文本框对象
```

TextField 类的常用方法有如下几个：

```
public String getText()          //获取文本框中的输入文本
public String getSelectedText()  //获取文本框中选中的文本
public boolean isEditable()      //返回文本框是否可输入
public void setEditable(boolean b)//设置文本框的状态：可输入或不可输入
public int getColumns()          //获取文本框的宽度
public void setColumns(int columns)//设置文本框的宽度
public void setText(String t)        //设置文本框中的文本为 t
```

其中前 4 个方法是从父类 TextComponent 继承而来的。

下面请看一个文本框的示例程序，如【例 9-10】所示。

【例 9-10】TextField 文本框组件。

```
import java.awt.*;
import java.applet.Applet;
public class myTextField extends Applet {
    TextField TextField1, TextField2, TextField3, TextField4;
    public void init() {
        TextField1 = new TextField();
        TextField2 = new TextField(10);
        TextField3 = new TextField("北京");
        TextField4 = new TextField("南京",10);
        add(TextField1);
        add(TextField2);
        add(TextField3);
        add(TextField4);
    }
}
```

程序的运行界面如图 9-14 所示。

图 9-14　文本框组件

细心的读者可能会发现，上述程序只是使用了构造方法来创建文本框对象，而并没有调用其他的常用方法。这里顺便交待一下，关于组件的常用方法的调用将在 9.2.4 节中再进行介绍，因为组件的方法通常是在事件处理中被调用的。

3. 文本域

文本域组件也是用来接收用户输入或显示程序输出的，不过与文本框不同的是，它允许进行多行输入或输出，因此，它一般用于处理大量文本的情况。AWT 提供的文本域组

件为 TextArea 类，它也是从 TextComponent 类继承而来的。文本域的构造方法如下：

```
public TextArea()                        //创建文本域对象
public TextArea(int rows, int columns)   //创建 rows 行 columns 列的文本域对象
public TextArea(String text)             //创建初始文本为 text 的文本域对象
public TextArea(String text, int rows, int columns) //创建 rows 行 columns 列且初始文本为 text 的
文本域对象
public TextArea(String text, int rows, int columns, int scrollbars)//创建初始文本为 text 的 rows 行
columns 列文本域对象，滚动条可见性由 scrollbars 决定，其取值可以为：SCROLLBARS_BOTH(//
带水平和垂直滚动条),SCROLLBARS_VERTICAL_ONLY(/带垂直滚动条),SCROLLBARS_
HORIZONTAL_ONLY(/带水平滚动条),SCROLLBARS_NONE(不带滚动条)
```

文本域的常用方法如下：

```
public String getText()          //获取文本域中的输入文本
public String getSelectedText()  //获取文本域中选中的文本
public boolean isEditable()      //返回文本域是否可输入
public void setEditable(boolean b)//设置文本域的状态：可输入或不可输入
public void append(String str)   //在原文本后插入 str 文本
public void replaceRange(String str,int start,int end)   //将 start 与 end 位置的原文本替换为 str 文本
public int getRows()             //获取文本域对象的行数设置
public void setRows(int rows)    //设置文本域对象的行数
public int getColumns()          //获取文本域对象的列数设置
public void setColumns(int columns)  //设置文本域对象的列数
public int getScrollbarVisibility()  //获取文本域对象滚动条的可见性
```

请看文本域组件的示例程序，如【例 9-11】所示。

【例 9-11】TextArea 文本域组件。

```
import java.awt.*;
import java.applet.Applet;
public class myTextArea extends Applet {
    TextArea TextArea1, TextArea2, TextArea3, TextArea4;
    public void init() {
        TextArea1 = new TextArea(5,5);
        TextArea2 = new TextArea("Java 程序设计教程");
        TextArea3 = new TextArea("清华大学出版社",20,10);
        TextArea4 = new TextArea("高等教育出版社",15,10,TextArea.SCROLLBARS_NONE);
        add(TextArea1);
        add(TextArea2);
        add(TextArea3);
        add(TextArea4);
    }
}
```

程序运行界面如图 9-15 所示。

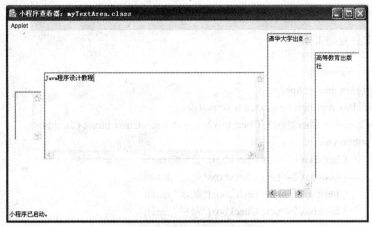

图 9-15　TextArea 文本域组件

4. 按钮

按钮组件在前面讲布局方式时已经接触过，它主要用于接受用户的输入(如鼠标单击或双击等)并完成特定的功能，在 9.2.4 节还会进一步介绍，这里先了解一下按钮组件的基本情况。AWT 提供的按钮类为 Button，从图 9-1 可以看出，它是从 Component 类直接继承而来。Button 类的构造方法有两个：

```
public Button()              //创建按钮对象
public Button(String label)   //创建带有 label 文本标识的按钮对象
```

Button 类的常用方法如下：

```
public String getLabel()           //获取按钮的文本标识
public void setLabel(String label)  //设置按钮的文本标识
```

由于前面已经接触过按钮，这里就不再重复举例。

5. 复选框

复选框组件也是图形用户界面上用于接受用户输入的一种快捷方式，一般是在界面上提供多个复选框选项，用户根据实际情况，可以多选也可以单选或不选。AWT 提供的复选框类为 Checkbox，该组件类似于具有开关选项的按钮，用户单击选中，再单击则取消选中。复选框的构造方法如下：

```
public Checkbox()                        //创建 Checkbox 类对象
public Checkbox(String label)              //创建带文本标识的 Checkbox 类对象
public Checkbox(String label, boolean state) //创建带文本标识和初始状态的 Checkbox 类对象
```

Checkbox 的常见方法如下：

```
public String getLabel()            //获取标识文本信息
public void setLabel(String label)   //设置标识文本信息
public boolean getState()           //获取 Checkbox 的状态：选中或没选中
public void setState(boolean state)  //设置 Checkbox 的状态为选中或没选中
```

请看【例 9-12】所示的示例程序。

【例 9-12】复选框组件。

```
import java.awt.*;
import java.applet.Applet;
public class myCheckbox extends Applet {
    Checkbox Checkbox1, Checkbox2, Checkbox3, Checkbox4, Checkbox5;
    public void init() {
        Checkbox1 = new Checkbox("篮球",true);
        Checkbox2 = new Checkbox("足球",false);
        Checkbox3 = new Checkbox("跳水",true);
        Checkbox4 = new Checkbox("跨栏",true);
        Checkbox5 = new Checkbox("体操",false);
        add(new Label("请选出您希望观看的奥运会比赛项目"));
        add(Checkbox1);
        add(Checkbox2);
        add(Checkbox3);
        add(Checkbox4);
        add(Checkbox5);
    }
}
```

程序的运行界面如图 9-16 所示。

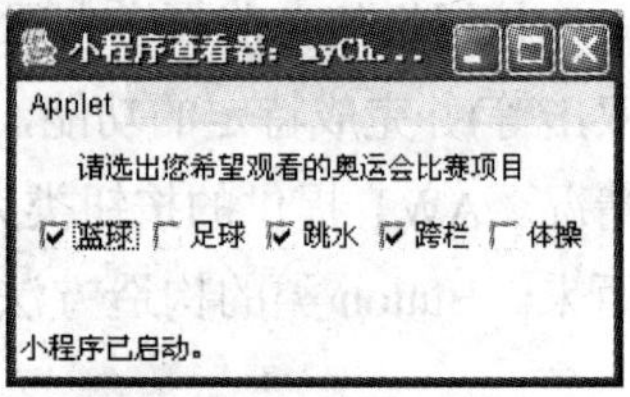

图 9-16　复选框组件

6. 单选框

在有些时候，程序界面可能给用户提供多个选项，但是只允许用户选择其中的一个，这就是单选框的概念。单选框是从上面的复选框衍生而来的，它也采用 Checkbox 作为其组件类，不过为了实现单选效果，还需要另外一个组件类：CheckboxGroup，当把 Checkbox 对象添加进某个 CheckboxGroup 对象后，它就成为了单选框。为此，Checkbox 类提供了对应的构造方法：

```
public Checkbox(String label, boolean state, CheckboxGroup group)
public Checkbox(String label, CheckboxGroup group, boolean state)
//创建带有 label 标识、初始状态为 state 以及属于 group 的 Checkbox 对象，此时的 Checkbox
对象不再是复选框，而是单选框了
```

CheckboxGroup 类的常用方法如下：

```
public Checkbox getSelectedCheckbox()    //获取选中的单选框
public void setSelectedCheckbox(Checkbox box)    //设置选中的单选框
```

此外，Checkbox 类针对单选框情况，还提供了如下两个常用方法：

```
public CheckboxGroup getCheckboxGroup()    //获取单选框所属的 group 信息
public void setCheckboxGroup(CheckboxGroup group)    //设置单选框属于某个 group 组
```

【例 9-13】所示是单选框的程序示例。

【例 9-13】单选框组件。

```
import java.awt.*;
import java.applet.Applet;
public class myCheckboxGroup extends Applet {
    Checkbox Checkbox1, Checkbox2, Checkbox3, Checkbox4, Checkbox5;
    public void init() {
        CheckboxGroup c = new CheckboxGroup();
        Checkbox1 = new Checkbox("西瓜", false,c);
        Checkbox2 = new Checkbox("苹果", true, c);
        Checkbox3 = new Checkbox("香蕉", false,c);
        Checkbox4 = new Checkbox("菠萝", false,c);
        Checkbox5 = new Checkbox("柠檬", false,c);
        add(new Label("请选出您最喜欢的水果"));
        add(Checkbox1);
        add(Checkbox2);
        add(Checkbox3);
        add(Checkbox4);
        add(Checkbox5);
    }
}
```

程序运行界面如图 9-17 所示。

图 9-17　单选框组件

7. 列表框

列表框组件看起来像文本域，可以有多行，每一行文本代表一个选项，文本域组件多为用户编辑所用，而列表框多用于给用户几个选项进行选择，可以多选也可以单选。AWT 提供的列表框类为 List，它直接继承于 Component 类，其构造方法如下：

```
Pub lic List()                          //创建列表框 List 对象
public List(int rows)                   //创建允许容纳 rows 个选项的列表框 List 对象
public List(int rows, boolean multipleMode) //创建允许容纳 rows 个选项的列表框 List 对象，并指
明是否允许用户多选
```

列表框 List 类的常用方法如下：

```
public void add(String item)            //往 List 对象中添加 item 选项
public void add(String item,int index)   //往 List 对象的 index 位置插入 item 选项
public void replaceItem(String newValue,int index)   //用 newValue 替换 index 处的原选项
public void removeAll()                 //删除 List 对象中的所有选项
public void remove(String item)          //删除 List 对象中的 item 选项
public void remove(int position)         //删除 List 对象中 position 处的选项
public int getSelectedIndex()            //获取被选中选项的位置，-1 代表没有选中项
public int[] getSelectedIndexes()        //获取被选中选项们的位置，数组长度为 0 代表无选中项
public String getSelectedItem()          //获取选中项的文本信息
public String[] getSelectedItems()       //获取选中项们的文本数组
public void select(int index)            //选中 index 处选项
public void deselect(int index)          //不选择 index 处选项
```

```
public boolean isIndexSelected(int index) //判断 index 处选项是否被选中
public int getRows()              //获取 List 对象的选项个数
public boolean isMultipleMode()   //判断是否支持多选模式
public void setMultipleMode(boolean b)  //设置是否支持多选模式
```

以上方法可用来对 List 对象进行各种各样的操作，以支持列表框的功能。下面看一个关于列表框的示例程序，如【例 9-14】所示。

【例 9-14】列表框组件。

```
import java.awt.*;
import java.applet.Applet;
public class myList extends Applet {
    public void init() {
        add(new Label("请选出您希望观看的奥运会比赛项目"));
        List    list = new List(5,true);
        list.add("篮球");
        list.add("足球");
        list.add("跳水");
        list.add("跨栏");
        list.add("体操");
        add(list);          //将 list 列表框对象加入 myList 容器
    }
}
```

程序运行界面如图 9-18 所示。

图 9-18　列表框组件

8. 下拉框

下拉框组件提供一些选项供用户来选择，每次只能选择一个，选中的选项会被单独显示出来，而改变选项则可以通过单击组件边上的箭头，再从下拉框中进行选择。下拉框相比列表框占据较小的界面区域。AWT 提供的下拉框类为 Choice，它直接继承于 Component 类，构造方法只有一个，如下：

```
public Choice()    //创建下拉框对象
```

Choice 类中的常用方法如下：

```
public void add(String item)         //添加选项
public void insert(String item,int index)    //在 index 处插入选项
public void remove(String item)       //删除 item 选项
public void remove(int position)      //删除 position 处的选项
public void removeAll()               //删除所有选项
public String getSelectedItem()       //获取选中选项
public int getSelectedIndex()         //获取选中选项的序号
public void select(int pos)           //选中 pos 处选项
public void select(String str)        //选中 str 选项
```

请看下面的【例 9-15】。

【例 9-15】下拉框组件。

```java
import java.awt.*;
import java.applet.Applet;
public class myChoice extends Applet {
    public void init() {
        add(new Label("请选出您希望观看的奥运会比赛项目"));
        Choice    choice = new Choice();
        choice.add("篮球");
        choice.add("足球");
        choice.add("跳水");
        choice.add("跨栏");
        choice.add("体操");
        choice.add("乒乓球");
        choice.add("游泳");
        choice.add("射击");
        add(choice);    //将 choice 下拉框对象加入 myChoice 容器
    }
}
```

程序运行界面如图 9-19 所示。

9. 滚动条

滚动条也是图形用户界面中常见的组件之一，它既可以用作取值器，也可以用来滚动显示某些较长的文本信息。AWT 提供的滚动条类为 Scrollbar，它也是直接从 Component 类继承而来，其构造方法如下：

```java
public Scrollbar()                 //创建滚动条对象
public Scrollbar(int orientation)    //创建指定方位的滚动条对象
public Scrollbar(int orientation, int value, int visible, int minimum, int maximum)
    //创建带有方位、初始值、可见量、最小值和最大值的滚动条对象
```

其中，orientation 代表方位，可以取值为：HORIZONTAL、VERTICAL 或者 NO_ORIENTATION，而可见量主要用于滚动显示某些较长的文本信息时使用。

Scrollbar 类中的常用方法如下：

```java
public int getMaximum()        //获取滚动条对象的最大取值
public void setMaximum(int newMaximum)    //设置滚动条对象的最大取值
public int getVisibleAmount()            //获取可见量
public void setVisibleAmount(int newAmount)    //设置可见量
public void setValues(int value,int visible,int minimum,int maximum)    //设置各个参数值
```

请看下面的示例程序，如【例 9-16】所示。

【例 9-16】滚动条组件。

```java
import java.awt.*;
import java.applet.Applet;
public class myScrollbar extends Applet {
```

```
            Scrollbar red,green,blue;
        public void init() {
            add(new Label("请滚动选择红绿蓝三原色的各自分量值(0~255)"));
            red=new Scrollbar(Scrollbar.VERTICAL, 0, 1, 0, 255);
            green=new Scrollbar(Scrollbar.VERTICAL, 100, 1, 0, 255);
            blue=new Scrollbar(Scrollbar.VERTICAL, 250, 1, 0, 255);
            add(red);
            add(green);
            add(blue);
        }
    }
```

程序运行界面如图 9-20 所示。

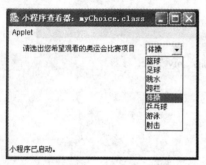

图 9-19　下拉框组件

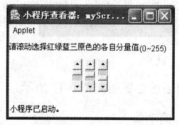

图 9-20　滚动条组件

10. 菜单

菜单也是图形用户界面中最常见的组件之一，通过菜单的形式可以将系统的各种功能以直观的方式展现出来，供用户选择，大大方便了用户与系统的交互。菜单相比其他组件类来说比较特殊，它是由几个菜单相关类共同构成的菜单系统。AWT 提供的菜单系统类包括：MenuBar、MenuItem、Menu、CheckboxMenuItem 以及 PopupMenu。它们之间的继承关系如图 9-21 所示。

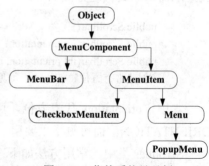

图 9-21　菜单系统继承树

从图 9-21 中可以看出，菜单系统比较特殊，它们不是从 Component 类继承而来的，而是从 MenuComponent 类继承而来。

MenuBar 类对应菜单系统的整体，Menu 类对应菜单系统中的一列菜单(实际上它只是一种特殊的菜单项)，MenuItem 和 CheckboxMenuItem 类则对应具体的菜单项。其中，CheckboxMenuItem 为带复选框的菜单项，而 PopupMenu 类对应弹出式快捷菜单，它是菜单 Menu 类的子类。

MenuBar 类的构造方法和常用方法如下：

```
    public MenuBar()       //创建 MenuBar 对象
    public Menu add(Menu m)    //添加菜单 m
```

```
public void remove(int index)    //删除 index 处的菜单
public void remove(MenuComponent m)    //删除菜单 m
public int getMenuCount()    //获取菜单数
public Menu getMenu(int i)    //获取序号为 i 的菜单
```

MenuItem 类的构造方法和常用方法如下：

```
public MenuItem()    //创建 MenuItem 菜单项
public MenuItem(String label)    //创建带 label 标识的 MenuItem 菜单项
public MenuItem(String label,MenuShortcut s)    //创建带 label 标识和快捷方式的 MenuItem 菜单项
public String getLabel()    //获取 MenuItem 菜单项的 label 标识
public void setLabel(String label)    //设置 MenuItem 菜单项的 label 标识
public boolean isEnabled()    //判断 MenuItem 菜单项是否可用
public void setEnabled(boolean b)    //设置 MenuItem 菜单项是否可用
```

Menu 类的构造方法和常用方法如下：

```
public Menu()    //创建菜单
public Menu(String label)    //创建 label 标识的菜单
public int getItemCount()    //获取菜单项的数量
public MenuItem getItem(int index)    //获取 index 处的菜单项
public MenuItem add(MenuItem mi)    //给菜单添加 mi 菜单项
public void add(String label)    //同上，这是更方便的方法
public void insert(MenuItem menuitem,int index)    //在菜单的 index 处插入一个菜单项
public void insert(String label,int index)    //同上，更方便的做法
public void remove(int index)    //删除 index 处的菜单项
public void removeAll()    //删除本菜单的所有菜单项
```

CheckboxMenuItem 类的构造方法和常用方法有：

```
public CheckboxMenuItem()    //创建带复选框的菜单项
public CheckboxMenuItem(String label)    //创建带复选框和 label 标识的菜单项
public CheckboxMenuItem(String label,boolean state)    //创建带复选框、label 标识和初始状态的菜
单项
public boolean getState()    //获取带复选框菜单项的当前状态
public void setState(boolean b)    //设置带复选框菜单项的当前状态
```

PopupMenu 类的构造方法和常用方法有：

```
public PopupMenu()    //创建弹出式菜单对象
public PopupMenu(String label)    //创建带标识的弹出式菜单对象
public void show(Component origin,int x,int y)    //在 origin 组件的(x,y)坐标处显示弹出式菜单
```

注意：

由于各个类之间存在继承关系，因而子类可以调用父类提供的部分常用方法。

菜单系统创建好之后，必须调用 Frame 类的 setMenuBar()方法才能将其加入到框架界面中。

请看以下关于菜单系统的示例程序，如【例 9-17】所示。

【例 9-17】菜单组件。

```java
import java.awt.*;
public class myMenu1 extends Frame {
    String[] operations = { "撤销", "重做", "剪切", "复制",  "粘贴" };
    MenuBar mb1 = new MenuBar();
    Menu f = new Menu("文件");
    Menu m = new Menu("编辑");
    Menu s = new Menu("特殊功能");
    CheckboxMenuItem[] specials = {
        new CheckboxMenuItem("插入文件"),
        new CheckboxMenuItem("删除活动文件")
    };
    MenuItem[] file = {
        new MenuItem("新建"),
        new MenuItem("打开"),
        new MenuItem("保存"),
        new MenuItem("关闭")
    };
    public myMenu1() {
        for(int i = 0; i < operations.length; i++)
            m.add(new MenuItem(operations[i]));
        for(int i = 0; i < specials.length; i++)
            s.add(specials[i]);
        for(int i = 0; i < file.length; i++){
            f.add(file[i]);
            //每 3 个菜单项添加一条间隔线
            if((i+1) % 3 == 0)
                f.addSeparator();
        }
        f.add(s);
        mb1.add(f);
        mb1.add(m);
        setMenuBar(mb1);
    }
    public boolean handleEvent(Event evt) {
        if(evt.id == Event.WINDOW_DESTROY)
            System.exit(0);
        else
            return super.handleEvent(evt);
        return true;
    }
    public static void main(String[] args) {
        myMenu1 f = new myMenu1();
        f.resize(300,200);
        f.show();
    }
}
```

上述程序的菜单界面如图 9-22 所示。

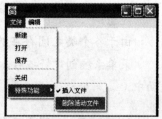

图 9-22　菜单组件

9.2.4　事件处理

　　已经介绍了很多的图形用户界面组件，有可见的，有不可见的，有容器类的，也有非容器类的(即普通的组件)。知道了这些组件的常用方法，怎么调用它们来实现相应的功能呢？大多数的方法都是在事件处理过程中进行调用的，下面介绍 AWT 提供的事件处理机制。

　　在早先的 JDK 1.0 版本中，提供的是称为层次事件模型的事件处理机制。在层次事件模型中，当一个事件发生后，首先传递给直接相关的组件，该组件可以对事件进行处理，也可以忽略事件不处理，如果组件没有对事件进行处理，则 AWT 事件处理系统会将事件继续向上传递给组件所在的容器，同样，容器可以对事件处理，也可以忽略不处理，如果事件又被忽略，则 AWT 事件处理系统会将事件继续向上传递，依此类推，直到事件被处理，或是已经传到顶层容器为止。这种基于层次事件模型的事件处理机制由于其效率不高，因此在 JDK 1.1 以后的版本中便被基于事件监听模型的事件处理机制替代了，这种机制也有人称之为事件派遣机制或授权事件机制，它的处理效率相比层次事件模型大为提高。如图 9-23 所示为该机制的示意图。

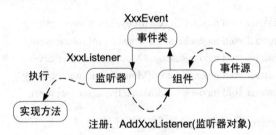

图 9-23　事件监听模型示意图

　　基于事件监听模型的事件处理是从一个事件源授权到一个或多个事件监听者，组件作为事件源可以触发事件，通过 addXxxListener()方法向组件注册监听器，一个组件可以注册多个监听器，如果组件触发了相应类型的事件，此事件就会被传送给已注册的监听器，事件监听器通过调用相应的实现方法来负责处理事件。

　　提示：

　　事件监听器的方法实现中通常都会调用到前面介绍过的组件常用方法，来对组件属性作出所需要改变。

　　AWT 提供了很多事件类及其对应的监听器(接口)，它们都被放置到 JDK 的 java.awt.event 包中，现列举如下。

　　● ActionEvent 类

　　该类表示一个广义的行为事件，可以是鼠标单击按钮或者菜单，也可以是列表框的某个选项被双击或者文本框中的回车行为。ActionEvent 类对应的监听器为 ActionListener 接口，该接口只有一个抽象方法：

　　　　public abstract void actionPerformed(ActionEvent actionevent);

　　注册该监听器需要调用组件的 addActionListener()方法，撤销则调用组件的 remove

ActionListener()方法。

● KeyEvent 类

当用户按下或释放按键时产生该类事件，也称为键盘事件。对应的监听器为
KeyListener 接口，该接口定义了 3 个抽象方法：

```
public abstract void keyTyped(KeyEvent keyevent);
public abstract void keyPressed(KeyEvent keyevent);
public abstract void keyReleased(KeyEvent keyevent);
```

注册键盘监听器可以通过调用组件的 addKeyListener()方法来实现。

● MouseEvent 类

当用户按下鼠标、释放鼠标或移动鼠标时会产生鼠标事件。该事件对应两种监听器：
MouseListener 和 MouseMotionListener 接口。鼠标按钮相关事件由 Mouse Listener 监听器实
现，而鼠标移动相关事件 MouseMotionListener 监听器实现。MouseListener 接口定义的抽
象方法有 5 个，如下所示：

```
public abstract void mouseClicked(MouseEvent mouseevent);
public abstract void mousePressed(MouseEvent mouseevent);
public abstract void mouseReleased(MouseEvent mouseevent);
public abstract void mouseEntered(MouseEvent mouseevent);
public abstract void mouseExited(MouseEvent mouseevent);
```

MouseMotionListener 接口定义的抽象方法则有 2 个，如下所示：

```
public abstract void mouseDragged(MouseEvent mouseevent);
public abstract void mouseMoved(MouseEvent mouseevent);
```

注册鼠标事件监听器可以调用相应的 addMouseListener()和 addMouseMotionListener()
方法。

● TextEvent 类

当一个文本框或文本域的内容发生改变时就会产生相应的 TextEvent 事件。该事件对
应的监听器为 TextListener 接口，它仅定义了一个抽象方法：

```
public abstract void textValueChanged(TextEvent textevent);
```

注册文本事件监听器必须调用组件的 addTextListener()方法。

● FocusEvent 类

当一个组件得到或失去焦点时，就会产生焦点事件。在当前活动窗口中，有且只有一
个组件拥有焦点，当用户用 Tab 键操作或用鼠标单击其他组件时，一般焦点就会转移至其
他组件上，此时就会产生 FocusEvent 事件。该事件对应的监听器为 FocusListener 接口，它
有 2 个抽象方法，如下所示：

```
public abstract void focusGained(FocusEvent focusevent);
public abstract void focusLost(FocusEvent focusevent);
```

注册焦点事件监听器需要调用组件的 addFocusListener()方法。

● WindowEvent 类

当一个窗口被打开、关闭、激活、撤销激活、图标化或撤销图标化时都会产生窗口事件。WindowEvent 类对应的监听器为 WindowListener 接口，该接口定义了 7 个抽象方法：

```
public abstract void windowOpened(WindowEvent windowevent);
public abstract void windowClosing(WindowEvent windowevent);
public abstract void windowClosed(WindowEvent windowevent);
public abstract void windowIconified(WindowEvent windowevent);
public abstract void windowDeiconified(WindowEvent windowevent);
public abstract void windowActivated(WindowEvent windowevent);
public abstract void windowDeactivated(WindowEvent windowevent);
```

注册窗口事件监听器需要调用组件的 addWindowListener()方法。

● AdjustmentEvent 类

调节可调整的组件(如移动滚动条)时就会产生此类事件。其对应的监听器为 AdjustmentListener 接口，它只定义了 1 个抽象方法，如下：

```
public abstract void adjustmentValueChanged(AdjustmentEvent adjustmentevent);
```

注册调整事件监听器需要调用组件的 addAdjustmentListener()方法。

● ItemEvent 类

当列表框、下拉框以及复选框(包括复选菜单)等的选项被选中或取消选中时触发此类事件。其对应的监听器为 ItemListener 接口，该接口中只定义 1 个抽象方法，如下：

```
public abstract void itemStateChanged(ItemEvent itemevent);
```

注册选项事件监听器需要调用组件的 addItemListener()方法。

此外，还有其他几个事件：ComponentEvent、ContainerEvent、InputEvent 以及 PaintEvent 等，在这就不再赘述。读者如果想知道它们所对应的接口定义的抽象方法，可以参考其他资料或用 Java 反编译器直接将 java.awt.event 包中的字节码文件打开一看便知。

事件处理程序的编写步骤大致如下。

(1) 实现某一事件的监听器接口(定义事件处理类并实现监听器接口)。

(2) 在事件处理类中根据实际需要实现相应的抽象方法。

(3) 给组件注册相应的事件监听器以指明该事件的事件源有哪些。

如果说组件是构成程序的界面的话，那么事件处理则是构成程序的逻辑，换句话说，组件就是程序的视图(View)元素，而事件处理才是程序的真正控制者(Controller)。下面列举几个具体的实例程序来说明事件处理的作用。

【例 9-18】ActionEvent 行为事件处理。

```
import java.awt.*;
import java.awt.event.*;
public class ActionEvent1
```

```
{
    private static Frame frame;        //定义为静态变量以便 main 使用
    private static Panel myPanel;      //该面板用来放置按钮组件
    private Button button1;            //这里定义按钮组件
    private Button button2;            //以便 addActionListener
    private TextField textfield1;      //定义文本框组件
    private TextField textfield2;      //用来 addActionListener
    private Label    info;             //显示哪个按钮被单击或哪个文本框回车了
    public ActionEvent1()              //构造方法, 建立图形界面
    {
            //创建面板容器类组件
        myPanel = new Panel();
        //创建按钮组件
        button1 = new Button("按钮 1");
        button2 = new Button("按钮 2");
        textfield1 = new TextField();
        textfield2 = new TextField();
        //创建标签组件
        info   = new Label("目前没有任何行为事件发生");
        MyListener myListener = new MyListener();
         //建立一个 actionlistener 让两个按钮共享
        button1.addActionListener(myListener);
        button2.addActionListener(myListener);
        textfield1.addActionListener(myListener);
        textfield2.addActionListener(myListener);
        myPanel.add(button1); //添加组件到面板容器
        myPanel.add(button2);
        myPanel.add(textfield1);
        myPanel.add(textfield2);
        myPanel.add(info);
    }
    //定义行为事件处理内部类，它实现了 ActionListener 接口
    private class MyListener implements ActionListener
    {
     /*
        利用该内部类来监听所有行为事件源产生的事件
     */
        public void actionPerformed(ActionEvent e)
        {
            //利用 getSource()方法获得组件对象名
            //也可以利用 getActionCommand()方法来获得组件标识信息
            //如 e.getActionCommand().equals("按钮 1")
            Object obj = e.getSource();
            if (obj == button1)
                info.setText("按钮 1 被单击");
            else if (obj == button2)
                info.setText("按钮 2 被单击");
            else if (obj == textfield1)
```

```
                    info.setText("文本框 1 回车");
            else
                    info.setText("文本框 2 回车");
        }
    }
    public static void main(String s[])
    {
        ActionEvent1 ae = new ActionEvent1(); //新建 ActionEvent1 组件
        frame = new Frame("ActionEvent1");    //新建 Frame
        //处理窗口关闭事件的通常方法(属于匿名内部类)
        frame.addWindowListener(new WindowAdapter() {
        public void windowClosing(WindowEvent e)
        {System.exit(0);} });
        frame.add(myPanel);
        frame.pack();
        frame.setVisible(true);
    }
}
```

上述程序运行后，如果鼠标单击"按钮 1"，则标签信息显示"按钮 1 被单击"，单击"按钮 2"，则标签信息显示"按钮 2 被单击"，在"文本框 1"中敲下回车键，标签信息显示"文本框 1 回车"，在"文本框 2"中敲下回车键，标签信息显示"文本框 2 回车"。其中的一个界面如图 9-24 所示。

图 9-24 行为事件处理

下面分析以上代码是如何工作的。在 main()方法中定义了一个 Frame，然后将面板 myPanel 添加到框架窗体中，该面板包含两个按钮、两个文本框和一个标签。相应的成员变量 frame、myPanel、button1、button2、textfield1、textfield2 和 info 定义在类体的开头部分。在程序入口 main()方法中，首先实例化 ActionEvent1 类的对象 ae，通过构造方法构建面板界面：创建按钮、文本框和标签组件，并将其添加到面板容器中。此外，按钮和文本框组件还通过调用各自的 addActionListerner()方法注册行为事件监听器 myListener。当用户单击按钮或在文本框中输入回车键时，程序就会调用 actionPerformed()方法，通过 if 语句来判断是哪一个按钮被单击或是哪一个文本框中输入回车了，然后用标签显示相应的行为事件信息。

建议读者上机实践一下，并且试试将"textfield1.addActionListener(myListener);"语句注释掉，然后重新编译运行，这时就会发现"文本框 1"不再监听回车这一行为事件了，即用户即使在文本框 1 中输入回车键，程序中的 actionPerformed()方法也不会被调用执行，标签也不会显示"文本框 1 回车"信息。

上述程序中只用了一个监听器 myListener 来同时监听 4 个组件的行为事件，这种方式的特点是：当同时监听多个组件时，需要用一大串的 if 语句来进行判断处理。在 Java 中，也可以为每一个组件(或某一类组件)设置一个监听器。以【例 9-18】而言，也可以为按钮类和文本框类组件各设置一个监听器，即为 4 个组件各设置一个监听器，其实现代码如下：

```
private class Button1Handler implements ActionListener
{
    public void actionPerformed(ActionEvent e)
    {
        info.setText("按钮 1 被单击");
    }
}
private class Button2Handler implements ActionListener
{
    public void actionPerformed(ActionEvent e)
    {
        info.setText("按钮 2 被单击");
    }
}
private class TextField1Handler implements ActionListener
{
    public void actionPerformed(ActionEvent e)
    {
        info.setText("文本框 1 回车");
    }
}
private class TextField2Handler implements ActionListener
{
    public void actionPerformed(ActionEvent e)
    {
        info.setText("文本框 2 回车");
    }
}
button1.addActionListener(new Button1Handler());
button2.addActionListener(new Button2Handler());
textfield1.addActionListener(new TextField1Handler());
textfield2.addActionListener(new TextField2Handler());
```

　　相信读者应该可以根据上述程序编写出为按钮类和文本框类组件各设置一个监听器的实现代码。这种设置多个同类监听器的做法，使得单个监听处理器的代码减少了，但总的代码量并没有减少，读者可以自行决定采用哪一种方式。

　　Java 还允许用户采用匿名内部类的方式来实现各组件的事件监听。以【例 9-18】而言，也可以这样编写代码，为 4 个组件各设置一个监听器：

```
//定义并创建匿名内部类来监听各组件的行为事件
button1.addActionListener(
    new ActionListener()
    {
        public void actionPerformed(ActionEvent e)
        {
            info.setText("按钮 1 被单击");
        }
```

```
                    }
                );
                button2.addActionListener(
                    new ActionListener()
                    {
                        public void actionPerformed(ActionEvent e)
                        {
                            info.setText("按钮 2 被单击");
                        }
                    }
                );
                textfield1.addActionListener(
                    new ActionListener()
                    {
                        public void actionPerformed(ActionEvent e)
                        {
                            info.setText("文本框 1 回车");
                        }
                    }
                );
                textfield2.addActionListener(
                    new ActionListener()
                    {
                        public void actionPerformed(ActionEvent e)
                        {
                            info.setText("文本框 2 回车");
                        }
                    }
                );
```

从以上代码可以看出，当决定为每个组件都设置一个监听器时，或许采用上述匿名
内部类的方式会显得更简洁些。下面再来看一个关于菜单事件处理的示例程序，如【例
9-19】所示。

【例 9-19】菜单事件处理。

```
import java.awt.*;
import java.awt.event.*;
public class myMenu2 extends Frame {
    TextArea info = new    TextArea("",10,25,TextArea.SCROLLBARS_VERTICAL_ONLY);
    MenuBar mb = new MenuBar();
    Menu f = new Menu("文件");
    Menu s = new Menu("特殊功能");
    CheckboxMenuItem[] specials = {
        new CheckboxMenuItem("功能 1"),
        new CheckboxMenuItem("功能 2")
    };
    MenuItem[] file = {
        new MenuItem("新建"),
```

```
                new MenuItem("打开"),
                new MenuItem("保存"),
                new MenuItem("关闭")
        };
        //创建普通菜单项的行为事件监听器
        MyMenuListener myMenuListener = new MyMenuListener();
        //创建复选菜单项的选项事件监听器
        MyCheckBoxMenuListener myCheckBoxMenuListener = new MyCheckBoxMenuListener();
        public myMenu2() {
            for(int i = 0; i < specials.length; i++){
                s.add(specials[i]);
                //给复选菜单项添加监听器
                specials[i].addItemListener(myCheckBoxMenuListener);
            }
            for(int i = 0; i < file.length; i++){
                f.add(file[i]);
                //给普通菜单项添加监听器
                file[i].addActionListener(myMenuListener);
                //每 3 个菜单项划条间隔线
                if((i+1) % 3 == 0)
                    f.addSeparator();
            }
            f.add(s);
            mb.add(f);
            setMenuBar(mb);
            add(info);
        }
        //定义行为事件处理类
        private class MyMenuListener implements ActionListener
        {
        /*
            利用该内部类来监听所有菜单行为事件
        */
            public void actionPerformed(ActionEvent e)
            {
                String str = e.getActionCommand();
                if (str.equals("新建"))
                    info.append("行为事件:单击[新建]菜单          ");
                else if (str.equals("打开"))
                    info.append("行为事件:单击[打开]菜单          ");
                else if (str.equals("保存"))
                    info.append("行为事件:单击[保存]菜单          ");
                else if (str.equals("关闭"))
                    System.exit(0);
            }
        }
        //定义选项事件处理类
        private class MyCheckBoxMenuListener implements ItemListener
```

```
    {
     /*
        利用该内部类来监听复选菜单
     */
        public void itemStateChanged(ItemEvent itemevent)
        {
                    Object obj = itemevent.getItem();
              if (obj.equals("功能 1"))
                if  (itemevent.getStateChange()==ItemEvent.SELECTED)
                info.append("行为事件:选中[功能 1]        ");
                else
                    info.append("行为事件:取消[功能 1]      ");
              else if (obj.equals("功能 2"))
                 if (itemevent.getStateChange()==ItemEvent.SELECTED)
                 info.append("行为事件:选中[功能 2]      ");
                 else
                    info.append("行为事件:取消[功能 2]      ");
        }
    }
      public static void main(String[] args) {
          myMenu2 f = new myMenu2();
          f.pack();
          f.show();
          }
      }
```

上述程序中定义了行为事件处理类 MyMenuListener，它可以对用户的菜单操作做出相应地处理，但是由于复选菜单不会引发行为事件，它只触发选项事件。因此，程序中又定义了一个实现 ItemListener 接口的 MyCheckBoxMenuListener 选项事件处理类，用于处理用户对复选菜单项"功能 1"和"功能 2"的操作。程序运行界面如图 9-25 所示。

图 9-25 菜单事件处理

【例 9-20】鼠标事件处理。

```
import java.awt.*;
import java.awt.event.*;
public class MouseEvent1 extends Frame {
  Panel keyPanel = new Panel();
  Label info = new   Label("");
  public MouseEvent1() {
      keyPanel.add(info);
      add(keyPanel);
      //添加匿名鼠标监听器
      keyPanel.addMouseListener(new ML());
}
//定义鼠标监听器
  class ML implements MouseListener {
```

```
    public void mouseClicked(MouseEvent e) {
        info.setText("MOUSE Clicked");
    }
    public void mousePressed(MouseEvent e) {
        info.setText("MOUSE Pressed");
    }
    public void mouseReleased(MouseEvent e) {
        showMouse(e);
    }
    public void mouseEntered(MouseEvent e) {
        info.setText("MOUSE Entered");
    }
    public void mouseExited(MouseEvent e) {
        info.setText("MOUSE Exited");
    }
    void showMouse(MouseEvent e) {
        info.setText(" x = " + e.getX() +", y = " + e.getY());
    }
    }
    public static void main(String[] args) {
        MouseEvent1 f = new MouseEvent1();
        //处理窗口关闭事件的常用方法(匿名适配器类)
        f.addWindowListener(new WindowAdapter() {
            public void windowClosing(WindowEvent e)
            {System.exit(0);} });
        f.pack();
        f.show();
    }
}
```

程序运行界面如图 9-26 所示。

【例 9-21】键盘事件处理。

图 9-26　鼠标事件处理

```
import java.awt.*;
import java.awt.event.*;
import java.applet.*;
public class KeyEvent1 extends Applet implements KeyListener {
 TextArea info= new TextArea("",7,20,TextArea.SCROLLBARS_VERTICAL_ONLY);
 TextField tf = new TextField(30);
 public void init() {
     add(tf);
     add(info);
     //给 TextField 组件 tf 添加按键监听器
     tf.addKeyListener(this);
 }
 public void keyPressed(KeyEvent e) {

 }
```

```
    public void keyReleased(KeyEvent e) {
      info.append("键盘事件:"+e.getKeyChar()+"-Key-Released     ");
    }
    public void keyTyped(KeyEvent e) {
      info.append("键盘事件:"+e.getKeyChar()+"-Key-Typed     ");
    }
  }
```

　　上述程序没有再单独定义事件处理类，而是选择在定义 Applet 子类 KeyEvent1 时将 KeyListener 接口直接予以实现，Java 支持这种方式，不过读者要注意这种新的事件处理方式存在一个缺点：即事件处理不再是单独的类后，其他类就不能共享它了。根据本书前面的知识可知，Java 只允许 KeyEvent1 继承一个父类，但它却可以实现多个接口，因此除了 KeyListener 接口，类 KeyEvent1 还可以同时实现其他接口：如 MouseMotionListener、MouseListener、FocusListener 或 ComponentListener 等，以便同时实现对鼠标、焦点等事件的响应处理。上述程序的运行界面如图 9-27 所示。

图 9-27　键盘事件处理

　　在 Java 中实现一个接口时必须对该接口中的所有抽象方法都进行具体的实现，哪怕有些抽象方法事件用户根本用不上，也要将其实现，如【例 9-21】中的 keyPressed()方法。为此，Java 提供了一种叫做 Adapter(适配器)的抽象类来简化事件处理程序的编写。

　　Java 为具有多个抽象方法的监听接口提供相对应的适配器类，如 WindowListener、WindowStateListener 和 WindowFocusListener 一起对应一个适配器类 WindowAdapter；KeyListener 对应 KeyAdapter；MouseListener 对应 MouseAdapter 等，也可以到 java.awt.event 包中查看其他的适配器。当然，对于 ActionListener 接口，由于它只有一个抽象方法，因此提不提供适配器类，意义也就不大了。适配器类很简单，它是一个实现了接口中所有抽象方法的"空"类，本身不提供实际功能，如 WindowAdapter 类是这样定义的：

```
    package java.awt.event;
    public abstract class WindowAdapter
        implements WindowListener, WindowStateListener, WindowFocusListener
    {
      public WindowAdapter()
      {
      }
      public void windowOpened(WindowEvent windowevent)
      {
      }
      public void windowClosing(WindowEvent windowevent)
      {
      }
      public void windowClosed(WindowEvent windowevent)
```

```
          {
          }
public void windowIconified(WindowEvent windowevent)
          {
          }
public void windowDeiconified(WindowEvent windowevent)
          {
          }
public void windowActivated(WindowEvent windowevent)
          {
          }
public void windowDeactivated(WindowEvent windowevent)
          {
          }
public void windowStateChanged(WindowEvent windowevent)
          {
          }
public void windowGainedFocus(WindowEvent windowevent)
          {
          }
public void windowLostFocus(WindowEvent windowevent)
          {
          }
}
```

有了适配器类，用户在编写一些简单的事件处理程序时就方便多了。如【例 9-20】的程序中就已经用到过这样的代码：

```
//处理窗口关闭事件的常用方法(匿名适配器类)
f.addWindowListener(new WindowAdapter() {
public void windowClosing(WindowEvent e)
{System.exit(0);} });
```

上述代码很简洁，主要是采用了适配器类来实现简单的事件处理，由于只需要用到windowClosing()方法，因此只给出它的覆盖实现即可。

随着 Java 的发展，又出现了新的图形界面工具集，如 Sun 公司发布的 Swing 和 Eclipse自带的 SWT/JFace 等。9.3 节简单介绍 Swing 的相关知识。

9.3　Swing 组件集简介

当 Java 程序创建并显示 AWT 组件时，真正创建和显示的是本地组件(称之为 Peer，即对等组件)。对等组件是完成 AWT 对象所委托的任务的本地用户界面组件，由它负责完成所有的具体工作，包括绘制自己、对事件做出响应等，所以 AWT 组件只要在适当的时间与其对等组件进行交互即可。通常把 AWT 提供的这种与本地对等组件相关联的组件称为重量级组件，它们的外观和显示直接依赖于本地系统，因此，在移植这类程序时常会出现界面不一致的情况。为此，Sun 公司在 AWT 的基础上又开发了一个经过仔细设计、灵活而强大的新的 GUI 组件集——Swing。

Swing 是在 AWT 组件基础上构建的，因此，在某种程度上可以认为 Swing 组件实际上也是 AWT 的一部分。与 AWT 一样，Swing 支持 GUI 组件的自动销毁，Swing 还可以支持 AWT 的自底向上和自顶向下的构建方法，Swing 使用了 AWT 的事件模型和支持类，如 Colors、Images 和 Graphics 等。但是，Swing 同时又提供了大量新的、比 AWT 更好的图形界面组件(这些组件通常以 J 字母打头)，如 JButton、JTree、JSlider、JSplitPane、JTabbedPane、JTable 和 JTableHeader 等。它们是用纯 Java 编写的模拟组件，所以同 Java 本身一样可以跨平台运行。这一点使得 Swing 不同于 AWT。这种不依赖于特定平台的模拟组件称为轻量级组件。Swing 是 Java 基础类库(Java Foundation Classes，简写为 JFC)的一部分，它们支持可更换的观感(Look&Feel)和主题(各种操作系统默认的特有主题)，然而，并不是真的使用特定平台提供的代码，而仅仅是在表面上模仿它们。这就意味着用户可以在任意平台上使用 Swing 支持的任意观感。Swing 轻量级组件集带来的好处是可以在所有平台上获得统一的效果，而其缺点则是执行速度相比本地 GUI 程序来说要慢一些，因为 Swing 无法充分利用本地硬件的 GUI 加速器以及本地主机 GUI 操作等优点，不过 Sun 公司已经花费了大量的人力来改进新版本的 Swing 的性能，相信这个缺点会被逐渐克服掉的。

如果将 AWT 称为 Sun 公司的第一代图形界面组件集的话，那么 Swing 组件集可以称为第二代。Swing 组件集实现了模型与视图和组件相分离：对于这个模型中的所有组件(如文本、按钮、列表、表格、树)来说，模型都是与组件分离的，这样，可以根据应用程序的实际需求来使用模型，并在多个视图之间进行共享。为了方便起见，每个组件类型都提供了默认的模型。此外，每个组件的外观(外表以及如何处理输入事件等)都是由一个单独的、可动态替换的实现来进行控制的。这样，就可以改变基于 Swing 的 GUI 的部分或全部外观。

与 AWT 不同的是，Swing 组件不是线程安全的，这就意味着用户需要关心在应用程序中到底是哪个线程在负责更新 GUI。如果在运行线程过程中出现了错误，就可能发生不可预料的结果，如用户图形界面故障等。

Swing 组件集提供了比 AWT 更多、功能更强的组件，增加了新的布局管理方式(如 BoxLayout)，同时还设计出了更多的处理事件。如果读者已经掌握了 AWT 的编程技能，那么再来学习 Swing 就应该不会有什么困难了！因此，下面仅列举几个典型的 Swing 编程实例，以引导读者入门学习 Swing 编程。

【例 9-22】Swing 编程示例一。

```
import java.awt.*;
import java.awt.event.*;
import javax.swing.*;
class ButtonPanel extends JPanel implements ActionListener
{   public ButtonPanel()
    {   setBackground(Color.white);
        yellowButton = new JButton("红色");
```

```
            blueButton = new JButton("绿色");
            redButton = new JButton("蓝色");
            add(yellowButton);
            add(blueButton);
            add(redButton);
            yellowButton.addActionListener(this);
            blueButton.addActionListener(this);
            redButton.addActionListener(this);
        }
        public void actionPerformed(ActionEvent evt)
        {   Object source = evt.getSource();
            Color color = getBackground();
            if (source == yellowButton) color = Color.red;
            else if (source == blueButton) color = Color.green;
            else if (source == redButton) color = Color.blue;
            setBackground(color);
            repaint();
        }
        private JButton yellowButton;
        private JButton blueButton;
        private JButton redButton;
    }
    class ButtonFrame extends JFrame
    {   public ButtonFrame()
        {   setTitle("按钮测试");
            setSize(300, 200);
            addWindowListener(new WindowAdapter()
                {   public void windowClosing(WindowEvent e)
                    {   System.exit(0);
                    }
                } );
            Container contentPane = getContentPane();
            contentPane.add(new ButtonPanel());
        }
    }
    public class JButtonTest
    {   public static void main(String[] args)
        {   JFrame frame = new ButtonFrame();
            frame.show();
        }
    }
```

　　Swing 的编程结构与 AWT 是基本相同的，所不同的可能就是将原来的 AWT 组件替换为 J 打头的 Swing 组件。另外，一些 Swing 组件的功能用法可能也会有些许不同。例如，JFrame 组件不支持直接添加子组件或直接设置布局管理方式，而是将这些操作赋予调用 getContentPane()方法获取的 JFrame 容器对象，如【例 9-22】所示。

　　上述程序实现的功能是：通过鼠标单击界面上的 3 个不同的按钮，将界面颜色分别设置为红色、绿色和蓝色。其运行界面如图 9-28 所示。

【例 9-23】Swing 编程示例二。

```java
import java.awt.event.*;
import javax.swing.*;
public final class OtherButtons {
    JFrame f = new JFrame("其他按钮组件测试");
    JLabel info = new JLabel("信息标签");
    JToggleButton toggle = new JToggleButton("开关按钮");
    JCheckBox checkBox = new JCheckBox("复选按钮");
    JRadioButton radio1 = new JRadioButton("单选按钮 1");
    JRadioButton radio2 = new JRadioButton("单选按钮 2");
    JRadioButton radio3 = new JRadioButton("单选按钮 3");
    public OtherButtons() {
        f.setDefaultCloseOperation(JFrame.EXIT_ON_CLOSE);
        //设置网格布局方式
        f.getContentPane().setLayout(new java.awt.GridLayout(6,1));
        //为开关按钮添加行为监听器
        toggle.addActionListener(new ActionListener() {
            public void actionPerformed(ActionEvent e) {
                JToggleButton toggle = (JToggleButton) e.getSource();
                if (toggle.isSelected()) {
                    info.setText("打开开关按钮");
                } else {
                    info.setText("关闭开关按钮");
                }
            }
        });
        //为复选按钮添加选项监听器
        checkBox.addItemListener(new ItemListener() {
            public void itemStateChanged(ItemEvent e) {
                JCheckBox jcb = (JCheckBox) e.getSource();
                info.setText("复选按钮状态值:" + jcb.isSelected());
            }
        });
        //用一个按钮组对象包容一组单选按钮
        ButtonGroup group = new ButtonGroup();
        //生成一个新的动作监听器对象，备用
        ActionListener radioListener = new ActionListener() {
            public void actionPerformed(ActionEvent e) {
                JRadioButton radio = (JRadioButton) e.getSource();
                if (radio == radio1) {
                    info.setText("选择单选按钮 1");
                } else if (radio == radio2) {
                    info.setText("选择单选按钮 2");
                } else {
                    info.setText("选择单选按钮 3");
                }
```

```
                    }
                };
                //为各单选按钮添加行为监听器
                radio1.addActionListener(radioListener);
                radio2.addActionListener(radioListener);
                radio3.addActionListener(radioListener);
                //将单选按钮添加到按钮组中
                group.add(radio1);
                group.add(radio2);
                group.add(radio3);
                f.getContentPane().add(info);
                f.getContentPane().add(toggle);
                f.getContentPane().add(checkBox);
                f.getContentPane().add(radio1);
                f.getContentPane().add(radio2);
                f.getContentPane().add(radio3);
                f.setSize(160, 200);
        }
        public void show() {
                f.show();
        }
         public static void main(String[] args) {
                OtherButtons ob = new OtherButtons();
                ob.show();
        }
    }
```

程序运行界面如图 9-29 所示。

图 9-28　测试 Swing 的普通按钮组件　　　图 9-29　测试其他 Swing 按钮组件

上述程序对开关按钮、复选按钮和单选按钮等 Swing 组件进行了测试。其中，程序里只用了一条语句：

```
        f.setDefaultCloseOperation(JFrame.EXIT_ON_CLOSE);
```

就实现了关闭窗口即退出程序的功能，替代了 AWT 中监听接口的实现或相应适配器类的创建，这主要得益于 Swing 对 AWT 组件集的进一步扩充和封装。

【例 9-24】Swing 编程示例三。

```
        import java.awt.*;
        import java.awt.event.*;
```

```java
import javax.swing.*;
class MyPanel extends JPanel implements ActionListener
{   public MyPanel()
    {   JButton createButton = new JButton("创建新的框架窗口");
        add(createButton);
        //给 createButton 组件增添行为事件监听器
        createButton.addActionListener(this);
        closeAllButton = new JButton("关闭所有框架窗口");
        add(closeAllButton);
    }
    public void actionPerformed(ActionEvent evt)
    {
        SubFrame f = new SubFrame();
        number++;
        f.setTitle("新框架窗口-" + number);
        f.setSize(100, 100);
        f.setLocation(600-100 * number, 600-100 * number);
        f.show();
        //每个新创建的 f 框架对象行为事件都由 closeAllButton 组件负责监听
        closeAllButton.addActionListener(f);
    }
    private int number = 0;
    private JButton closeAllButton;
}
class MainFrame extends JFrame
{   public MainFrame()
    {   setTitle("JFrame 测试");
        setSize(300, 100);
        addWindowListener(new WindowAdapter()
            {   public void windowClosing(WindowEvent e)
                {   System.exit(0);
                }
            } );
        Container contentPane = getContentPane();
        contentPane.add(new MyPanel());
    }
}
public class JFrameTest
{   public static void main(String[] args)
    {   JFrame f = new MainFrame();
        f.show();
    }
}
class SubFrame extends JFrame implements ActionListener
{   public void actionPerformed(ActionEvent evt)
    {   //释放框架对象
        dispose();
    }
}
```

上述程序的运行界面如图 9-30 和图 9-31 所示。

图 9-30　主框架窗口

图 9-31　子框架窗口

当用户单击"创建新的框架窗口"按钮时，程序就新创建一个子框架窗口，再单击，再创建一个新的子框架窗口，可以一直创建许多的子框架窗口，当用户单击"关闭所有框架窗口"按钮时，则通过行为事件中的 dispose()方法调用将全部的子框架窗口一一关闭并释放。

9.4　小　　结

本章简单介绍了图形用户界面技术的概念和历史，以 Java AWT 组件集为重点，详细介绍了各类 AWT 组件，并对 AWT 的事件处理机制作了分析，最后简要介绍了 Sun 公司的新组件集 Swing。

9.5　思 考 练 习

1. 图形用户界面的设计原则有哪些？

2. AWT 组件集提供的组件大致可以分为哪几类？各起什么作用？

3. AWT 提供的布局方式有哪几种？请分别简述。

4. 简述如何创建 AWT 的菜单系统。

5. 简述 AWT 提供的基于事件监听模型的事件处理机制。

6. 列出几个熟悉的 AWT 事件类，并举例说明什么时候会触发这些事件。

7. AWT 规定的 MouseEvent 类对应哪些监听器接口？这些接口中都定义了哪些抽象方法？

8. 简述 AWT 为何要给事件提供相应的适配器(即 Adapter 类)。

9. 简述 AWT 与 Swing 组件集之间的区别。

10. 创建一个有一个文本框和 3 个按钮的框架窗口程序，同时要求按下不同按钮时，文本框中能显示不同的文字。

11. 创建一个带有多级菜单系统的框架窗口程序，要求每单击一个菜单项，就弹出一个相对应的信息提示框。

12. 创建 Applet 程序，实现如图 9-32 所示的界面及其功能。

13. 创建 Applet 程序，实现如图 9-33 所示的界面布局。

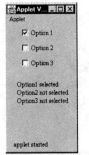

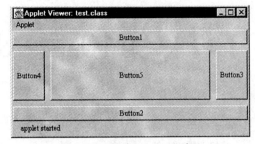

图 9-32 创建 Applet 程序 1　　　　　　　图 9-33 创建 Applet 程序 2

14. 请分别用 AWT 及 Swing 组件来设计实现计算器程序，要求能完成简单的四则运算。

第10章 Java I/O

本章学习目标：

- 理解流的概念
- 掌握 InputStream 和 OutputStream 及其派生字节流类
- 掌握 Reader 和 Writer 及其派生字符流类
- 掌握 File 类和 RandomAccessFile 类的应用
- 了解 java.io 包的包装技术和设计思想

10.1 引 言

计算机程序的最一般模型可归纳为：输入、计算和输出。输入和输出是人机交互的重要手段，一个设计合理的程序应该首先允许用户根据具体的情况输入不同的数据，然后经过程序算法的计算处理，最后以用户可接受的方式输出结果。在本书的第一个 Java 程序中：System.out.println("Hello,welcome to Java programming.");语句被称为标准输出语句，它实现将信息输出至标准输出设备(即 DOS 屏幕)。在书中的很多 Application 示例程序中，它都担负了将程序计算结果进行输出显示的任务。有了它，用户才知道程序的具体结果。在第 3 章的例子(如【例 3-3】)中使用的 InputStreamReader、BufferedReader 和 System.in 等涉及到的就是输入，正是通过这些输入类和标准输入流对象 in，程序才实现了与用户的交互式输入，交互式输入使得程序的计算数据可以由用户灵活控制。

10.2 流 的 概 念

Java 用流的概念来描述输入输出。Java 提供的输入输出功能是十分强大而灵活的，美中不足的是代码可能并不很简洁(如第 3 章中的【例 3-3】)，需要创建许多不同的流对象。在 Java 类库中，I/O(输入和输出)部分的内容有很多，这点只要看看 JDK 的 java.io 包就知道了，它涉及的主要关键类有：InputStream、OutputStream、Reader、Writer 和 File 等。当熟悉了 Java 的输入输出流以后，读者会发现 Java 的 I/O 流使用起来还是挺方便的，因为 Java 已经对各种 I/O 流的操作做了相当程度的简化处理。

流(Stream)是对数据传送的一种抽象，当预处理数据从外界"流入"程序中时，就称之为输入流，相反地，当程序中的结果数据"流到"外界(如显示屏幕、文件等)时，就称之为输出流，输入或输出是从程序的角度来讲的。InputStream 和 OutputStream 类是用来处理字节(8 位)流的，Reader 和 Writer 类是用来处理字符(16 位)流的，而 File 类则是用来处理文件的。细心的读者可能会问：前面章节中用过的 System.out.println()和 System.in.read()又算哪一种呢？事实上，它们是 Java 提供的标准输入输出流。其中，System 为 Java 自动导入包 java.lang 中的一个类，它含有 3 个内建好的静态流对象：err、in 和 out，分别用于标准错误输出、标准输入和标准输出。在程序中可以直接使用这 3 个流对象，如调用它们的 println()或 read()方法来实现标准输入输出功能。默认情况下，标准输入 in 用于读取键盘输入，而标准输出 out 和标准错误输出 err 用于把数据输出至启动程序运行的终端屏幕上。需要说明的是，in 属于 InputStream 对象，而 err 和 out 则属于 PrintStream(由 OutputStream 间接派生)对象，因此，在这个层面上可以认为标准输入输出是属于字节流的范畴，它们的数据处理是以字节为单位的。但是，Java 提供的 Decorator(包装)技术又允许用户将标准输入输出流转换为以双字节为处理单位的字符流。所以，字节流和字符流只是相对的概念，它们之间也可以相互转换。另外，利用 System 类提供的以下静态方法，可以把标准输入输出的数据流重定向到一个文件或者另一个数据流中。

```
public static void setIn(InputStream in)
public static void setOut(PrintStream out)
public static void setErr(PrintStream err)
```

标准错误输出只用来输出错误信息，它即使被重定向到其他地方，也仍然会在控制台进行输出显示，而标准输入和标准输出则用于交互式的 I/O 处理，下面将对标准输入输出作具体介绍。

10.2.1　标准输入

System.out 是标准输出流对象，可以通过调用它的 println()、print()或 write()方法来实现对各种数据的输出显示。

```
boolean checkError()      //错误检查
void close()              //关闭输出流
void flush()              //刷新输出流
void print(boolean b)     //输出布尔型数据
void print(char c)        //输出字符型数据
void print(char[] s)      //输出字符数组
void print(double d)      //输出双精度浮点数
void print(float f)       //输出单精度浮点数
void print(int i)         //输出 int 整型数据
void print(long l)        //输出 long 整型数据
void print(Object obj)    //输出对象类型数据
void print(String s)      //输出字符串类型数据
void println()            //换行
void println(boolean x)   //以下同上
void println(char x)
void println(char[] x)
```

```
        void println(double x)
        void println(float x)
        void println(int x)
        void println(long x)
        void println(Object x)
        void println(String x)
        protected   void setError()     //设置错误
        void write(byte[] buf, int off, int len)   //输出字节数组 buf 中从下标 off 开始的 len 个数据
```

上述方法中，println()和 print()是类似的，只不过前者在输出完数据之后会自动进行换行操作。write()方法在前面章节中的程序中并没有用到过，它主要用来输出字节数组数据，下面请看一个简单的例子。

【例 10-1】标准输出方法举例。

```java
public class   Test   {
    public static void main(String args[])
    {
        boolean boo=true;
        char c = 'a';
        char[] cs = {'C','h','i','n','a'};
        double d = 1.2;
        float f = 1.1f;
        int i = 10;
        long l = 20;
        Object obj="2008";
        String str="Beijing";
        byte b[] = {'O','l','y','m','p','i','c'};
        System.out.println(boo);
        System.out.println(c);
        System.out.println(cs);
        System.out.println(d);
        System.out.println(f);
        System.out.println(i);
        System.out.println(l);
        System.out.println(obj);
        System.out.println(str);
        System.out.write(b,0,7);
    }
}
```

上述程序的输出结果如下：

```
true
a
China
1.2
1.1
10
```

20
2008
Beijing
Olympic

10.2.2　标准输出

System.in 是标准输入流对象，可以通过调用它的 read()方法来从键盘读入数据。由于输入比输出容易出错，而且可能用户不小心的一个输入错误就会导致整个程序计算结果出错甚至引发程序的中断退出，因此，Java 对输入操作强制设置了异常保护。用户在编写的程序中必须抛出异常或捕获异常，否则程序将不能编译通过。以下为输入流对象 out 可以调用的 read()方法：

```
int read()              //读入一个字节数据，其值(0~255)被以 int 整型格式返回
int read(byte[] b)      //读入一个字节数组的数据
int read(byte[] b, int off, int len)  //读入一个字节数组中从 off 开始的 len 个字节数据
```

int read(byte[] b)方法是 int read(byte[] b, int off, int len)方法的特例，即此时 off 值为 0，而 len 值为 b.length。下面举例说明。

【例 10-2】标准输入方法举例。

```
import java.io.*;        // IOException 位于 java.io 包，因此需要将其导入
public class   Test   {
   public static void main(String args[]) throws IOException   //抛出异常
   {
       byte c1;
       byte c2[]=new byte[3];
       byte c3[]=new byte[6];
       System.out.print("请输入: ");
       c1=(byte)System.in.read();
    System.in.read(c2);
    System.in.read(c3,0,6);
    //输出刚才读入的字节数据
    System.out.println((char)c1);   //若去掉强制类型转换，则输出为'a'的 ASCII 码值: 97
    System.out.write(c2,0,3);
    System.out.println();
    System.out.write(c3,0,6);
    System.out.println();
    System.out.print("输入流中还有多余"+System.in.available()+"个字节");
   }
}
```

上述程序输入输出结果如下所示：

请输入: aabcabcdefg(回车换行)

a
abc

abcdef
输入流中还有多余 3 个字节

　　程序一开始输入了 aabcabcdefg，其中"c1=(byte)System.in.read();"语句将第一个 a(即 97，因为 a 字符的 ASCII 码值为 97)赋值给字节类型变量 c1，"System.in.read(c2);"语句自动读入 3 个字符(即 abc)数据到 c2 数组，而"System.in.read(c3,0,6);"又读入接着的 6 个字节数据(即 abcdef)，最后还剩字符'g'(事实上，还应该包括回车和换行这两个控制字符，这点可以从后面的 System.in.available()返回值为 3 得到验证)。然后，通过调用标准输出方法对获取的字节数据进行输出显示。

　　提示：

　　通常所说的字符都是指 ASCII 码字符，它属于单字节编码的数据，这点从上述程序的系统输入可以看出，但由于 Java 采用的字符存储类型是 Unicode 编码的，因此它需要的存储空间为两个字节，这点很容易使读者产生疑惑：到底一般字符是单字节，还是双字节？这要视具体情况而定。对于多数程序设计语言(如 C 和 Pascal)来说，所处理的一般字符都是单字节的，而对于 Java 来说，当用户输入一般字符(此时为单字节)给 Java 程序后，如果程序中用来存放该字符的数据类型为 char，则原本的单字节会自动在高位补 0 扩充为双字节进行存储，也可以只定义单字节的 byte 类型来存放该字符。

　　Java 采用双字节存储字符，是为了将字符与汉字统一起来，方便处理。10.4 节介绍的 (Unicode)字符流，即指双字节流。上述标准输入提供的 read()方法显然不够方便，因为它是以单个字节或字节数组的方式来获取输入的，而通常需要用户输入的数据却是其他类型的，如字符串、int、double 等。怎么办呢？Java 采用了一种称为 Decorator(包装)的设计模式来对标准输入进行了功能扩充，具体什么是 Decorator 设计模式，这里不做介绍，大家只要知道它是用来给原对象扩充功能(即再次加工)用的就可以了。例如，第 3 章的【例 3-4】引入的交互式输入中有这样的代码：

```
//以下代码为通过控制台交互输入行李重量
InputStreamReader reader=new InputStreamReader(System.in);
BufferedReader input=new BufferedReader(reader);
System.out.println("请输入旅客的行李重量:");
String temp=input.readLine();
w = Float.parseFloat(temp);    //字符串转换为单精度浮点型
```

　　原本 System.in 标准输入流对象只能提供以字节为单位的数据输入，通过引入 InputStreamReader 和 BufferedReader 类的对象对其进行两次包装(第一次将 System.in 对象包装为 reader 对象的内嵌成员，第二次又将 reader 对象包装为 input 对象的成员)，这样，就可以使用 BufferedReader 类提供的 readLine()方法，实现以行为单位(即对应字节数据流中以回车换行符为间隔)的字符串输入功能。当获取到字符串数据以后，还可以根据具体的数据类型进行相应地转换，如以上【例 3-4】的代码中就将字符串转换为单精度浮点型数据，另外，也可以用 Double 类提供的 parseDouble()方法或 Integer 类提供的 parseInt()方法进行相应的转换。请看下面的示例程序。

【例 10-3】扩充的标准输入方法。

```java
import java.io.*;
public class   Test   {
        public static void main(String args[]) throws IOException
        {
        String temp;
        float f;
        double d;
        int i;
        //将 System.in 对象包装入 InputStreamReader 对象中
        InputStreamReader reader=new InputStreamReader(System.in);
        //将 reader 对象包装入 BufferedReader 对象中
        BufferedReader input=new BufferedReader(reader);
        System.out.println("请输入字符串数据:");
        temp=input.readLine();
        System.out.println("刚输入的字符串为:"+temp);
        System.out.println("请输入单精度浮点数:");
        temp=input.readLine();
        //字符串转换为单精度浮点型
        f = Float.parseFloat(temp);
        System.out.println("刚输入的单精度浮点数为:"+f);
        System.out.println("请输入双精度浮点数:");
        temp=input.readLine();
        //字符串转换为双精度浮点型
        d = Double.parseDouble(temp);
        System.out.println("刚输入的单精度浮点数为:"+d);
        System.out.println("请输入 int 整型数:");
        temp=input.readLine();
        //字符串转换为 int 型
        i = Integer.parseInt(temp);
        System.out.println("刚输入的 int 整型数为:"+i);
    }
    }
```

程序运行结果如下:

```
请输入字符串数据:
i love China
刚输入的字符串为:i love China
请输入单精度浮点数:
1.1
刚输入的单精度浮点数为:1.1
请输入双精度浮点数:
2.2
刚输入的单精度浮点数为:2.2
请输入 int 整型数:
5
刚输入的 int 整型数为:5
```

　　由上可见，通过 Java 的包装及类型转换技术，可以灵活地进行各种类型数据的交互式输入。为了避免在不同地方需要进行交互式输入时每次都要重新编写包装语句，建议读者可以这样来做：将上述常用交互式输入单独定义为一个用户输入类 MyInput，并将其放置到用户自定义类包 myPackage 中，以后的各个程序或者程序的不同地方就可以通过该类很方便地进行交互式输入了。请看下面的例子。

　　【例 10-4】用户输入类 MyInput。

```java
package myPackage;
import java.io.*;
public class   MyInput   {
   public static String inputStr() throws IOException
    {
        //将 System.in 对象包装入 InputStreamReader 对象中
        InputStreamReader reader=new InputStreamReader(System.in);
        //将 reader 对象包装入 BufferedReader 对象中
        BufferedReader input=new BufferedReader(reader);
        String temp=input.readLine();
        return temp;
    }
   public static String strData() throws IOException
    {
        //将 System.in 对象包装入 InputStreamReader 对象中
        InputStreamReader reader=new InputStreamReader(System.in);
        //将 reader 对象包装入 BufferedReader 对象中
        BufferedReader input=new BufferedReader(reader);
        System.out.println("请输入字符串数据:");
        String temp=input.readLine();
        return temp;
    }
   public static float floatData() throws IOException
    {
      System.out.println("请输入单精度浮点数:");
      String temp=inputStr();
      float f = Float.parseFloat(temp);
        return f;
    }
   public static double doubleData() throws IOException
    {
      System.out.println("请输入双精度浮点数:");
      String temp=inputStr();
      double d = Double.parseDouble(temp);
        return d;
    }

   public static int intData() throws IOException
    {
      System.out.println("请输入 int 整型数:");
```

```
        String temp=inputStr();
        int i = Integer.parseInt(temp);
            return i;
    }
}
```

【例 10-5】测试用户输入类 MyInput。

```
import myPackage.MyInput;
import java.io.*;
public class   Test   {
  public static void main(String args[]) throws IOException
  {
        String str=MyInput.strData();
     System.out.println("刚输入的字符串为:"+str);
     float f=MyInput.floatData();
     System.out.println("刚输入的单精度浮点数为:"+f);
     double d=MyInput.doubleData();
     System.out.println("刚输入的双精度浮点数为:"+d);
     int i=MyInput.intData();
     System.out.println("刚输入的 int 整型数为:"+i);
   }
}
```

上述测试程序的某次运行过程如下:

```
F:\me>java Test
请输入字符串数据:
hello
刚输入的字符串为:hello
请输入单精度浮点数:
1
刚输入的单精度浮点数为:1.0
请输入双精度浮点数:
2.2
刚输入的双精度浮点数为:2.2
请输入 int 整型数:
10
刚输入的 int 整型数为:10
```

通过上面自定义的用户输入类 MyInput，读者可以更方便、更简洁地编写交互式输入程序。希望读者能将这种自定义用户类的策略应用到以后的编程实践中。事实上，自定义类与自定义方法在本质上是一样的，都是为了提高程序的复用度，进而达到提高编程效率的目的。只不过由于类的"粒度"比方法要大，同时类中封装的成员变量和成员方法通常都是紧密相关的，具有良好的"结构相关性"，因此，类比方法更能体现程序复用的思想。正是由于引入了类的概念，才使得程序设计从原先的面向(方法)过程上升为面向(类)对象的高度，从而大大促进了软件行业生产率的提高。

10.3 字 节 流

以字节为处理单位的流称为字节流，字节流相应地分为字节输入流和字节输出流两种。本节将对它们做一个简要的介绍。

10.3.1 InputStream

所有字节输入流的基类是 InputStream，它是一个从 Object 类直接继承而来的抽象类，类中声明了多个用于字节输入的方法，为其他字节输入流派生类奠定了基础，它与其他派生类的继承关系如图 10-1 所示。

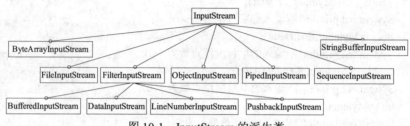

图 10-1　InputStream 的派生类

InputStream 类可以处理各种类型的输入流，它提供的多数方法在遇到错误后都会抛出 IOException 异常，InputStream 类提供的方法如下：

```
int available()              //输入流中剩余(即尚未读取)数据的字节数
void close()                 //关闭输入流，同时释放相关资源
void mark(int readlimit)     //在输入流中的当前位置做下标记，并且直到从这个位置开始的
readlimit 个字节被读取后它才失效
boolean markSupported()      //当前输入流是否支持标记功能
abstract   int read()        //从输入流中读入一个字节的数据
int read(byte[] b)           //从输入流中读入 b.length 个字节到字节数组 b
int read(byte[] b, int off, int len) //从输入流中 off 处开始读入 len 个字节到字节数组 b
void reset()                 //把输入流的读指针重置到标记处，以重新读取前面的数据
long skip(long n)            //从输入流的当前读指针处跳过 n 个字节，同时返回实际跳过的
字节数
```

下面对 InputStream 类的子类分别作简单的说明。

1. ByteArrayInputStream

ByteArrayInputStream 输入流类含有 4 个成员变量：buf、count、mark 和 pos。buf 为字节数组缓冲区，用来存放输入流；count 为计数器，记录输入流数据的字节数；mark 用来做标记，以实现重读部分输入流数据；pos 为位置指示器，指明当前读指针的位置，即前面已读取 Jpos-1 个字节的数据。ByteArrayInputStream 输入流类提供的方法基本上与它的基类 InputStream 是一样的。因此，ByteArrayInputStream 可以说是一个比较简单的、基础的字节输入流类。

2. FileInputStream

FileInputStream 类用来实现从文件中读取字节流数据。它也是从抽象类 InputStream 直接继承而来的，不过，有些方法，如 mark()和 reset()等，它并不支持，因为 FileInputStream 输入流只能实现文件的顺序读取。另外，FileInputStream 既然属于字节输入流类，那么它就不适合用来读取字符文件，而适合读取字节文件(如图像文件)。字符文件的读取可以使用后面要介绍的字符输入流类 FileReader。

FileInputStream 类有 3 个构造方法，如下：

```
public FileInputStream(String name) throws FileNotFoundException
public FileInputStream(File file)    throws FileNotFoundException
public FileInputStream(FileDescriptor fdObj)
```

前面两个构造方法需要抛出 FileNotFoundException 异常。其中，name 为文件名，而 file 为 File 文件类(后面有介绍)的对象，fdObj 为 FileDescriptor 文件描述类对象，它既可以对应打开的文件，也可以是打开的套接字(socket)。例如，下面是采用第一个构造方法创建文件输入流对象的语句：

```
FileInputStream fis = new FileInputStream("data.dat");
```

创建好文件输入流对象后，就可以通过调用相应的 read()方法以字节为单位来读取数据了，当不再需要从该文件输入流读入数据时，可以调用 close()方法关闭输入流，同时释放相应的资源。请看【例 10-6】。

【例 10-6】测试 FileInputStream 文件输入流类。

```
import java.io.*;
public class TestFileInputStream
{
 public static void main(String args[]) throws IOException
 {
      try
      { //创建文件输入流对象 fis
          FileInputStream fis = new FileInputStream("data.dat");
          byte buf[] = new byte[128];
          int count; //记录实际读取字节数
          count=fis.read(buf);   //从文件输入流 fis 中读取字节数据
          System.out.println("共读取"+count+"个字节");
          System.out.print(new String(buf));
          fis.close(); //关闭 fis 输入流
      }
      catch (IOException ioe)
      {
          System.out.println("I/O 异常");
      }
 }
}
```

如果程序当前目录下没有 data.dat 数据文件,则运行时将会引发 FileNotFoundException
异常,此时异常保护语句就会被执行,输出"I/O 异常"信息;如果有 data.dat 数据文件,
并且在其中已经编辑输入了"Beijing 2008 Olympic Games",则程序运行时将会从文件中
读入这一信息并在屏幕上输出,如下所示:

　　共读取 26 个字节　　　　　　　//注:一个普通 ASCII 字符就是一个字节
　　Beijing 2008 Olympic Games

当编辑数据文件输入的是"Beijing 2008 奥运会"时,程序在屏幕上显示的信息如下:

　　共读取 19 个字节　　　　　　　//注:一个汉字是两个字节
　　Beijing 2008 奥运会

由上可见,使用 FileInputStream 文件输入流对象,可以实现从文件中以字节为单位获
取数据。

3. FilterInputStream

FilterInputStream 类与 InputStream 类相比,差别并不大,那么,到底为什么要引入
FilterInputStream 类呢?注意看 FilterInputStream 类的定义,发现它的构造方法是这样定义的:

```
protected FilterInputStream(InputStream in)
```

上述构造方法的参数是 InputStream 对象。看到这,读者可能就会联想到前面提到过的
包装技术。没错!FilterInputStream 就是为了包装 InputStream 流而引入的中间类,说它是
中间类,是因为它的构造方法的访问属性为 protected 的,用户不能直接将其实例化,即不
能直接创建 FilterInputStream 对象。它把具体的包装任务交给了它的子类们来完成。这些
子类有 BufferedInputStream、CheckedInputStream、CipherInputStream、DataInputStream、
DigestInputStream、InflaterInputStream、LineNumberInputStream、ProgressMonitorInputStream
和 PushbackInputStream 等。每一个子类都是以现成的 InputStream 流对象后为数据源,试
图对该 InputStream 流做进一步的处理。当然,有兴趣的读者也可以尝试着自己定义一个从
FilterInputStream 继承而来的加强输入流类,实现对输入流的特殊处理(如按位读取等)。下
面选取其中几个子类作简单的介绍。

提示:
Sun 提供的 JDK 类库中大量采用了类似 FilterInputStream 的设计,很多类虽然并不是
抽象类,但却通过不提供对外的实例化构造方法,把自己变成了伪抽象类,或者说是中间
类,真正的处理代码则交给相应的加强子类们来完成。这也涉及到了"设计模式"的概念,
建议有一定基础的读者可以边学习 Java,边查看"设计模式"的相关知识,以提升自己对
面向对象技术的理解高度。

(1) BufferedInputStream
BufferedInputStream 类只是在 FilterInputStream 类(或者说 InputStream 类)的基础上添加

了一个读取缓冲功能。因此，也有人说它应该合并到 InputStream 中去才对。不过，这里更关心的是，到底缓冲能带来多大的性能提高呢？【例 10-7】就是一个测试缓冲性能的程序，有兴趣的读者可以亲自上机验证一下。【例 10-7】为笔者在自己的计算机上对输入流的缓冲与否做了一个测试，测试读取的是一个图片文件，大小约为 2.52M，结果表明，二者之间的速度差别还是非常明显的。对于小输入流的读取况且如此，那么对于大输入流的情况，缓冲带来的效果就可想而知了。BufferedInputStream 类的构造方法如下：

```
public BufferedInputStream(InputStream in)
public BufferedInputStream(InputStream in,int size)
```

第二个构造方法的 size 用来设置缓冲区的大小。

【例 10-7】测试 BufferedInputStream 输入流类带来的性能提高。

```java
import java.io.*;
public class TestBufferedInputStream
{
  public static void main(String args[]) throws IOException
  {
      try
      {   //创建文件输入流对象 fis，为了取得明显效果，Big.dat 文件中编辑了大量数据
          InputStream fis =new BufferedInputStream( new FileInputStream("Big.dat"));
          System.out.println("测试开始...");
          while (fis.read()!=-1)    //从文件输入流 fis 中读取字节数据
          {
              //读取整个文件输入流
          }
          System.out.println("测试结束");
          fis.close(); //关闭 fis 输入流
      }
      catch (IOException ioe)
      {
          System.out.println("I/O 异常");
      }
  }
}
```

有兴趣的读者可以尝试将上述语句：

```java
InputStream fis =new BufferedInputStream( new FileInputStream("Big.dat"));
```

改写为如下语句：

```java
InputStream fis =( new FileInputStream("Big.dat");
```

这时，将会发现对于文件输入流的读取速度大大低于缓冲时的情况。

(2) DataInputStream

DataInputStream 类直接从 InputStream 类继承而来，并且还实现了 DataInput 接口，它

提供的方法如下：

```
public final int read(byte[] b) throws IOException
public final int read(byte[] b, int off,int len) throws IOException
public final void readFully(byte[] b) throws IOException
public final void readFully(byte[] b,int off,int len) throws IOException
public final int skipBytes(int n) throws IOException
public final boolean readBoolean() throws IOException
public final byte readByte() throws IOException
public final int readUnsignedByte() throws IOException
public final short readShort() throws IOException
public final int readUnsignedShort() throws IOException
public final char readChar() throws IOException
public final int readInt()　throws IOException
public final long readLong() throws IOException
public final float readFloat() throws IOException
public final double readDouble()　throws IOException
public final String readLine()　throws IOException
public final String readUTF()　throws IOException
public static final String readUTF(DataInput in)　throws IOException
```

上述方法中，一部分是从 InputStream 类继承而来的，另一部分是源于 DataInput 接口中的方法实现。输入流对象在读到流的结尾时一般都返回-1 进行指示，而 DataInputStream 输入流对象在读到流的结尾时还会同时抛出一个 EOFException 异常，因此，也可以通过捕获这个异常来判断输入流是否已经读取完。特别地，上面 readLine()方法是用来实现一行一行地读取输入流的，因此，该方法在很多情况下非常有用，不过，由于该方法不能将字节数据正确转换为对应的字符，所以在 JDK 1.1 及以后的版本中，就不再建议使用了，并由 BufferedReader.readLine()方法替代，BufferedReader 属于字符输入流类，将在 10.4 节(字符流)中进行介绍。

(3) LineNumberInputStream

LineNumberInputStream 类提供行号跟踪功能，可以通过方法获取或设置行号：

```
public int getLineNumber()
public void setLineNumber(int lineNumber)
```

不过，这些方法目前已过时，不建议再使用。LineNumberInputStream 类的功能可以用字符流类 LineNumberReader(详见 10.4 节)来替代。

(4) PushbackInputStream

PushbackInputStream 类在 FilterInputStream 父类的基础上增加了回退/复读功能，类似于 mark()/reset()提供的回退/复读功能，对应的回退方法如下：

```
public void unread(int b) throws IOException
public void unread(byte[] b,int off,int len) throws IOException
pub lic void unread(byte[] b) throws IOException
```

4. ObjectInputStream

在 Java 程序运行过程中，很多数据是以对象的形式分布在内存中的。有时设计者会希望能够直接将内存中的整个对象存储到数据文件之中，以便在下一次程序运行时可以从数据文件中读取出数据，还原对象为原来状态，这时可以通过 ObjectInputStream 和 ObjectOutputStream 来实现这一功能。Java 规定，如果要直接存储对象，则定义该对象的类必须实现 java.io.Serializable 接口，而 Serializable 接口中实际并没有规范任何必须实现的方法，所以这里所谓的实现只是起到一个象征意义，表明该类的对象是可序列化的(Serializable)，同时，该类的所有子类自动成为可序列化的。下面是一段使用 ObjectInputStream 输入流的示例代码：

```
FileInputStream istream = new FileInputStream("data.dat"); //创建文件输入流对象
ObjectInputStream p = new ObjectInputStream(istream);    //包装为对象输入流
int i = p.readInt();        //读取整型数据
String today = (String)p.readObject();   //读取字符串数据
Date date = (Date)p.readObject();        //读取日期型数据
istream.close();                         //关闭输入流对象
```

ObjectInputStream 类直接继承于 InputStream，并同时实现了 3 个接口：DataInput，ObjectInput 和 ObjectStreamConstants。它的主要功能是通过 readObject()方法来实现的，利用它可以很方便地恢复原先用 ObjectOutputStream. writeObject()方法保存的对象状态数据。

5. PipedInputStream

PipedInputStream 称为管道输入流，它必须和相应的管道输出流 PipedOutputStream 一起使用，由二者共同构成一条管道，后者输入数据，前者读取数据。通常，PipedOutputStream 输出流工作在一个称为生产者的程序中，而 PipedInputStream 输入流工作在一个称为消费者的程序中。只要管道输出流和输入流是连接着的(也可以通过 connect()方法建立连接)，那么就可以一边往管道中写入数据，而另一边则从管道中读取这些数据，即实现将一个程序的输出直接作为另一个程序的输入，从而节省了中间 I/O 环节。

提示：

● 不建议在单线程中同时进行 PipedInputStream 输入流和 PipedOutputStream 输出流的处理，因为这样容易引起线程死锁。

● Pipe(管道)是 Unix 首先提出的概念，它被用来实现进程(或线程)之间大量数据的同步传输。

6. SequenceInputStream

SequenceInputStream 类可以实现将多个输入流连接在一起，形成一个长的输入流，当读取到长流中某个子流的末尾时，一般不返回-1(即 EOF)，而只有到达最后一个子流的末尾时才返回结束标志。SequenceInputStream 类的构造方法如下：

```
public SequenceInputStream(Enumeration e)
public SequenceInputStream(InputStream s1, InputStream s2)
```

第一个构造方法可以连接多个输入子流，这些子流可以是 ByteArrayInputStream、FileInputStream、ObjectInputStream、PipedInputStream 或 StringBufferInputStream 等各种输入流类型。第二个构造方法只能连接两个输入流。

通过 SequenceInputStream 类，用户可以构造各种各样的、功能各异的组合流。

7. StringBufferInputStream

StringBufferInputStream 类的构造方法如下：

```
public StringBufferInputStream(String s);
```

它的功能是通过 String 对象生成对应的字节输入流。由于 String 中的字符是 Unicode 编码的，即双字节，因此 StringBufferInputStream 采取如下转换策略：将 Unicode 字符的高位字节丢弃，只保留低位字节。这样，原来字符串中的字符个数就与转换后的输入流字节数相等，即一个字节对应原来的一个字符。这种处理方式，对于 ASCII 码值在 0~255 之间的普通字符是没有问题的，但对于其他字符(如汉字字符)，则会由于高位字节的信息丢失而导致错误。因此，在 JDK 1.1 及以后的版本中，该类就被放弃并由字符流类 StringReader 替代。

10.3.2　OutputStream

抽象类 OutputStream 是所有字节输出流类的基类，它的派生关系如图 10-2 所示。

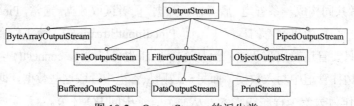

图 10-2　OutputStream 的派生类

从图 10-2 中可以看出：OutputStream 派生了与 InputStream 子类相对应的输出流类，如 ByteArrayOutputStream、FileOutputStream、FilterOutputStream、ObjectOutputStream 和 PipedOutputStream 等。细心的读者可能会发现没有与 StringBufferInputStream 输入流相对应的输出流类，这点与 Java 的 String 类的不可修改性有关，流写入了，String 就必须作相应地扩展，显然这是矛盾的，因此也就无法定义对应的输出流类。下面对图 10-2 中的各个派生类逐一作一个简单的介绍。

1. ByteArrayOutputStream

ByteArrayOutputStream 类与 ByteArrayInputStream 类相对应，它有两个保护型成员变量：

```
protected byte[] buf
protected int count
```

buf 字节数组用来存放输出数据，而 count 则用来记录有效输出数据的字节数。
ByteArrayOutputStream 类的构造方法如下：

```
public ByteArrayOutputStream()
public ByteArrayOutputStream(int size)
```

第一个构造方法创建的输出流对象起始存储区大小为 32 个字节，并可以随着输入的
增加而相应扩大；第二个构造方法创建的输出流对象存储区大小为 size 个字节。

另外，ByteArrayOutputStream 类还提供了以下方法：

```
public void write(int b)
public void write(byte[] b,int off,int len)
public void writeTo(OutputStream out) throws IOException
public void reset()
public byte[] toByteArray()
public int size()
public String toString()
public String toString(String enc) throws UnsupportedEncodingException
public String toString(int hibyte)
public void close() throws IOException
```

上述方法中，write()与 ByteArrayInputStream 类的 read()方法相对应。

2. FileOutputStream

FileOutputStream 类与前面的 FileInputStream 类相对应，用于输出数据流到文件之中进
行保存，如【例 10-8】所示。

【例 10-8】FileOutputStream 文件输出流类。

```
import java.io.*;
public class TestFileOutputStream {
public static void main(String args[])
{
 try
 {
        System.out.print("请输入数据: ");
        int count,n=128;
        byte buffer[] = new byte[n];
        count = System.in.read(buffer); //读取标准输入流
        FileOutputStream fos = new FileOutputStream("test.dat");
        //创建文件输出流对象
        fos.write(buffer,0,count); //写入输出流
        fos.close(); //关闭输出流
        System.out.println("已将上述输入数据输出保存为 test.dat 文件。");
```

```
        }
        catch (IOException ioe)
        {
            System.out.println(ioe);
        }
        catch (Exception e)
        {
            System.out.println(e);
        }
    }
}
```

上述程序运行的结果如下：

> 请输入数据: Earthquake occured in Sichuang Wenchuang has caused great casualties!(回车)
> 已将上述输入数据输出保存为 test.dat 文件。

打开程序新建的 test.dat 文件(原本没有这个文件)，可以发现刚刚输入的数据已经被输出保存。如果再次运行程序：

> 请输入数据: donation(回车)
> 已将上述输入数据输出保存为 test.dat 文件。

此时，再次打开 test.dat 文件查看，就会发现原来的输出数据被新的输出数据所取代。这是因为 FileOutputStream 类不支持文件续写或定位等功能，它只能实现最基本的文件输出操作。

3. FilterOutputStream

FilterOutputStream 类与 FilterInputStream 类相对应，也是一个伪抽象类，由它派生出的各种功能子类有：BufferedOutputStream、CheckedOutputStream、CipherOutputStream、DataOutputStream、DeflaterOutputStream、DigestOutputStream 和 PrintStream 等。这里，只介绍图 10-2 中列出的 3 个。

(1) BufferedOutputStream

BufferedOutputStream 类与 BufferedInputStream 类实现的功能是一样的，都是进行数据缓冲，提高性能，只不过一个是输入(读)缓冲，一个是输出(写)缓冲。读者可以尝试改写【例 10-8】，将文件输出流对象包装为缓冲对象，在输出大量数据情况下，比较二者的写入速度。

提示：

缓冲输入是指在读取输入流时，先从输入流中一次读入一批数据并置入缓冲区，然后就直接从缓冲区中读取，只有当缓冲区数据不足时才从输入流中再次批量读取；同样地，使用缓冲输出时，写入的数据并不会直接输出至目的地，而是先输出存储至缓冲区中，当缓冲区数据满了以后才启动一次对目的地的批量输出。例如，在输入输出流对应文件时，通过缓冲就可以大幅减少对磁盘的重复 I/O 操作，从而提高文件存取的速度。

(2) DataOutputStream

DataOutputStream 类与 DataInputStream 类相对应，它实现的接口为 DataOutput，提供的输出方法如下：

```
public final void writeBoolean(boolean v) throws IOException
public final void writeByte(int v) throws IOException
public final void writeShort(int v) throws IOException
public final void writeChar(int v) throws IOException
public final void writeInt(int v) throws IOException
public final void writeLong(long v) throws IOException
public final void writeFloat(float v) throws IOException
public final void writeDouble(double v) throws IOException
public final void writeBytes(String s) throws IOException
public final void writeChars(String s) throws IOException
public final void writeUTF(String str) throws IOException
```

(3) PrintStream

PrintStream 类也是 FilterOutputStream 类的子类，它实现的输出功能与 DataOutputStream 差不多，输出方法以 print()和带行分隔的 println()命名，部分输出方法如下：

```
public void print(boolean b)
public void print(char c)
public void print(int i)
public void print(String s)
public void print(Object obj)
public void println()
public void println(boolean x)
public void println(int x)
public void println(char[] x)
public void println(Object x)
```

标准输出流 System.out 就是 PrintStream 类的静态对象。

4. ObjectOutputStream

ObjectOutputStream 类与 ObjectInputStream 类相对应，用来实现保存对象数据功能，请看下面的示例代码段：

```
FileOutputStream ostream = new FileOutputStream("data.dat"); //创建文件输出流对象
ObjectOutputStream p = new ObjectOutputStream(ostream);     //包装为对象输出流
p.writeInt(12345);                        //输出整型数据
p.writeObject("Beijing 2008 奥运会");       //输出字符串数据
p.writeObject(new Date());                //输出日期型数据
p.flush();                                //刷新输出流
ostream.close();                          //关闭输出流
```

可见，ObjectOutputStream 类主要是通过相应的 write 方法来保存对象的状态数据。

5. PipedOutputStream

PipedOutputStream 类与 PipedInputStream 类相对应。前面讲过，利用它们可以实现输入流与输出流同步工作，从而提高输入输出效率。Unix 中的管道概念就与此类似。

介绍完了字节流，10.4 节将介绍双字节的字符流。

10.4　字　符　流

字符流类是为了方便处理 16 位 Unicode 字符而(在 JDK 1.1 之后)引入的输入输出流类，它以两个字节为基本输入输出单位，适合于处理文本类型的数据。Java 设计的字符流体系中有两个基本类：Reader 和 Writer，分别对应字符输入流和字符输出流。

10.4.1　Reader

Reader 字符输入流是一个抽象类，本身不能被实例化，因此真正实现字符流输入功能的是由它派生的子类们，如 BufferedReader、CharArrayReader、FilterReader、InputStreamReader、PipedReader 和 StringReader 等。其中一些子类又再进一步派生出其他功能子类。其继承关系如图 10-3 所示。

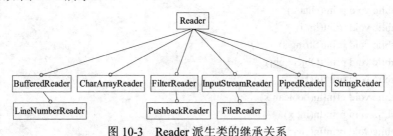

图 10-3　Reader 派生类的继承关系

Reader 抽象类提供了以下处理字符输入流的基本方法：

public int read() throws IOException　//读取一个字符，返回值为读取的字符(0 到 65535 之间的值)或-1(读取到输入流末尾)

public int read(char[] cbuf) throws IOException　//读取一系列字符到字符数组 cbuf[]中，返回值为实际读取的字符数

public abstract int read(char[] cbuf,int off,int len) throws IOException

//读取 len 个字符，从字符数组 cbuf[]的下标 off 处开始存放，返回值为实际读取的字符数，该方法为抽象方法，具体代码由子类实现

public long skip(long n) throws IOException　//跳过输入流中的 n 个字符

public boolean ready() throws IOException　//判断输入流是否能读了

public boolean markSupported()　　　//判断当前流是否支持在流中作标记

public void mark(int readAheadLimit) throws IOException　//给当前流作标记，最多支持 readAheadIimit 个字符的回溯

public void reset() throws IOException　　　//将当前流重置到作标记处，准备复读

public abstract void close() throws IOException

//关闭输入流的抽象方法，由子类具体实现

上面就是抽象类 Reader 的基本方法，其中两个抽象方法必须由其子类们来实现，而其他方法也可以由子类们来覆盖，以提供新的功能或者更好的性能。可以看出，Reader 与 InputStream 字节输入流类提供的方法差不多，只不过一个是以字节为单位进行输入，而另一个则以字符(两个字节)为单位进行读取。事实上，字节流可以被认为是字符流的基础。下面对 Reader 的各个子类分别做简单介绍。

1. BufferedReader

BufferedReader 与 BufferedInputStream 的功能一样，都是对输入流进行缓冲，以提高读取速度，当创建一个 BufferedReader 类对象时，该对象内会生成一个用于缓冲的数组，BufferedReader 类有两个构造方法：

```
public BufferedReader(Reader in)
public BufferedReader(Reader in,int sz)
```

该类是包装类，第一个构造方法的参数为一个现成的输入流对象，第二个构造方法多了一个参数，用来指定缓冲区数组的大小。

BufferedReader 类还有一个派生类：LineNumberReader。

LineNumberReader 类主要是在 BufferedReader 类的基础上增加了对输入流中行的跟踪能力，它提供的方法如下：

```
public int getLineNumber()    //获取行号
public void setLineNumber(int lineNumber)    //设置行号
public int read() throws IOException
public int read(char[] cbuf,int off,int len) throws IOException
public String readLine()    throws IOException    //读取行
public long skip(long n) throws IOException
```

需要说明的是：行是从 0 开始编号的，并且 setLineNumber()方法并不能修改输入流当前所处的行位置，它只能修改的是对应于 getLineNumber()方法的返回值。

2. CharArrayReader

CharArrayReader 是 Reader 抽象类的一个简单实现类，它的功能就是从一个字符数组中读取字符，同时支持标记/重读功能，它的内部成员变量有如下几个：

```
protected char[] buf;        //指向输入流(字符数组)
protected int pos;           //当前读指针位置
protected int markedPos;     //标记位置
protected int count;         //字符数
```

其构造方法如下：

```
public CharArrayReader(char[] buf)
public CharArrayReader(char[] buf,int offset,int length)
```

第一个构造方法是在指定的字符数组基础上创建 CharArrayReader 对象，第二个构造方法则同时指明字符输入流的起始位置和长度。创建好 CharArrayReader 对象后，就可以调用相应的方法进行字符数据的读取了，这些方法多数是 Reader 基类方法的覆盖实现，这里就不列举了。

3. FilterReader

FilterReader 是从 Reader 基类直接继承的一个子类，该类本身仍是一个抽象类，且从它的构造方法看，它还是一个包装类，不过 Sun 的 JDK 设计人员并没有直接给 FilterReader 增加功能，估计意图在于将其定位为一个中间类(类似于前面讲过的 FilterInputStream)。

真正有新功能的是它的子类 PushbackReader。PushbackReader 类可以实现字符回读功能，主要通过以下方法进行回读：

```
public void unread(int c)    throws IOException
public void unread(char[] cbuf,int off,int len) throws IOException
public void unread(char[] cbuf)    throws IOException
```

4. InputStreamReader

InputStreamReader 是实现字节输入流到字符输入流转变的一个类。它可以将字节输入流通过相应的字符编码规则包装为字符输入流。其构造方法如下：

```
public InputStreamReader(InputStream in)
public InputStreamReader(InputStream in,String charsetName)
throws UnsupportedEncodingException
public InputStreamReader(InputStream in,Charset cs)
public InputStreamReader(InputStream in,CharsetDecoder dec)
```

既可以采用系统默认字符编码，也可以通过参数明确给予指定。

InputStreamReader 还有一个派生子类——FileReader，即字符文件输入流类。它的构造方法如下：

```
public FileReader(String fileName) throws FileNotFoundException
public FileReader(File file)    throws FileNotFoundException
public FileReader(FileDescriptor fd)
```

需要特别指出的是：除了构造方法，FileReader 并没有新增定义其他任何方法，它的方法都是由父类 InputStreamReader 和 Reader 继承而来，因此，该类的主要功能只是改变数据源，即通过它的构造方法可以实现将文件作为字符输入流。

Java 输入输出的一个特色就是可以组合使用(包装)各种输入输出流为功能更强的流，因此，才设计了这么多各具功能的输入输出流类。下面请看【例 10-9】所示。

【例 10-9】FileReader 和 BufferedReader 的组合使用。

```
import java.io.*;
public class TestFileReader {
```

```
public static void main(String args[])
{
    try
    {
       FileReader fr = new FileReader("fuwa.dat");
       BufferedReader bfr = new BufferedReader(fr);
       String str=bfr.readLine();
        while (str!=null)
        {
             System.out.println(str);
             str=bfr.readLine();
        }
    }
    catch (IOException ioe)
    {
             System.out.println(ioe);
    }
    catch (Exception e)
    {
             System.out.println(e);
    }
    }
}
```

上述程序中首先利用 FileReader 将字节文件输入流转换为字符输入流，然后通过调用 BufferedReader 包装类的 readLine()方法一行一行地读取文件输入流的数据，并按行进行输出显示。程序运行结果如下：

```
Beijing
2008
福娃
贝贝
晶晶
欢欢
迎迎
妮妮
```

有以上结果是由于笔者在程序运行前已经给 fuwa.dat 文件编辑录入了以上 8 行信息。

5. PipedReader

PipedReader 是管道字符输入流类，它与 PipedInputStream 功能类似，其构造方法如下：

```
public PipedReader(PipedWriter src) throws IOException
public PipedReader()
```

第一个构造方法要求在创建 PipedReader 对象时就与对应的 PipedWriter 对象相连接，这样，只要有数据写到 PipedWriter 对象中，就可以从相连的 PipedReader 对象进行读取。

第二个构造方法只是创建 PipedReader 对象，并不指定它与哪个 PipedWriter 对象相连接，但是，需要注意的是：该 PipedReader 对象在没有和 PipedWriter 对象相连之前是不能进行字符流读取的，否则就会抛出异常。

6. StringReader

StringReader 类很简单，与 CharArrayReader 相似，只不过它的数据源不是字符数组，而是字符串对象，这里不再赘述。

10.4.2　Writer

字符流输出基类 Writer 也是一个抽象类，本身不能被实例化，因此真正实现字符流输出功能的是由它派生的子类们，如 BufferedWriter、CharArrayWriter、FilterWriter、OutputStreamWriter、PipedWriter、PrintWriter 和 StringWriter 等。其中，OutputStreamWriter 子类又进一步派生出 FileWriter 子类。其继承关系如图 10-4 所示。

图 10-4　字符流输出基类 Writer 的派生子类

Writer 基类的构造方法如下：

```
protected Writer()
protected Writer(Object lock)
```

Writer 基类提供的方法有如下几个：

```
public void write(int c) throws IOException      //将整型值 c 的低 16 位写入输出流
public void write(char[] cbuf) throws IOException      //将字符数组 cbuf[]写入输出流
public abstract void write(char[] cbuf,int off,int len) throws IOException
//将字符数组 cbuf[]中的从索引为 off 的位置开始的 len 个字符写入输出流
public void write(String str) throws IOException      //将字符串 str 中的字符写入输出流
public void write(String str,int off,int len) throws IOException
//将字符串 str 中从索引 off 开始的 len 个字符写入输出流
public abstract void flush() throws IOException      //刷新输出所有被缓存的字符
public abstract void close() throws IOException      //关闭字符流
```

下面对 Writer 的各个子类分别作简单的介绍。

1. BufferedWriter

BufferedWriter 与 BufferedOutputStream 类似，都对输出流提供了缓冲功能，它的构造方法如下：

```
public BufferedWriter(Writer out)
public BufferedWriter(Writer out,int sz)
```

第一个构造方法对字符输出流对象进行了包装，输出缓冲区大小为默认值；第二个构造方法则对输出缓冲区大小作了设置。另外，BufferedWriter 类提供的其他成员方法如下：

```
public void write(int c)    throws IOException    //覆盖基类方法
public void write(char[] cbuf,int off,int len) throws IOException   //从基类继承
public void write(String s,int off,int len) throws IOException      //覆盖基类方法
public void newLine()    throws IOException   //往输出流写入一个行分隔符
public void flush()    throws IOException      //刷新输出流
public void close()    throws IOException      //关闭输出流
```

2. CharArrayWriter

CharArrayWriter 类用字符数组来存放输出字符，并且随着数据的输出，它会自动增大。另外，用户可以使用 toCharArray()和 toString()方法来获取输出字符流。

CharArrayWriter 类的成员变量如下：

```
protected char[] buf      //存放输出字符的地方
protected int count       //已输出字符数
```

CharArrayWriter 类的构造方法有：

```
public CharArrayWriter()              //创建字符数组为默认大小的输出流对象
public CharArrayWriter(int initialSize)   //创建字符数组为指定大小的输出流对象
```

CharArrayWriter 类提供的其他方法有：

```
public void write(int c)
public void write(char[] c,int off,int len)
public void write(String str,int off,int len)
public void writeTo(Writer out) throws IOException
public void reset()
public char[] toCharArray()        //返回输出字符数组
public int size()
public String toString()           //返回输出字符串
public void flush()
public void close()
```

3. FilterWriter

FilterWriter 是从 Writer 基类直接继承的一个子类。它本身仍是一个抽象类，且从它的构造方法看，它还是一个包装类。Sun 的 JDK 开发人员并没有给 FilterWriter 增加功能，估计也是想把它设计为一个中间类。但是，在 JDK 1.4 版本中，并没有出现 FilterWriter 的派生子类。不过，在以后的 JDK 版本中可能会加进来，这点也体现了 JDK 在设计时就充分考虑到了将来的扩展性。

4. OutputStreamWriter

OutputStreamWriter 类可以根据指定字符集将字符输出流转换为字节输出流，它有一个派生子类：FileWriter。FileWriter 是设计用来输出字符流到文件的，如果要输出字节流到文件中保存，则需要使用之前介绍的 FileOutputStream 类。FileWriter 的构造方法有 5 个：

```
public FileWriter(String fileName) throws IOException    //文件名关联
public FileWriter(String fileName,boolean append) throws IOException
//文件名关联，同时可以指定是否将输出插入至文件尾
public FileWriter(File file) throws IOException    //文件类对象关联
public FileWriter(File file,boolean append) throws IOException
//文件类对象关联，同时可以指定是否将输出插入至文件尾
public FileWriter(FileDescriptor fd)    //采用文件描述对象
```

FileWriter 类的其他方法都是从它的父类继承来的。在实际应用中，常将 FileWriter 类的对象包装为 BufferedWriter 对象，以提高字符输出的效率。请看【例 10-10】。

【例 10-10】FileWriter 和 BufferedWriter 类的组合使用。

```
import java.io.*;
public class TestFileWriter {
    public static void main(String[] args) {
        try
        {
            InputStreamReader isr = new InputStreamReader(System.in);
            BufferedReader br = new BufferedReader(isr);
            FileWriter fw = new FileWriter("out.dat");
            BufferedWriter bw = new BufferedWriter(fw);
            String str = br.readLine();
            while(!(str.equals("#")))
            {
                bw.write(str,0,str.length());
                bw.newLine();
                str = br.readLine();
            }
            br.close();
            bw.close();
        }
        catch(IOException e) {
            e.printStackTrace();
        }
    }
}
```

上述程序的运行结果如下：

```
F:\me>java TestFileWriter(运行程序)
One World,One Dream! (第一行输入)
2008 Olympic Games!    (第二行输入)
```

北京欢迎你!　　　　　　　(第三行输入)
#　　　　　　　　　　　　(第四行输入)

　　当第四行的 "#" 号被输入并按下回车键后，程序就正常退出了。打开 out.dat 文件可以看到，上述输入的 3 行信息都已经被写入文件了。需要特别说明的是："bw.newLine();"语句在不同系统下实际输出的行分隔符是不同的，在 Windows 下是 "\r" (回车)和 "\n" (换行)，在 Unix/Linux 下只有 "\n"，而在 Mac OS 下则是 "\r"，因此，如果在 Windows 下用记事本程序打开在 Unix/Linux 下编辑的文本文件，将看不到分行的效果，要想恢复原来的分行效果，可以通过将每个 "\n" 转换为 "\r" 和 "\n"，这样，就可以恢复 Unix/Linux 下的分行效果了。【例 10-11】为实现这一转换过程的程序。

　　【例 10-11】将 Unix 文本文件转换为 Windows 文本文件。

```java
import java.io.*;
public class Unix_2_Win {
    public static void main(String[] args) {
        try {
            FileReader fileReader = new FileReader("unix.dat");
            FileWriter fileWriter = new FileWriter("win.dat");
            char[] line = {'\r', '\n'};
            int ch = fileReader.read();
            while(ch != -1) //直到文件结束
            {
                if(ch == '\n')
                    fileWriter.write(line);    //实施转换
                else
                    fileWriter.write(ch);      //不变
                ch = fileReader.read();        //读取下一个字符
            }
            fileReader.close();    //关闭输入流
            fileWriter.close();    //关闭输出流
        }
        catch(IOException e) {
            e.printStackTrace();
        }
    }
}
```

　　在 Unix 下编辑的文本文件 unix.dat 在 Windows 下用记事本打开，如图 10-5 所示。

　　当执行上述程序，对 unix.dat 文件进行读取并转换后，保存为 win.dat 文件，再用记事本打开，显示效果如图 10-6 所示。

图 10-5　记事本打开 Unix.dat 文件效果　　　　图 10-6　记事本打开 win.dat 文件效果

从程序运行结果可以看出，该程序能正确进行不同系统下行分隔符的转换。记事本由于是一款非常简单的程序，所以没有具备上述转换功能。而对于 Windows 下的其他文本文件编辑器，如写字板、UltraEdit 和 EditPlus 等，它们都具有上述转换功能。因此，当用户用这些编辑软件打开 Unix/Linux 下的文本文件时，每一个"\n"都会自动被转换为"\r"和"\n"，即保持原有的分行效果。

5. PipedWriter

PipedWriter 为管道字符输出流类，它必须与相应的 PipedReader 类一起工作，共同实现管道式输入输出。PipedWriter 的构造方法如下：

```
public PipedWriter(PipedReader snk) throws IOException
public PipedWriter()
```

第一个构造方法创建与管道字符输入流对象 snk 相连的管道字符输出流对象，第二个构造方法创建未与任何管道字符输入流对象相连的管道字符输出流对象，该对象在使用前必须与相应的字符输入流对象进行连接。PipedWriter 类的其他方法如下：

```
public void connect(PipedReader snk) throws IOException
public void write(int c) throws IOException
public void write(char[] cbuf,int off,int len) throws IOException
public void flush() throws IOException
public void close() throws IOException
```

除了以上方法外，还有一些方法是从父类继承来的，这里不予列举。下面看一个关于 PipedWriter 和 PipedReader 的管道示例程序。

【例 10-12】管道示例程序。

```java
import java.io.*;
    //生产者通过 PipedWriter 对象输出数据到管道
    class Producer extends Thread {
        PipedWriter pWriter;
        public Producer(PipedWriter w)
        {
            pWriter = w;
        }
        public void run(){
         try{
            pWriter.write("Olympic Games");      //输出数据到管道
          }catch(IOException e)
          {      }
        }
    }
    //消费者通过 PipedReader 从管道获取数据
    class Consumer extends Thread {
        PipedReader pReader;
```

```
        public Consumer(PipedReader r)
        {
            pReader = r;
        }
        public void run(){
          System.out.print("读取到管道数据：");
          try{
            char[] data = new char[20];
            pReader.read(data);              //读取管道数据
            System.out.println(data);
          }catch(IOException ioe)
          {    }
        }
    }
  public    class TestPipe{
    public static void main(String args[]){
      try
      {
        PipedReader pr = new PipedReader();      //创建管道输入流对象
        PipedWriter pw = new PipedWriter(pr);    //创建管道输出流对象
        Thread p = new Producer(pw);             //创建生产者线程
        Thread c = new Consumer(pr);             //创建消费者线程
        p.start();      //启动生产者线程
        Thread.sleep(2000);   //延时 2000 毫秒
        c.start();         //启动消费者线程
      }catch(IOException ioe)
      {  }
      catch(InterruptedException ie) //捕获 Thread.sleep()方法可能抛出的 InterruptedException
      {  }
    }
  }
```

上述程序的运行结果如下：

```
F:\me>java TestPipe
读取到管道数据：Olympic Games
```

6. PrintWriter

PrintWriter 类主要用来输出各种格式的信息，与 PrintStream 类似，它的构造方法如下：

```
public PrintWriter(Writer out)
public PrintWriter(Writer out,boolean autoFlush)
public PrintWriter(OutputStream out)
public PrintWriter(OutputStream out,boolean autoFlush)
```

前两个构造方法用 Writer 对象来构造，而后两个用 OutputStream 来构造，autoFlush
参数用于指明是否支持字符输出流的自动刷新。其他常用方法有 write()、print()和 println()
等，几乎所有的数据类型都提供了相应的输出方法，这里就不一一列举了。

7. StringWriter

StringWriter 类用字符串缓冲区来存储字符输出，因此，在字符流的输出过程中，可以很方便地获取已经存储的字符串对象。它的构造方法如下：

```
public StringWriter()
public StringWriter(int initialSize)
```

第一个构造方法创建的输出流对象存储区为默认大小，第二个为指定的 initialSize 大小。StringWriter 类提供的其他方法如下：

```
public void write(int c)
public void write(char[] cbuf,int off,int len)
public void write(String str)
public void write(String str,int off,int len)
public String toString()
public StringBuffer getBuffer()
public void flush()
public void close() throws IOException
```

10.5　文　件

10.5.1　File 类

与 java.io 包中的其他输入输出类不同的是，File 类直接处理文件和文件系统本身，File 类主要用来描述文件或目录的自身属性。通过创建 File 类对象，可以处理和获取与文件相关的信息，如文件名、相对路径、绝对路径、上级目录、是否存在、是否是目录、可读、可写、上次修改时间和文件长度等。当 File 对象为目录时，还可以列举出它的文件和子目录。一旦 File 类对象被创建后，它的内容就不能再改变了，要想改变(即进行文件读写操作)就必须利用前面介绍过的强大 I/O 流类对其进行包装或者使用后面将介绍的 RandomAccessFile 类。总之，对于 Java 语言，不管是文件还是目录都用 File 类来表示。File 类的构造方法如下：

```
public File(String pathname)
public File(String parent,String child)
public File(File parent,String child)
public File(URI uri)
```

【例 10-13】File 类示例程序。

```
import java.io.*;
import java.util.*;
public class TestFile {
    public static void main(String[] args) {
```

```
      try
      {
          File f = new File(args[0]);
          if(f.isFile()) { //  是否是文件
             System.out.println("该文件属性如下所示：");
             System.out.println("文件名->" +f.getName());
             System.out.println(f.isHidden()? "->隐藏" : "->没隐藏");
             System.out.println(f.canRead() ? "->可读  " : "->不可读  ");
             System.out.println(f.canWrite() ? "->可写  " : "->不可写  ");
             System.out.println("大小->" +f.length() + "字节");
             System.out.println("最后修改时间->" +new Date(f.lastModified()));
          }
          else {
             //列出所有的文件和子目录
             File[] fs = f.listFiles();
             ArrayList    fileList = new ArrayList();
             for(int i = 0; i < fs.length; i++) {
                 //先列出文件
                 if(fs[i].isFile())   //是否是文件
                     System.out.println("            "+fs[i].getName());
                 else
                     //子目录存入 fileList，后面再列出
                     fileList.add(fs[i]);
             }
             //列出子目录
             for(int i=0;i<fileList.size();i++) {
             f = (File)fileList.get(i);
                 System.out.println("<DIR> "+f.getName());
             }
             System.out.println();
          }
      }
      catch(ArrayIndexOutOfBoundsException e) {
          System.out.println(e.toString());
      }
   }
}
```

程序的运行效果如图 10-7 所示。

图 10-7　File 类示例

下面再列举几个 File 类的常用方法：

```
public boolean delete()                              //删除文件或目录
public boolean createNewFile() throws IOException    //新建文件
public boolean mkdir()                               //新建目录
public boolean mkdirs()                              //新建包括上级目录在内的目录
public boolean renameTo(File dest)                   //重命名文件或目录
public boolean setReadOnly()                         //设置可读属性
public boolean setLastModified(long time)            //设置最后修改时间
```

10.5.2 RandomAccessFile 类

前面介绍的 File 类不能进行文件读写操作，必须通过其他类来提供该功能，Random AccessFile 类就是其中之一。RandomAccessFile 类与前面介绍过的文件输入输出流类相比，其文件存取方式更灵活，它支持文件的随机存取(Random Access)：在文件中可以任意移动读取位置。RandomAccessFile 类对象可以使用 seek()方法来移动文件读取的位置，移动单位为字节，为了能正确地移动存取位置，编程者必须清楚随机存取文件中各数据的长度和组织方式。

RandomAccessFile 类的构造方法如下：

```
public RandomAccessFile(String name,String mode) throws FileNotFoundException
public RandomAccessFile(File file,String mode)    throws FileNotFoundException
```

其中，mode 的取值可以是如下几种。
- r：只读。
- rw：读写。文件不存在时会创建该文件，文件存在时，原文件内容不变，通过写操作来改变文件内容。
- rws：同步读写。等同于读写，但是任何写操作的内容都被直接写入物理文件，包括文件内容和文件属性。
- rwd：数据同步读写。等同于读写，但任何文件内容写操作都被直接写入物理文件，而文件属性的变动不是这样。

需要特别指出的是，与文件输入流或者文件输出流不同，RandomAccessFile 类同时支持文件的输入(读)和输出(写)功能，这点从它提供的众多读写方法就可以看出。由于篇幅所限，RandomAccessFile 类的读写方法这里就不一一列举了。下面看一个使用 RandmAccess-File 类的示例程序。

【例 10-14】RandomAccessFile 类示例程序。

```
import java.io.*;
import java.util.*;
import myPackage.MyInput;
//定义图书类 Book
class Book {
    private StringBuffer name;
```

```java
    private short price;   //2 个字节
    public Book(String n,int p) {
      name=new StringBuffer(n);
      name.setLength(7);   //限定为固定的 7 个字符(14 字节)
      price=(short)p;
    }
    public String getName() {
        return name.toString();
    }
    public short getPrice() {
        return price;
    }
    public static int size() {
        return 16;
    }
}
public class TestRandomAccessFile {
    public static void main(String[] args) throws IOException
    {
        Book[] books = {new Book("Java 教程", 22),new Book("操作系统", 38),
                new Book("编译原理", 29),new Book("计算机网络", 32),
                new Book("计算机图形学", 18),new Book("数据库原理", 12)};
        File f = new File("stock.dat");
        //以读写方式打开 stock.dat 文件
        RandomAccessFile raf = new RandomAccessFile(f, "rw");
        //将 books 中的书本信息写入文件
        for(int i = 0; i < books.length; i++) {
          raf.writeChars(books[i].getName());
          raf.writeShort(books[i].getPrice());
        }
        System.out.print("查询第几本书?");
        //利用自定义类 MyInput 进行数据输入
        int n = MyInput.intData();
        //通过 seek()定位到第 n 本书的数据起始位置
        raf.seek((n-1) * Book.size());
        //bname 用于存放读取到的第 n 本书的书名
        char[] bname=new char[7];
        char ch;
        for(int i=0;i<7;i++){
          ch = raf.readChar();
          if (ch==0)
            bname[i]='\0';
          else
            bname[i]=ch;
        }
        System.out.print("书名:");
        System.out.println(bname);
        System.out.println("单价:" + raf.readShort());   //输出读取到的第 n 本书的单价
```

```
        raf.close();            //关闭文件
    }
}
```

程序运行结果如图 10-8 所示。

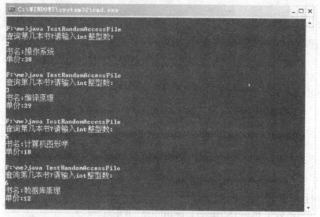

图 10-8   随机读取文件中的图书信息

提示：

读者可以打开 stock.dat 文件查看它的二进制数据，字符(即书名)用 Unicode 进行编码，非字符数据(即单价)是两个字节的 short 类型。如图 10-9 所示就是用 UltraEdit 软件打开(并切换至 HEX 模式)的效果。

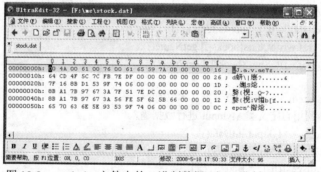

图 10-9   stock.dat 文件中的二进制数据(以 16 进制形式显示)

文件读写操作一般包括以下 3 个步骤：

(1) 以某种读写方式打开文件；

(2) 进行文件读写操作；

(3) 关闭文件。

注意：

对于某些文件存取对象来说，关闭文件的动作就意味着将缓冲区(Buffer)中的数据全部写入到磁盘文件中。如果不进行(或忘记)关闭文件操作，某些数据可能会因为没能及时写入文件而丢失掉。

10.6　小　　结

计算机程序的执行往往涉及到数据的输入和输出，因此，几乎每一种程序设计语言都提供了相应的输入输出功能。本章结合 Java 语言提供的输入输出包 java.io 对各种输入输出功能作了介绍，包括流的概念、字节流、字符流以及一些常见的文件操作等。需要指出：java.io 包给开发者提供强大输入输出功能的同时，本身很好体现了面向对象技术，其源码值得大家模仿和借鉴。

10.7　思　考　练　习

1. 以下哪一个为标准输出流类＿＿＿＿。
   A. DataOutputStream
   B. FilterOutputStream
   C. PrintStream
   D. BufferedOutputStream
2. 将读取的内容处理后再进行输出，适合用下述哪种流＿＿＿＿。
   A. PipedStream
   B. FilterStream
   C. FileStream
   D. ObjectStream
3. DataInput 和 DataOutput 是处理哪一种流的接口＿＿＿＿。
   A. 文件流
   B. 字节流
   C. 字符流
   D. 对象流
4. 下面语句正确的是＿＿＿＿。
   A. RandomAccessFile raf=new RandomAccesssFile("data.dat", "rw");
   B. RandomAccessFile raf=new RandomAccesssFile(new DataInputStream());
   C. RandomAccessFile raf=new RandomAccesssFile("data.dat");
   D. RandomAccessFile raf=new RandomAccesssFile(new File("data.dat"));
5. 以下不是 Reader 基类的直接派生子类的是＿＿＿＿。
   A. BufferedReader
   B. FilterReader
   C. FileReader
   D. PipedReader
6. 测试文件是否存在可以采用如下哪个方法?＿＿＿＿。
   A. isFile()
   B. isFiles()
   C. exist()
   D. exists()
7. 在 Java 中，InputStream 和 OutputStream 是以＿＿＿＿为数据读写单位的输入输出流的基类；Reader 和 Writer 是以＿＿＿＿为数据读写单位的输入输出流的基类。
8. 以字符方式对文件进行读写可以通过＿＿＿＿类和＿＿＿＿类来实现。
9. RandomAccessFile 类所实现的接口有＿＿＿＿和＿＿＿＿，调用它的＿＿＿＿方法可以移动文件位置指针，以实现随机访问。

10. 简述 Java 中的标准输入输出是怎么实现的。

11. 简述 java.io 包是如何设计提供字节流和字符流输入输出体系的。

12. 简述 File 类的应用，它与 RandomAccessFile 类有何区别。

13. 编程实现文件内容合并，即将某个文件的内容写入到另一个文件的末尾处。

14. 编写一个递归程序，列举出某个目录下的所有文件以及所有子目录(包括其下的所有文件和子目录)，要求同时列出它们的一些重要属性。

15. 尝试自定义两个过滤流子类(如 CaseInputStream 和 CaseOutputStream)，实现将字母进行大小写转换功能。例如，键盘标准输入为 aAbB，用 CaseInputStream 读取后应该转换为 AaBb，再用 CaseOutputStream 进行输出时，又会变为 aAbB。

16. 编写程序。要求如下。

(1) 在当前目录下创建文件 students.dat。

(2) 录入一批同学的身份证号、姓名和高考总分到上述文件中。

(3) 提供查询第 n 位同学信息的功能。

(4) 提供删除第 n 位同学信息的功能。

(5) 提供随机录入功能，即新录入的同学信息可以插入到第 n 位同学之后。

第11章 Java游戏开发基础

本章学习目标：

- 理解 Java 2D 图形图像绘制方法
- 理解图形图像坐标变换的技术
- 掌握动画生成技术
- 掌握动画闪烁消除技术

11.1 概　　述

经过前面 10 章内容的学习可以知道，Java 是一种具有丰富功能的编程语言，它的跨平台性、安全性、健壮性、支持分布式网络应用、面向对象特性都非常适合游戏开发。本章介绍用 Java 语言编写游戏所用到的技术和思想，包括绘制图形图像以及动画技术。第 12 章以一个星球大战游戏为开发实例。本书将这个游戏从零开始开发，并逐步完善。

Java 有两种不同类型的程序，一种是在计算机上独立运行的 Java 应用程序(Java application)，另一种是在浏览器里面运行的 Java 小应用程序(Java applet)。两种程序都可以用于游戏开发，基本技术和思想是一致的。本章和第 12 章开发的游戏程序主要是 Java 应用程序，最后会介绍怎样把用 Java 应用程序编写的游戏改造成小应用程序，并介绍把小应用程序部署到网页上的相关技术。

11.2 绘制 2D 图形图像

一款游戏能否激起人们的兴趣并在游戏上付出时间，游戏的画面是否吸引人是关键因素之一。Java 提供了丰富的类库来帮助绘制合适的文本和图形图像。这些类库多数都包含在了 java.awt、java.awt.image、java.awt.geom 和 javax 包中。

11.2.1 坐标体系

不管是文本还是图形图像，最终都要显示在显示器上，显示器由许多微小的像素组成，每个像素就是一个带有颜色的光点，屏幕水平和垂直方向的像素数就称为屏幕的分辨率。在 Java 编程过程中，把屏幕的左上角当做坐标原点，并把向右向下当做坐标的正向增长。位置坐标可以用(x, y)表示。其中，x 表示水平方向距离原点的像素数，y 表示垂直方向距离原点的像素数。

　　同样，Java 的一些容器组件，如 Window、Panel、Frame、JFrame、Applet，在其上绘制文本与图形图像时用到的位置坐标，也是以组件的左上角为原点，以像素为长度单位，如图 11-1 所示，在 400×300 的 JFrame 窗口组件的(60,80)坐标处绘制 200×100 的矩形。

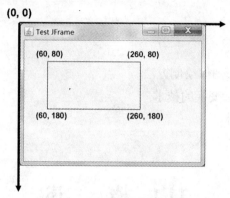

图 11-1　窗口组件的坐标体系

11.2.2　绘制图形

　　在第 7 章已经学过，Java 中通过 java.awt 包中的 Graphics 类绘制图形图像。这个类是 Java 早期的一个绘图工具。这个工具在绘图时存在一定的局限性，如不能改变图形边框的厚度，不能旋转图形。所以，在 java SE 1.2 版本中引入了 java 2D 类库。这些类库基本都包含在 java.awt 包和 java.awt.geom 包中。Java 2D 类库里面每一种图形都用一个类表示，如 Point2D、Line2D、Rectangle2D、Ellipse2D。这些类都实现了 Shape 接口[1]。想要绘制这些图形必须通过 Graphics2D 类的对象，Graphics2D 是 Graphics 类的子类，Frame、Applet 等的 paint 或 paintComponent 方法自动接收到 Graphics2D 类的对象，在需要 Graphics2D 类的方法时，直接类型转换为 Graphics2D 类型即可：

```
paint(Graphics g) {
    Graphics2D g2d = (Graphics2D)g;
    g2d.xxxx();
}
```

　　Graphics2D 对象的 draw 和 fill 方法绘制图形和填充图形，两个方法都以 Shape 接口类型作为参数。根据 Java 的多态特性，任何一个实现了 Shape 接口的类型都可以作为 draw 和 fill 的参数。例如：

---

　　1. 接口是由 interface 关键字定义的一种类型，仅仅描述系统对外提供的服务，但并不具体实现服务，不能被实例化。接口中的成员变量只能是 public、static、final 类型的，成员方法只能是 public、abstract 类型，不包含方法体。一个类可以通过 implement 关键字实现一个或多个接口并必须实现每个接口的所有方法。

```
public interface Shape {…}
public class MyShape implements Shape {…}
```

```
Rectangle2D rectangle = new … ;
g2d.draw(rectangle) ;
```

　　java 2D 类库为图形类提供了两个版本，一个具有 float 类型坐标，一个具有 double 类型坐标，这样做可以非常适合于以 m、km 等单位为坐标或图形大小的场合。例如，Rectangle 2D 类，只是一个抽象类，它具有两个静态内部子类：Rectangle.Float、Rectangle.Double，创建单精度和双精度坐标的矩形时可以提供矩形左上角水平和垂直坐标以及矩形的宽度和高度：

```
Rectangle2D rectf = new Rectangle2D.Float(40, 60, 200, 100);
g2d.draw(rectf);
Rectangle2D rectd = new Rectangle2D.Double(40, 180, 200, 100);
g2d.draw(rectd);
```

　　以上 4 条语句创建左上角坐标分别为(40,60)、(40,180)，宽度为 200，高度为 100 的单精度和双精度矩形对象，通过 Graphics2D 的 draw 方法绘制出来。

　　其他如 Point2D、Line2D、Ellipse2D 的对象创建和绘制方法与 Rectangle2D 的方法类似。【例 11-1】演示了几种图形的创建和绘制，图 11-2 为程序结果。

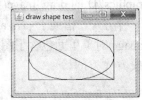

图 11-2　程序 DrawShapeTest.java 显示结果

　　【例 11-1】DrawShapeTest.java。

```java
import java.awt.*;
import java.awt.geom.*;
import javax.swing.*;

public class DrawShapeTest extends JFrame {
    private final int SCREENWIDTH = 300;
    private final int SCREENHEIGHT = 200;

    public DrawShapeTest(String title) {
        super(title);
        setSize(SCREENWIDTH, SCREENHEIGHT);
        setVisible(true);
        setDefaultCloseOperation(JFrame.EXIT_ON_CLOSE);
    }

    public void paint(Graphics g) {
        Graphics2D g2d = (Graphics2D)g;

        Rectangle2D rect = new Rectangle2D.Double(40, 60, 200, 100);
        g2d.draw(rect);

        Line2D line = new Line2D.Double(40, 60, 240, 160);
```

```
            g2d.draw(line);

            Ellipse2D ellipse = new Ellipse2D.Double(40, 60, 200, 100);
            g2d.draw(ellipse);

        }

        public static void main(String[] args) {
            new DrawShapeTest("draw shape test");
        }
    }
```

11.2.3　绘制图像

　　Java 运行时环境支持 GIF、PNG、JPEG 这 3 种格式的图像。图像一般以文件形式存放于本地存储器或网络某台服务器的存储器上。有 3 种方式将图像读取到程序中。读取之后，通过 Graphics2D 的 drawImage()方法将图像绘制到屏幕窗口中。

　　第一种方式，借助于 java.awt 包中 Tookit 类的 getImage()方法。它返回 Image 类型的对象，Image 对象里面包含了图像数据和图像的宽度、高度等信息。使用 Toolkit 类读取图像的一般方式为：

```
        String filename = "…";
        Toolkit tk = Toolkit.getDefaultToolkit();
        Image image = tk.getImage(filename);
```

　　这段代码执行之后，java 虚拟机会启动另外一个线程专门负责图像的读取工作，所以如果在这段代码之后立即显示图像，有可能会只显示图像的一部分，或者根本不显示任何图像。为了避免这种情况，可以利用如下循环代码：

```
        while(image.getWidth(observer) <= 0);
```

　　循环体结束之后，图像被完整读取。

　　第二种方式，借助于 javax.swing 包中 ImageIcon 类的 getImage()方法。它也是返回 Image 类型的对象，并且等待图像完全读取之后返回。使用 ImageIcon 类读取图像的一般方式为：

```
        String filename = "…";
        ImageIcon icon = new ImageIcon(filename);
        Image image = icon.getImage();
```

　　第三种方式，借助于 javax.imageio 包中的 ImageIO 类的 read()方法。它仍是返回 Image 类型的对象，并且等待图像完全读取之后返回。使用 ImageIO 类读取图像的一般方式为：

```
        String filename = "…";
        Image image = ImageIO.read(new File(filename));
```

　　或者提供文件的 URL：

```
        String urlname = "…";
        Image image = ImageIO.read(new URL(url));
```

【例 11-2】演示了上述几种读取和显示图像的方式，图 11-3 为程序演示结果。

【例 11-2】DrawImageTest.java。

```java
import java.awt.*;
import java.io.*;
import java.awt.geom.*;
import javax.imageio.ImageIO;
import javax.swing.*;

public class DrawImageTest extends JFrame {
    private final int SCREENWIDTH = 800;
    private final int SCREENHEIGHT = 600;
    private String background = " bluespace5.jpg";
    private String asteroid = " asteroid1.png";
    private String spaceship = " spaceship.png";
    private Image backgroundImage = null;
    private Image asteroidImage = null;
    private Image spaceshipImage = null;
    private boolean imageLoaded = false;

    public DrawImageTest(String title) {
        super(title);
        setSize(SCREENWIDTH, SCREENHEIGHT);
        setVisible(true);
        setDefaultCloseOperation(JFrame.EXIT_ON_CLOSE);

        loadImage();
        drawImage();
    }

    private void loadImage() {
        Toolkit tk = Toolkit.getDefaultToolkit();
        backgroundImage = tk.getImage(background);
        while(backgroundImage.getWidth(this) <= 0);

        ImageIcon icon= new ImageIcon(asteroid);
        asteroidImage = icon.getImage();

        try {
            spaceshipImage = ImageIO.read(new File(spaceship));
        }
        catch(IOException ie) {
            System.out.println("file read error!");
        }

        imageLoaded = true;
    }
    private void drawImage() {
```

```
            repaint();
        }

    public void paint(Graphics g) {
        Graphics2D g2d = (Graphics2D)g;
        if(!imageLoaded) {
            g2d.setFont(new Font("Gungsuh", Font.BOLD, 20));
            g2d.drawString("loading images...", SCREENWIDTH/2-40, SCREENHEIGHT/2);
        }
        else {
            g2d.drawImage(backgroundImage, 0, 0, SCREENWIDTH-1, SCREENHEIGHT-1, this);
            g2d.drawImage(asteroidImage, SCREENWIDTH/4, SCREENHEIGHT/2, this);
            g2d.drawImage(spaceshipImage, SCREENWIDTH/2,
SCREENHEIGHT/2+asteroidImage.getHeight(this)/3, this);
        }
    }

    public static void main(String[] args) {
        new DrawImageTest("draw image test");
    }
}
```

图 11-3　程序 DrawImageTest.java 的演示结果

API　　　　　　　　　　　　　　　**java.awt.Graphics**

boolean drawImage(Image img, int x, int y, ImageObserver observer)
显示未经缩放的图像，方法有可能在图像绘制完成前返回；
参数：img　　　被显示的图像
　　　x　　　　图像左上角的 x 坐标
　　　y　　　　图像左上角的 y 坐标
　　　observer　更新图像信息的对象，可以是 null

boolean drawImage(Image img, int x, int y, int width, int height, ImageObserver observer)
显示缩放过的图像，在宽为 width、高为 height 的区域缩放图像，方法有可能在图像绘制
完成前返回；
参数：img　　　被显示的图像

x　　　　　　图像左上角的 x 坐标
y　　　　　　图像左上角的 y 坐标
width　　　　缩放后的图像的宽度
height　　　　缩放后的图像的高度
observer　　　更新图像信息的对象，可以是 null

11.3　图形图像的坐标变换

在游戏编程中，经常需要将游戏元素进行平移、尺度缩放、角度旋转和变形等操作，这就要对 Java 图形环境进行坐标变换，Graphics2D 类和 AffineTransform 类的几个方法实现了坐标变换功能。

11.3.1　使用 Graphics2D 类进行坐标变换

1. 平移

Graphics2D 类的 translate()方法实现了对 Graphics2D 坐标系的平移变换，translate()方法的使用方式为：

```
g2d.translate(x, y) ;
g2d.draw(…) ;
```

x、y 是整数类型(int)或双精度(double)类型，这个方法的作用是把 Graphics2D 坐标系的原点移动到当前坐标系的(x, y)之处，其后绘制图形图像时所使用的坐标将以新坐标系为基准，以原坐标系的(x, y)之处作为新原点，绘制的结果相当于将图形图像进行了平移。

2. 尺度缩放

Graphics2D 类的 scale()方法实现了对 Graphics2D 坐标系的尺度缩放功能，scale()方法的使用方式为：

```
g2d.scale(sx, sy) ;
g2d.draw(…) ;
```

sx、sy 是双精度(double)类型，它们分别是将当前坐标系的坐标进行缩放的缩放因子，缩放后的新坐标系坐标(x_{new}, y_{new})与原坐标系坐标(x, y)的关系为：$x_{new} = x*sx$，$y_{new} = y*sy$。该方法执行之后绘制图形图像时所用的坐标将以缩放后的新坐标系为基准，绘制的结果相当于将图形图像进行了缩放，缩放因子为 sx、sy。

3. 角度旋转

Graphics2D 类的 rotate()方法实现了对 Graphics2D 坐标系的角度旋转功能，rotate()方法的使用方式为：

```
g2d.rotate(angle);
g2d.draw(…) ;
```

参数 angle 是双精度类型，以弧度为单位，表示将当前坐标系以原点为中心旋转 angle 弧度。如果 angle 为正值，将从 x 轴正方向向 y 轴正方向旋转；如果 angle 为负值，将从 x 轴正方向向 y 轴负方向旋转。接下来绘制图形图像时将以旋转后的新坐标系为基准，绘制的结果相当于将图形图像绕原点进行了旋转，旋转角度为 angle。

rotate()方法的第二种使用方式为：

```
g2d.rotate(angle, x, y);
g2d.draw(…) ;
```

带参数 x、y 的 rotate()方法相当于如下顺序的 3 个方法调用：

```
translate(x, y);
rotate(angle);
translate(-x, -y);
```

Graphics2D 的若干坐标变换方法的顺序调用组成了一个变换组合，共同对坐标系产生作用，作用的顺序与方法调用的顺序一致。上述第一个方法调用对坐标系进行平移变换，将坐标原点平移到(x, y)处，第二个对平移后的新坐标系进行旋转 angle 弧度的变换，第三个再对旋转后的坐标系进行平移，将原点移动到当前坐标系的(-x, -y)之处。这样 3 个变换的总体结果，对第一个平移变换之前的坐标系和接下来绘制的图形图像来说，相当于围绕(x, y)旋转了 angle 弧度。

所以，如果想让图形图像在某位置(sitex,sitey)围绕自己的中心(sitex+width/2,sitey+height/2)进行旋转，需要调用 rotate(angle, sitex+width/2, sitey+height/2)，或下列组合调用：

```
translate(sitex+width/2, sitey+height/2);
rotate(angle);
translate(-sitex-width/2, -sitey-height/2);
```

【例 11-3】演示了上述几种变形操作，图 11-4 为程序演示结果。

【例 11-3】TransformTest.java。

```java
import java.awt.*;
import javax.swing.*;

public class TransformTest extends JFrame {
    private final int SCREENWIDTH = 800;
    private final int SCREENHEIGHT = 600;
    private String background = " bluespace5.jpg";
    private String spaceship = " spaceship.png";
    private Image backgroundImage = null;
    private Image spaceshipImage = null;
    private boolean imageLoaded = false;
```

```java
public TransformTest(String title) {
    super(title);
    setSize(SCREENWIDTH, SCREENHEIGHT);
    setVisible(true);
    setDefaultCloseOperation(JFrame.EXIT_ON_CLOSE);

    loadImage();
    drawImage();
}

private void loadImage() {
    Toolkit tk = Toolkit.getDefaultToolkit();
    backgroundImage = tk.getImage(background);
    spaceshipImage = tk.getImage(spaceship);
    while(backgroundImage.getWidth(this) <= 0 || spaceshipImage.getWidth(this) <=0);

    imageLoaded = true;
}
private void drawImage() {
    repaint();
}

public void paint(Graphics g) {
    Graphics2D g2d = (Graphics2D)g;

    if(!imageLoaded) {
        g2d.setFont(new Font("Gungsuh", Font.BOLD, 20));
        g2d.drawString("loading images...", SCREENWIDTH/2-40, SCREENHEIGHT/2);
    }
    else {
        g2d.drawImage(backgroundImage, 0, 0, SCREENWIDTH-1, SCREENHEIGHT-1, this);

        g2d.setColor(Color.ORANGE);
        g2d.setFont(new Font("Gungsuh", Font.BOLD, 15));

        g2d.drawString("original", 200-10, 160+spaceshipImage.getHeight(this)+30);
        g2d.drawString("translated", 300-15, 160+spaceshipImage.getHeight(this)+30);
        g2d.drawString("scaled", 400+45, 160+spaceshipImage.getHeight(this)+30);
        g2d.drawString("rotated", 600+45, 160+spaceshipImage.getHeight(this)+30);

        g2d.drawImage(spaceshipImage, 200, 160, this);

        g2d.translate(100, 0);
        g2d.drawImage(spaceshipImage, 200, 160, this);

        g2d.translate(300, 0);
        g2d.scale(2, 2);
        g2d.drawImage(spaceshipImage, 0, 80-spaceshipImage.getHeight(this)/2, this);
```

```
            g2d.translate(100+spaceshipImage.getWidth(this))/2, 80);
            g2d.rotate(Math.PI/4);
            g2d.translate(-100-spaceshipImage.getWidth(this))/2, -80);
            g2d.drawImage(spaceshipImage, 100, 80-spaceshipImage.getHeight(this)/2, this);

            /*或用下列方法实现同样的旋转效果
            g2d.rotate(Math.PI/4, 100+spaceshipImage.getWidth(this)/2, 80);
            g2d.drawImage(spaceshipImage, 100, 80-spaceshipImage.getHeight(this)/2, this);
            */
        }
    }

    public static void main(String[] args) {
        new TransformTest("Transform test");
    }
}
```

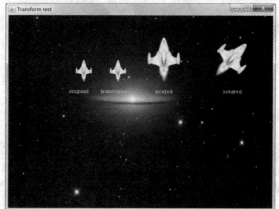

图 11-4　程序 TransformTest.java 的演示结果

　　虽然可以把变换进行组合，但同样一组变换，不同顺序可能会产生不同结果，如旋转和伸缩的顺序不会影响其后绘制的结果，但旋转和变形的顺序会影响其后绘制的结果。

11.3.2　使用 AffineTransform 类进行坐标变换

　　平移、尺度缩放、角度旋转和变形等坐标变换，可以用矩阵变换来表示：

$$\begin{bmatrix} x_{new} \\ y_{new} \\ 1 \end{bmatrix} = \begin{bmatrix} a & c & e \\ b & d & f \\ 0 & 0 & 1 \end{bmatrix} \cdot \begin{bmatrix} x \\ y \\ 1 \end{bmatrix}$$

　　其中，a、b、c、d、e、f 等变量取适当的值，就能实现坐标系的平移、尺度缩放、角度旋转和变形等变换。这类变换一般称为仿射变换。

　　java.awt.geom 包中的 AffineTransform 类提供了仿射变换的功能。如果知道某种坐标变换对应的变换矩阵，可以通过以下方式直接创建具有特定坐标变换功能的 AffineTransform 对象：

```
AffineTransform transform = new AffineTransform(a, b, c, d, e, f);
```

如果不清楚坐标变换到底对应哪一个变换矩阵，可以直接调用 AffineTransform 类的 getTranslateInstance()、getRotateInstance()、getScaleInstance()和 getShearInstance()方法来创建具有相应坐标变换功能的 AffineTransform 对象。例如：

```
AffineTransform transform = AffineTransform.getScaleInstance(2, 2);
```

返回一个对应下列伸缩变换矩阵的 AffineTransform 对象：

$$\begin{bmatrix} 2 & 0 & 0 \\ 0 & 2 & 0 \\ 0 & 0 & 1 \end{bmatrix}$$

另外，AffineTransform 的 setToRotation()、setToScale()、setToTranslation()和 setToShear() 方法将一个 AffineTransform 对象设置为具有其他相应变换功能的对象。例如：

```
transform.setToRotation(angle);
```

将 transform 对象设置为具有旋转功能的对象。

设置好 AffineTransform 对象，要让它发挥坐标变换的作用，一般采用下列方式：

```
AffineTransform transform = …;
g2d.drawImage(shap, transform, observer);
```

使用带有 AffineTransform 对象参数的 drawImage 方法时不再指明图形图像的位置坐标，默认会在变换后的坐标系原点处绘制图形图像。

前面讲过，利用 Graphics2D 的 translate()、rotate()等方法可以实现坐标变换，现在，利用 Graphics2D 的 setTransform()可以将 Graphics2D 对象的坐标变换设置为 AffineTransform 对象的坐标变换，方式为：

```
g2d.setTransform(transform);
g2d.draw(…);
```

这时 draw 的参数里面不再需要 transform 对象。

Graphics2D 的 setTransform()方法的特点是用新的仿射变换完全替换 Graphics2D 对象原来的变换，所以，如果想保留 Graphics2D 对象原来的变换功能，需要使用 Graphics2D 的 transform()方法将新的变换与原来的变换进行组合，这时绘制的图形图像将是原来的变换与新变换组合后共同作用的结果。transform()方法的使用方式为：

```
g2d.transform(transform);
g2d.draw(…);
```

如果只是想暂时进行坐标变换并绘制图形，绘制完毕后恢复原来的坐标变换，可以使用 Graphics2D 的 getTransform()方法。它返回当前的变换对象，返回类型为 AffineTransform，进行临时变换后，再把得到的变换对象设置回去。这个过程为：

```
        AffineTransform oldTransform = g2d.getTransform();
        g2d.transform(transform);
        g2d.draw(…);
        g2d.setTransform(oldTransform);
```

对变换进行组合的方式可以像上面一样使用 Graphics2D 类的 transform()方法，也可以使用 AffineTransform 类的 translate()、scale()和 rotate()等方法。它们的参数、使用方式、变换组合方式和 Graphics2D 类的对应方法是一致的。

【例 11-4】演示了 AffineTransform 的 translate()、scale()和 rotate()等方法的使用方式，图 11-5 为程序演示结果：

【例 11-4】AffineTransformTest.java。

```java
import java.awt.*;
import java.awt.geom.*;
import javax.swing.*;

public class AffineTransformTest extends JFrame {
    private final int SCREENWIDTH = 800;
    private final int SCREENHEIGHT = 600;
    private String background = " bluespace5.jpg";
    private String spaceship = " spaceship.png";
    private Image backgroundImage = null;
    private Image spaceshipImage = null;
    private boolean imageLoaded = false;
    private AffineTransform transform;

    public AffineTransformTest(String title) {
        super(title);
        setSize(SCREENWIDTH, SCREENHEIGHT);
        setVisible(true);
        setDefaultCloseOperation(JFrame.EXIT_ON_CLOSE);
        transform = new AffineTransform();

        loadImage();
        drawImage();
    }

    private void loadImage() {
        Toolkit tk = Toolkit.getDefaultToolkit();
        backgroundImage = tk.getImage(background);
        spaceshipImage = tk.getImage(spaceship);
        while(backgroundImage.getWidth(this) <= 0 || spaceshipImage.getWidth(this) <=0);

        imageLoaded = true;
    }
    private void drawImage() {
        repaint();
```

```
        }

    public void paint(Graphics g) {
        Graphics2D g2d = (Graphics2D)g;

        if(!imageLoaded) {
            g2d.setFont(new Font("Gungsuh", Font.BOLD, 20));
            g2d.drawString("loading images...", SCREENWIDTH/2-40, SCREENHEIGHT/2);
        }
        else {
            g2d.drawImage(backgroundImage, 0, 0, SCREENWIDTH-1, SCREENHEIGHT-1, this);

            g2d.setColor(Color.ORANGE);
            g2d.setFont(new Font("Gungsuh", Font.BOLD, 15));
            g2d.drawString("original", 200-10, 160+spaceshipImage.getHeight(this)+30);
            g2d.drawString("translated", 300-15, 160+spaceshipImage.getHeight(this)+30);
            g2d.drawString("scaled", 400+15, 160+spaceshipImage.getHeight(this)+30);
            g2d.drawString("rotated", 600+15, 160+spaceshipImage.getHeight(this)+30);

            g2d.drawImage(spaceshipImage, 200, 160, this);

            /* setToIdentity()方法设置对象的变换矩阵为恒等变换矩阵，即：
             *            [ 1    0    0 ]
             *            [ 0    1    0 ]
             *            [ 0    0    1 ]
             * 这样就清除了对象原来的变换矩阵的影响。
             */
            transform.setToIdentity();
            transform.translate(300, 160);
            g2d.drawImage(spaceshipImage, transform, this);

            transform.translate(100, 0);
            transform.scale(2, 2);
            transform.translate(0, -spaceshipImage.getHeight(this)/2);
            g2d.drawImage(spaceshipImage, transform, this);

            transform.translate(100, 0);
            transform.translate(spaceshipImage.getWidth(this)/2, spaceshipImage.getHeight(this)/2);
            transform.rotate(Math.PI/4);
            transform.translate(-spaceshipImage.getWidth(this)/2, -spaceshipImage.getHeight(this)/2);
            g2d.drawImage(spaceshipImage, transform, this);
        }
    }

    public static void main(String[] args) {
        new AffineTransformTest("AffineTransform test");
    }
}
```

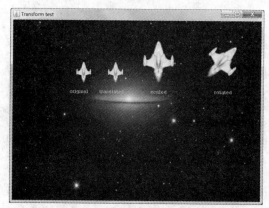

图 11-5　程序 AffineTransformTest.java 的演示结果

不管是通过 Graphics2D 类的方法还是通过 AffineTransform 类的方法，所有的坐标变换都看做是针对坐标系的，坐标系变换之后，其中的图形图像自然跟着变换，多个变换组合在一起的时候，按前后顺序对坐标系进行变换；如果把变换看做是针对图形图像坐标的，多个变换组合在一起的时候，按逆序对图形图像进行变换。

另外需要注意的是，任何特定的 AffineTransform 对象都可以同样应用到绘制图形和图像上，但是有一些不同之处，Graphics2D 使用 draw()方法绘制图形时使用 Graphics2D 对象本身的 AffineTransform 对象，使用 drawImage()方法绘制图像时既可以使用本身的 AffineTransform 对象，又可以使用独立的 AffineTransform 对象作为参数。

11.4　生成动画

一系列动作连续的图片，在屏幕上连续绘制它们将会产生动画效果，其中每一幅图片称为一帧。这些连续图片可以是独立的图片文件，也可以所有帧存放到一个图片文件里面。

如果每一帧独立存放，程序在读取它们时将会花费比较长的时间，而且在程序里面用数组或链表来存放这些帧也会使代码变得复杂。相比之下，所有帧存放到一个图片文件里面，程序执行效率会比较高，代码也较简单。例如，一个爆炸动画的所有帧保存到一个图片文件里面，如图 11-6 所示。

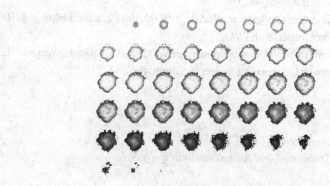

图 11-6　保存所有动画帧的图片

如果要在屏幕上展现爆炸动画，就要连续绘制图片中的每一帧，某一特定帧在图片中的位置可以通过下列公式计算：

frameX = (currentFrame%columns) * frameWidth;

frameY = (currentFrame/columns) * frameHeight;

frameX、frameY、frameWidth 和 frameHeight 都是以图片的像素为单位，currentFrame 是动画帧的序号，columns 是图片中帧的列数。

得到帧的起始位置之后便可以使用 Graphics2D 的 drawImage(img, dx1, dy1, dx2, dy2, sx1, sy1, sx2, sy2, observer)方法来绘制整个图片中的这一特定帧区域。其中，img 是包含所有帧的图片，dx1、dy1、dx2、dy2 限定了将要绘制特定帧的屏幕区域，sx1、sy1、sx2、sy2 限定了图片中特定帧的区域。

【例 11-5】演示了动画的生成方法，图 11-7 为程序演示结果。

图 11-7　程序 AnimationTest.java 的演示结果

【例 11-5】AnimationTest.java。

```java
import java.awt.*;
import javax.swing.*;

public class AnimationTest extends JFrame implements Runnable {
    private final int SCREENWIDTH = 800;
    private final int SCREENHEIGHT = 600;
    private Image backgroundImage = null;
    private Image animationImage = null;
    private boolean imageLoaded = false;
    //帧宽、帧高等数据根据实际的图片计算得出
    private final int frameWidth = 256;
    private final int frameHeight = 256;
    private final int cols = 8;
    private final int totalFrames = 48;
```

```java
        private int currentFrame = 0;
        private int frameX, frameY;
        private static Thread animationThread;

        public AnimationTest(String title) {
            super(title);
            setSize(SCREENWIDTH, SCREENHEIGHT);
            setVisible(true);
            setDefaultCloseOperation(JFrame.EXIT_ON_CLOSE);

            Toolkit tk = Toolkit.getDefaultToolkit();
            backgroundImage = tk.getImage("bluespace5.jpg");
            animationImage = tk.getImage("explosionspritesheet3.png");
            while(animationImage.getWidth(this) <= 0 || backgroundImage.getWidth(this) <=0);
            imageLoaded = true;
            animationThread = new Thread(this);
        }

        public void paint(Graphics g) {
            Graphics2D g2d = (Graphics2D)g;

            if(!imageLoaded) {
                g2d.setFont(new Font("Gungsuh", Font.BOLD, 20));
                g2d.drawString("loading images...", SCREENWIDTH/2-40, SCREENHEIGHT/2);
            }
            else {
                //绘制每一帧之前都要画出爆炸的背景图片以清除前一帧
                g2d.drawImage(backgroundImage, 0, 0, SCREENWIDTH-1, SCREENHEIGHT-1, this);
                //在屏幕中限定的区域画出图片中的限定区域的帧
                g2d.drawImage(animationImage,
                                SCREENWIDTH/2-frameWidth/2,
                                SCREENHEIGHT/2-frameHeight/2,
                                SCREENWIDTH/2-frameWidth/2+frameWidth,
                                SCREENHEIGHT/2-frameHeight/2+frameHeight, frameX,
                    frameY,
                                frameX+frameWidth, frameY+frameHeight, this);
            }
        }

        private void frameUpdate() {
            //计算当前帧在图片中的位置
            frameX = (currentFrame % cols) * frameWidth;
            frameY = (currentFrame / cols) * frameHeight;

            currentFrame++;
            currentFrame %= totalFrames;
        }
```

```
public void run() {
    Thread t = Thread.currentThread();
    while(t==animationThread) {
        //为了演示出动画效果，每显示一帧之后，需要间隔一小段时间，时间间隔的大小
决定了动画显示的快慢
        try {
            Thread.sleep(20);
        } catch (InterruptedException e) {
            e.printStackTrace();
        }

        frameUpdate();
        repaint();
    }
}

public static void main(String[] args) {
    new AnimationTest("animation test");
    animationThread.start();
}
}
```

11.5　消除动画闪烁

运行 11.4 节的 AnimationTest 程序会发现，爆炸动画存在闪烁现象。这是因为在显示动画的每一帧之前，都需要先用背景图片覆盖前一帧，然后再显示当前帧，所以在程序绘制背景图片的这一小段时间内本应看到动画的前一帧，但却看到了背景图片，就是这一短暂的时间段导致了闪烁的发生。

消除闪烁的一种办法是：绘制完动画的当前帧，在绘制下一帧的时候，不是直接在屏幕上先绘制背景再绘制下一帧，而是先开辟一片内存，把背景图片和下一帧先绘制到这一片内存区域，然后再把这片内存中的背景图片和下一帧同时绘制到屏幕上，这样就避免了只看到背景图片的这一小段时间，使动画的前后各帧连续无间隔地被游戏玩家看到，从而避免了闪烁的产生。

这种避免闪烁的技术就称为双缓冲技术，开辟的这一片保存背景和动画帧的内存称为缓存。程序中使用双缓冲的时候，这片缓存就是 java 的 Image 对象。Image 对象可以通过调用 Component 对象的 createImage(int width,int height)方法来产生。其中，width 和 height 分别是创建的 Image 对象的宽度和高度。再通过 Image 对象的 getGraphics()方法得到一个 Graphics 对象，这个对象的绘制图形图像的方法将把图形图像绘制到 Image 对象里面而不是绘制到屏幕上。

【例 11-6】演示了双缓冲技术和支持这一技术的方法的使用，这段程序和 11.5 节中的不同部分已经用粗体标示了出来。

【例 11-6】BufferedAnimationTest.java。

```java
import java.awt.*;
import javax.swing.*;

public class BufferedAnimationTest extends JFrame implements Runnable {
    private final int SCREENWIDTH = 800;
    private final int SCREENHEIGHT = 600;
    private Image backgroundImage = null;
    private Image animationImage = null;
    //定义缓冲区
    private Image bufferedImage = null;
    //定义缓冲区的图形环境
    private Graphics2D bufferedG2d;
    private boolean imageLoaded = false;
    //帧宽、帧高等数据根据实际的图片计算得出
    private final int frameWidth = 256;
    private final int frameHeight = 256;
    private final int cols = 8;
    private final int totalFrames = 48;
    private int currentFrame = 0;
    private int frameX, frameY;
    private static Thread animationThread;

    public BufferedAnimationTest(String title) {
        super(title);
        setSize(SCREENWIDTH, SCREENHEIGHT);
        setVisible(true);
        setDefaultCloseOperation(JFrame.EXIT_ON_CLOSE);

        //创建缓冲区，即Image对象
        bufferedImage = this.createImage(SCREENWIDTH, SCREENHEIGHT);
        //得到缓冲区的图形绘制环境
        bufferedG2d = (Graphics2D)bufferedImage.getGraphics();

        Toolkit tk = Toolkit.getDefaultToolkit();
        backgroundImage = tk.getImage("bluespace5.jpg");
        animationImage = tk.getImage("explosionspritesheet3.png");
        while(animationImage.getWidth(this) <= 0 || backgroundImage.getWidth(this) <=0);
        imageLoaded = true;
        animationThread = new Thread(this);
    }

    public void paint(Graphics g) {
        Graphics2D g2d = (Graphics2D)g;
```

```
        if(!imageLoaded) {
            g2d.setFont(new Font("Gungsuh", Font.BOLD, 20));
            g2d.drawString("loading images...", SCREENWIDTH/2-40, SCREENHEIGHT/2);
        }
        else {
            //真正在屏幕上绘制动画帧之前先把背景和动画帧绘制到缓冲区
            bufferedG2d.drawImage(backgroundImage, 0, 0,
                    SCREENWIDTH-1, SCREENHEIGHT-1, this);
            bufferedG2d.drawImage(animationImage,
                                    SCREENWIDTH/2-frameWidth/2,
                                    SCREENHEIGHT/2-frameHeight/2,
                                     SCREENWIDTH/2-frameWidth/2+frameWidth,
                                    SCREENHEIGHT/2-frameHeight/2+frameHeight,
                                    frameX, frameY, frameX+frameWidth,
                                    frameY+frameHeight, this);
            //把缓冲区的背景和动画帧绘制到屏幕上
            g2d.drawImage(bufferedImage, 0, 0, this);
        }
    }

    private void frameUpdate() {
        //计算当前帧在图片中的位置
        frameX = (currentFrame % cols) * frameWidth;
        frameY = (currentFrame / cols) * frameHeight;

        currentFrame++;
        currentFrame %= totalFrames;
    }

    public void run() {
        Thread t = Thread.currentThread();
        while(t==animationThread) {
            //为了演示出动画效果，每显示一帧之后，需要间隔一小段时间，时间间隔的大小
决定了动画显示的快慢
            try {
                Thread.sleep(20);
            } catch (InterruptedException e) {
                e.printStackTrace();
            }

            frameUpdate();
            repaint();
        }
```

```
        }

        public static void main(String[] args) {
            new BufferedAnimationTest("animation test");
            animationThread.start();
        }
    }
```

11.6 小　　结

　　本章介绍了有关游戏编程的一些基本知识，包括图形环境的坐标体系、图形图像的绘制、各种坐标变换、动画的生成和动画闪烁的消除。通过坐标变换可以让游戏中的实体更加容易控制，省却了在绘制图形图像时直接使用坐标，使编程更加简单。动画和动画闪烁消除是必不可少的游戏编程技术，即便是很简单的不需要动画的游戏，如果引入动画效果，也会使游戏更加吸引人。

11.7 思 考 练 习

　　1. Graphics2D 类绘制图形用到的方法有哪些？

　　2. 编写程序，分别用 3 种不同的方式加载图片。

　　3. 基本的图形变换有哪几种？

　　4. Graphics2D 的图形变换方法分别是哪几个？

　　5. 简述 AffineTransform 类的对象创建方法。

　　6. 编写程序，用 Graphics2D 类来实现平移、尺度缩放、角度旋转和变形等坐标变换。

　　7. 编写程序，用 AffineTransform 类来实现平移、尺度缩放、角度旋转和变形等坐标变换。

　　8. 思考除了本章介绍的动画生成技术外，还可以采用何种方法生成动画。

　　9. 如果一个动画的所有帧都放到了一张图片里面，那么如何正确定位到所需的那一帧？

　　10. 编写程序，实现自己的一个动画程序。

　　11. 试述动画闪烁产生的原因。

　　12. 简述消除动画闪烁的双缓冲技术。

第12章 游戏开发实例

本章学习目标：

- 引入一个星球大战游戏实例
- 理解游戏实例的总体结构和流程
- 掌握游戏所用到的几个类
- 掌握游戏中的事件处理
- 掌握游戏实体的更新、绘制与删除技术
- 掌握游戏实体的碰撞检测技术
- 掌握 Applet 游戏的开发与部署

12.1 游戏总体介绍

第 11 章介绍了游戏开发要用到的一些基本知识，本章将开始开发一个真正的游戏程序 "星球大战"。游戏总体上有一定的复杂度，但是本章将循序渐进，逐步开发，运用第 11 章介绍的知识一步步完成这个游戏。

本章开发的星球大战这款游戏运行时的画面如图 12-1、图 12-2 和图 12-3 所示。

上述 3 个画面代表了游戏的 3 个状态：GAME_MENU、GAME_RUNNING 和 GAME_OVER。游戏刚开始运行时，处于 GAME_MENU 状态，显示控制信息，按回车键之后进入运行状态。在运行状态按下 Esc 键之后，游戏进入结束状态。再按回车键，程序又回到运行状态，过程如图 12-4 所示。

图 12-1　游戏开始前的提示画面

图 12-2　游戏运行画面图

图 12-3　游戏结束时的提示画面

图 12-4　游戏状态之间的转移

GAME_RUNNING 状态的程序代码是比较复杂的，这段程序要使小行星、飞船和子弹运动起来，而且是受控制的运动，这段代码会用到诸如碰撞检测等新技术，下面的几节会在需要时介绍这些技术。

程序虽然复杂，它包含了主类程序 StarWars.java 和其他几个辅助类程序，但整体结构依然清晰。主类程序包含以下几个主要部分。

(1) 类和实例变量定义部分，这当然是不可缺少的。

(2) StarWars 类的基本构造与背景图片读取部分。

(3) 键盘事件监听的代码部分，监听回车、空格、Esc 等键盘事件并作出响应。

(4) 使小行星、飞船、子弹等运动起来的线程部分，这部分代码要处理背景图片显示，GAME_MENU 和 GAME_OVER 状态的控制信息显示，GAME_RUNNING 状态的小行星、飞船、子弹等运动轨迹的处理。

【例 12-1】演示了游戏在 GAME_MENU 状态的代码，也构造了 GAME_RUNNING、GAME_OVER 状态的程序结构。

【例 12-1】StarWars.java。

```java
import java.awt.*;
import java.awt.event.*;
import java.awt.image.*;
import javax.swing.*;

//游戏主类，实现 Runnable 和 KeyListener 接口
public class StarWars extends JFrame implements Runnable, KeyListener {
    private final int SCREENWIDTH = 800;
    private final int SCREENHEIGHT = 600;

    //定义游戏状态，设置游戏初始状态为 GAME_MENU
private final int GAME_MENU = 0;
private final int GAME_RUNNING = 1;
private final int GAME_OVER = 2;
private int gameState = GAME_MENU;
```

```
/***********************************************************************
    为了避免动画画面闪烁，需要采用第11章介绍的双缓冲技术，把背景图片和下一帧先绘制到一个图
片对象，然后再把这个图片对象绘制到屏幕上。
    和第11章不同的是，这里使用了比Image类功能更丰富一点的BufferedImage类，使用这个类可以对其
中存放的图片的像素进行改动。
    用BufferedImage类实现双缓冲和使用Image类相似，只是调用的方法有所差别，这些差别可以在下面
的程序中看到。
***********************************************************************/
        private BufferedImage backbuffer;
        private Graphics2D g2d;

            //指示某些键是否被按下的变量
            private boolean keyLeft, keyRight, keyUp, keyDown, keyFire, keyComma, keyPeriod;

/***********************************************************************
    线程相关变量，gameloopThread是除了程序主循环之外最重要的另一个线程，它负责更新动画元素(小
行星、飞船、子弹等)，并且实现动画
***********************************************************************/
        private static Thread gameloopThread;
        private final int framerate = 1000/50;

        //用于保存背景图片；
        private Image backgroundImage;

/***********************************************************************
    BufferedImage是Image类的子类，从BufferedImage获得的画笔将把内容画在BufferedImage对象里，这
样做是为了避免屏幕闪烁。
    BufferedImage类的createGraphics()方法创建并返回一个Graphics2D对象，这个Graphics2D对象可以向
这个BufferedImage对象里面画内容。
***********************************************************************/
        public StarWars(String title) {
            super(title);
            setSize(SCREENWIDTH, SCREENHEIGHT);
            setVisible(true);
            setDefaultCloseOperation(JFrame.EXIT_ON_CLOSE);

/***********************************************************************
    可以用3个整型参数来构造BufferedImage对象，这3个参数是图像的宽度、高度和图像的类型。
    图像的类型参数指明了图像中存放像素值的方式，如BufferedImage.TYPE_USHORT_555_RGB说明
像素值按R、G、B这3个颜色分量存储，且分别占用5位，没有alpha(透明)通道。
    常用的图像类型有TYPE_BYTE_GRAY、TYPE_INT_RGB、TYPE_INT_ARGB等，这些类型的含义
可以在java说明文档中找到。
    获得缓冲图像的绘图环境Graphics2D对象，后面通过g2d绘制的文字和图形图像都是绘制到缓冲图像
backbuffer中，等待最后一次性向屏幕绘制动画帧。
***********************************************************************/
            backbuffer = new BufferedImage(SCREENWIDTH, SCREENHEIGHT,
                                    BufferedImage.TYPE_INT_RGB);
            g2d = backbuffer.createGraphics();
```

```
/**********************************************************************
   注册键盘监听器接口，参数是接收并处理键盘事件的对象，这个对象必须已经实现了KeyListener
接口
***********************************************************************/
        addKeyListener(this);


/**********************************************************************
   创建实现动画的线程，参数必须是实现了Runnable接口的对象，并且这个对象拥有处理小行星、飞
船、子弹等动画的能力
***********************************************************************/
        gameloopThread = new Thread(this);

        gameStartup();
    }


/**********************************************************************
   获得背景图片，创建小行星、飞船、子弹、爆炸等对象，并设置它们的图片和其他参数，如速度
和方向。
   这个函数的功能将逐步扩充。
***********************************************************************/
        public void gameStartup() {
            Toolkit tk = Toolkit.getDefaultToolkit();
            backgroundImage = tk.getImage("bluespace5.jpg");
            while(backgroundImage.getWidth(this) <= 0);
        }


/**********************************************************************
   这是真正向屏幕绘制图像的函数，把绘制到图像缓冲区backbuffer的内容一次性绘制到屏幕以消除动
画中的闪烁
***********************************************************************/
        public void paint(Graphics g) {
            g.drawImage(backbuffer, 0, 0, this);
        }


/**********************************************************************
   游戏重新开始时，创建飞船和小行星对象，设置飞船和小行星的位置、速度等参数
***********************************************************************/
        private void resetGame() {

        }

        //实现KeyListener接口的方法
        public void keyTyped(KeyEvent k) { }
        public void keyPressed(KeyEvent k) {
            int keyCode = k.getKeyCode();

            switch(keyCode) {
```

```
                case KeyEvent.VK_COMMA:
                    keyComma = true;
                    break;
                case KeyEvent.VK_PERIOD:
                    keyPeriod = true;
                    break;
                case KeyEvent.VK_LEFT:
                    keyLeft = true;
                    break;
                case KeyEvent.VK_RIGHT:
                    keyRight = true;
                    break;
                case KeyEvent.VK_UP:
                    keyUp = true;
                    break;
                case KeyEvent.VK_DOWN:
                    keyDown = true;
                    break;
                case KeyEvent.VK_SPACE:
                    keyFire = true;
                    break;

                case KeyEvent.VK_ENTER:
                    if (gameState == GAME_MENU) {
                        resetGame();
                        gameState = GAME_RUNNING;
                    }
                    else if (gameState == GAME_OVER) {
                        resetGame();
                        gameState = GAME_RUNNING;
                    }
                    break;

                case KeyEvent.VK_ESCAPE:
                    if (gameState == GAME_RUNNING) {
                        gameState = GAME_OVER;
                    }
                    break;
            }
        }
        public void keyReleased(KeyEvent k) {
            int keyCode = k.getKeyCode();

            switch(keyCode) {
                case KeyEvent.VK_COMMA:
                    keyComma = false;
                    break;
                case KeyEvent.VK_PERIOD:
```

```
                    keyPeriod = false;
                    break;
            case KeyEvent.VK_LEFT:
                keyLeft = false;
                break;
            case KeyEvent.VK_RIGHT:
                keyRight = false;
                break;
            case KeyEvent.VK_UP:
                keyUp = false;
                break;
            case KeyEvent.VK_DOWN:
                keyDown = false;
                break;
            case KeyEvent.VK_SPACE:
                keyFire = false;
                break;
            }
        }

/**********************************************************************************
    对动画元素的位置、是否碰撞、数量以及屏幕显示信息进行更新。
    检查是否产生了键盘事件，如果有，则设置相应状态，响应相应动作。
    更新完毕后，将元素绘制于缓冲区图像。
**********************************************************************************/
        public void gameUpdate() {
            refreshScreen();
        }

/**********************************************************************************
    游戏处于GAME_MENU和GAME_OVER状态时显示控制信息。
    游戏处于GAME_RUNNING状态时显示飞船生命值等信息。
    这些信息都先行绘制于缓冲区图像。
**********************************************************************************/
        public void refreshScreen() {
            //下面这段代码致力于消除文字的锯齿边缘
            RenderingHints rh = new RenderingHints(RenderingHints.KEY_TEXT_ANTIALIASING,
RenderingHints.VALUE_TEXT_ANTIALIAS_ON);
            rh.put(RenderingHints.KEY_STROKE_CONTROL,
RenderingHints.VALUE_STROKE_PURE);
            rh.put(RenderingHints.KEY_ALPHA_INTERPOLATION,
RenderingHints.VALUE_ALPHA_INTERPOLATION_QUALITY);
            g2d.setRenderingHints(rh);

            //将背景图像绘制于缓冲图像
g2d.drawImage(backgroundImage,0,0,SCREENWIDTH-1,SCREENHEIGHT-1,this);

            //显示控制信息，先行绘制于缓冲图像
```

```java
if (gameState == GAME_MENU) {
    g2d.setFont(new Font("Default", Font.BOLD, 80));
    g2d.setColor(Color.BLACK);
    g2d.drawString("星球大战", 222, 222);
    g2d.setColor(Color.RED);
    g2d.drawString("星球大战", 220, 220);

    int x = 270, y = 14;
    g2d.setFont(new Font("Default", Font.BOLD, 24));
    g2d.setColor(Color.BLACK);
    g2d.drawString("控制方式：", x+2, y*23+2);
    g2d.setFont(new Font("Default", Font.BOLD, 24));
    g2d.setColor(Color.ORANGE);
    g2d.drawString("控制方式：", x, y*23);
    g2d.setFont(new Font("Default", Font.BOLD, 20));
    g2d.setColor(Color.YELLOW);
    g2d.drawString("前进  -  向上箭头", x, ++y*24);
    g2d.drawString("后退  -  向下箭头", x, ++y*24);
    g2d.drawString("左进  -  向左箭头", x, ++y*24);
    g2d.drawString("右进  -  向右箭头", x, ++y*24);
    g2d.drawString("左旋  - \"<\"键", x, ++y*24);
    g2d.drawString("右旋  - \">\"键", x, ++y*24);
    g2d.drawString("开火  -  空格键", x, ++y*24);

    g2d.setFont(new Font("Default", Font.BOLD, 24));
    g2d.setColor(Color.ORANGE);
    g2d.drawString("按回车键开始游戏......", x, ++y*25);
}
else if (gameState == GAME_RUNNING) {
}
else if (gameState == GAME_OVER) {
  g2d.setFont(new Font("Default", Font.BOLD, 60));
    g2d.setColor(Color.BLACK);
    g2d.drawString("游戏结束！", 262, 222);
    g2d.setColor(Color.RED);
    g2d.drawString("游戏结束！", 260, 220);

    g2d.setFont(new Font("Default", Font.CENTER_BASELINE, 30));
    g2d.setColor(Color.ORANGE);
    g2d.drawString("按回车键重新开始游戏......", 250, 400);
}
}
```

/***

实现Runnable接口的run()方法，这是实现动画必须的一个方法，专门处理动画的线程gameloopThread启动之后就会执行这个方法。

因为速度慢的计算机中更新并显示动画帧需要的时间长，速度快的计算机中更新并显示动画帧的时间短，如果每次更新并显示完动画帧都睡眠相同的时间，那么在不同性能计算机中动画的显示速度会产生差异。

为了弥补在不同性能计算机中动画显示的速度不一致，达到恒定帧速率，可以采用如下方法：

(1) 动画线程run方法中永久循环；

(2) 记录当前时间frameStart；

(3) 更新并绘制动画；

(4) 计算因更新和绘制动画而消耗的时间elapsedTime = currentTime - frameStart；

(5) 如果elapsedTime小于规定的帧间时间间隔framerate，睡眠时间调整为framerate - elapsedTime，否则，动画显示速度将慢于预期，但仍需要睡眠几毫秒，让垃圾收集器有机会工作。
***/

```java
        public void run() {
            long frameStart;
            long elapsedTime;
            long totalElapsedTime = 0;
            long frameCount = 0;
            long reportedFramerate;

            Thread t = Thread.currentThread();
            while(t == gameloopThread) {
                frameStart = System.currentTimeMillis();
                gameUpdate();
                repaint();
                elapsedTime = System.currentTimeMillis() - frameStart;
```

/**

为了演示出动画效果，每显示一帧之后，需要间隔一小段时间，时间间隔的大小决定了动画显示的快慢，并且为了在不同计算机中达到恒定帧速率，需要根据实际消耗的更新和绘画时间调整睡眠时间
***/

```java
            try {
                if(elapsedTime < framerate) {
                    Thread.sleep(framerate-elapsedTime);
                }
                else {
                    //让垃圾收集器有机会工作
                    Thread.sleep(5);
                }
            } catch (InterruptedException e) {
                e.printStackTrace();
            }
        }
    }

    public static void main(String[] args) {
        new StarWars("star wars");
        gameloopThread.start();
    }
}
```

12.2　游戏辅助类

在进一步补充程序主类程序 StarWar.java 之前，需要引入其他几个类：Point2D、Sprite Image 和 AnimatedSprite。

程序中小行星、飞船和子弹都具有位置属性，小行星和子弹还有速度属性。当然，位置可以用两个整型变量 x 和 y 来表示，速度也可以用横向速度 x 和纵向速度 y 来表示。但是为了使程序更具有面向对象特性，创建了 Point2D 类。它具有整型变量 x 和 y，既可以表示位置坐标，也可以表示横向和纵向速度。

另外，游戏中有大量的图片需要显示和处理。背景图片和指示飞船生命值的图片的显示比较简单，不需要复杂的图片操作。但是小行星的图片、飞船的图片、子弹的图片和爆炸的图片不仅需要显示，还需要复杂的操作，如位置的移动、角度的旋转和图片之间是否重叠(实际上是小行星、飞船、子弹之间是否碰撞)的检测等，把图片的显示和这些复杂操作封装起来形成了一个类，就是 SpriteImage 类。

游戏中小行星、飞船和子弹是运动的，需要第 11 章介绍的动画技术来实现，把实现动画的操作封装成一个类，就是 AnimatedSprite 类。

下面分别介绍这 3 个类。

12.2.1　Point2D 类

Point2D 类很简单，就是设置和读取属性 x、y 的值，因为 Java 2D 类库使用浮点坐标，这样就允许使用米、英尺等单位，然后再转换成像素。因此，这里创建的 Point2D 类的 x、y 也是双精度类型的，并且根据参数类型的不同提供了 3 个版本的构造函数：整型、单精度型、双精度型，设置和读取方法也提供了这样 3 个版本。

【例 12-2】Point2D.java。

```java
public class Point2D {
private double x, y;

//整型构造函数
Point2D(int x, int y) {
    setX(x);
    setY(y);
}
//单精度构造函数
Point2D(float x, float y) {
    setX(x);
    setY(y);
}
//双精度构造函数
Point2D(double x, double y) {
    setX(x);
```

```
        setY(y);
    }

    double X() { return x; }
    public void setX(double x) { this.x = x; }
    public void setX(float x) { this.x = (double) x; }
    public void setX(int x) { this.x = (double) x; }

    double Y() { return y; }
    public void setY(double y) { this.y = y; }
    public void setY(float y) { this.y = (double) y; }
    public void setY(int y) { this.y = (double) y; }
}
```

12.2.2　SpriteImage 类

SpriteImage 类实现了图片的加载、显示等基本操作。因为小行星、飞船、子弹的位置、角度等会发生变化,所以对于位置、角度的变化需要作出响应,SpriteImage 类也实现了这些操作。这需要用到第 11 章介绍的坐标变换技术。程序中采用的是通过 AffineTransform 类来实现坐标变换。

在 SpriteImage 类里面,为 Image 对象读取图像时,既没有使用图像的绝对路径,也没有使用相对路径,而是通过调用 Class 类的 getResource(filename)方法来实现。

当程序正在运行时,Java 运行时环境为每一个对象维护一个运行时类型信息。这个信息记录了对象所属的类型以及这个类型的相关情况。Java 虚拟机就是通过这个运行时类型信息选择正确的方法去调用。这些运行时类型信息被封装到一个特殊的类里面,这个类就是 Class。每一个类都有一个 getClass()方法,调用这个方法就返回一个 Class 对象:

```
    SpriteImage image = new SpriteImage(…);
    …
    Class imageClass = image.getClass();
```

一个 SpriteImage 对象描述了一个特殊的图像实体,同样,一个 Class 对象描述了一个特殊的类,如上面的 imageClass 对象就描述了 SpriteImage 这个类。

Class 类有很多有用的方法,如 getName()方法,它返回一个对象所属类的名字:

```
    System.out.println(image.getClass().getName());
```

输出为:

```
    SpriteImage
```

如果知道类的名字,也可以通过 Class 的 forName()方法获得某个特殊类的 Class 对象:

```
    String className = "SpriteImage";
    Class imageClass = Class.forName(className);
```

还有一种更简单地获得 Class 对象的方法:

```
Class imageClass = SpriteImage.class;
```

Class 类的另一个特别有用的方法是 getResource(filename)。这个方法专门获得图像或声音资源位置信息并返回一个 URL 对象，URL 对象里面包含了文件名为 filename 的图像或声音资源的位置信息。然后再利用 URL 读取图像或声音。基本过程如下：

```
SpriteImage image；
Toolkit tk = Toolkit.getDefaultToolkit();
String filename = "bluespace5.jpg";
URL url = this.getClass().getResource(filename);
Image = tk.getImage(url);
```

上述代码段位于 SpriteImage 类里面，this 代表程序运行时的当前 SpriteImage 对象，this.getClass()方法返回一个描述 SpriteImage 类的 Class 对象，调用这个 Class 对象的 getResource(filename)方法将在 SpriteImage 类所在的位置搜索名称为 filename 的图像或声音，搜索到之后把位置信息封装到一个 URL 对象里面并返回这个对象，试着打印 URL 的内容：

```
System.out.println(url);
```

将会输出如下类似信息：

```
file:/G:/java/StarWarProjects/StarWar4/bin/bluespace5.jpg
```

要想得到正确的位置信息，图像声音文件和 SpriteImage.java 的字节码文件应该同时位于 bin 目录下。当然，filename 也可以是带有相对路径的，不过这时文件也应位于和 bin 相对应的正确目录里面。

【例 12-3】SpriteImage.java(完整程序请从本书网站下载)。

```
import …;

public class SpriteImage {
    //变量定义部分
    …
/******************************************************************************
    创建 SpriteImage 对象的时候，参数 f 接收到的是主类 StarWars 的对象引用，StarWars 继承的 JFrame
类实现了 ImageObserver 接口。
    当 Image 对象有所变动时，这个变动会通知到实现 ImageObserver 接口的类的对象。
    在这个游戏中，参数 g 接收到的是从 BufferedImage 对象获得的 Graphics2D 绘图环境，所以在下面用
g2d 绘图时是把图形图像绘制到了缓冲图像中。
******************************************************************************/
    public SpriteImage(JFrame f, Graphics g) {
        frame = f;
        g2d = (Graphics2D)g;
        image = null;
    }
```

```
/*********************************************************************************
    通过 Toolkit 工具加载图像。
    创建仿射变换对象，关于仿射变换的知识在 11.3.2 节已经介绍过，在这里使用的是 AffineTransform
对象进行变换而不是 Graphics2D 对象。
*********************************************************************************/
        public void load(String filename) {
            Toolkit tk = Toolkit.getDefaultToolkit();
            image = tk.getImage(getURL(filename));
            while(getImage().getWidth(frame) <= 0);
            transform = new AffineTransform();
        }
/*********************************************************************************
    创建一个以游戏元素的图片大小为宽度和高度的 Rectangle 对象，这个对象将用于检测两个游戏元素
是否碰撞在一起
*********************************************************************************/
        public Rectangle getBounds() {
            Rectangle rec;
            rec = new Rectangle((int)getX(), (int)getY(), getWidth(), getHeight());
            return rec;
        }


/*********************************************************************************
    小行星、飞船、子弹等游戏元素都有生存周期，小行星被子弹击中后，小行星和子弹的生命结束并从
屏幕上消失。
    飞船和小行星碰撞之后生命值会减少，减少到零之后生命也将结束。
    所以，需要一个变量来指示游戏元素的生存期是否结束。
*********************************************************************************/
        public boolean isAlive() {
            return alive;
        }
        ...

    }
```

12.2.3　AnimatedSprite 类

AnimatedSprite 类实现了小行星、飞船和子弹的运动功能，也实现了爆炸的动画功能，这个类和主类 StarWars 关系最密切，两个类分工合作，完成了游戏的大部分功能。

在 12.1 节，介绍了程序主类的结构，其中的使小行星、飞船、子弹等运动起来的线程部分代码主要处理景图片显示。GAME_MENU 和 GAME_OVER 状态的控制信息显示和 GAME_RUNNING 状态的小行星、飞船、子弹、爆炸动画等 Sprite(Sprite 就是一个在游戏窗口中独立运动的图片)的运动。

再看一下线程部分 run()方法：

```
    public void run() {
        long frameStart;
```

```
            long elapsedTime;
            long totalElapsedTime = 0;
            long frameCount = 0;
            long reportedFramerate;

        Thread t = Thread.currentThread();
        while(t == gameloopThread) {
            frameStart = System.currentTimeMillis();
            gameUpdate();
            repaint();
            elapsedTime = System.currentTimeMillis() - frameStart;

            try {
                if(elapsedTime < framerate) {
                    Thread.sleep(framerate-elapsedTime);
                }
                else {
                    //让垃圾收集器有机会工作
                    Thread.sleep(5);
                }
            } catch (InterruptedException e) {
                e.printStackTrace();
            }
        }
    }
```

要想使 Sprite 运动起来，动画显示起来，上面的黑体部分是实现原理，即：一个独立于程序主线程的线程调用 run()方法。方法体里面的循环首先调用 gameUpdate()方法来更新小行星、飞船、子弹的位置、角度、是否继续生存等信息，并且更新爆炸动画的帧和动画的存亡等信息；这些信息都更新完毕之后绘制更新过的 Sprite；绘制完毕后睡眠适当的时间；如此循环往复从而产生的运动的 Sprite 和动画。

gameUpdate()方法里面更新 Sprite 信息的操作就是通过调用 AnimatedSprite 类的方法来完成的。对应于 gameUpdate()方法，AnimatedSprite 类主要包含下列几部分。

1. 更新 Sprite 位置坐标的代码部分

其中，Sprite 的位置坐标是由一个 Point2D 对象来记录的，如下：

```
        public Point2D getPosition() {
            return position;
        }
        public void setPosition(Point2D pos) {
            this.position = pos;
        }
```

位置的更新由 Sprite 的速度决定，速度被分解为 x 方向速度和 y 方向速度，也是由一个 Point2D 对象来记录。更新 Sprite 位置的时候，当 Sprite 的位置已经离开游戏窗口的某一边缘的时候，让它在这一边缘的对面再次进入，如下：

```java
public void updatePosition() {
    position.setX(position.X() + velocity.X());
    position.setY(position.Y() + velocity.Y());

    //使 sprite 在窗口边缘消失后在窗口另一边再出现
    if (position.X() < 0-getFrameWidth())
        position.setX(frame.getWidth());
    else if (position.X() > frame.getWidth())
        position.setX(0-getFrameWidth());

    if (position.Y() < 0-getFrameHeight())
        position.setY(frame.getHeight());
    else if (position.Y() > frame.getHeight())
        position.setY(0-getFrameHeight());
```

2. 更新 Sprite 旋转角度的代码部分

游戏中小行星是不断自动旋转的，所以这类 Sprite 要不断更新它的角度。程序中有一个更新角度的速率 rotationRate，这是在创建小行星对象时设置好的。当小行星角度角度超过 360°或小于 0°的时候要让小行星继续旋转下去，如下：

```java
public void updateFaceAngle() {
    setFaceAngle(getFaceAngle() + rotationRate);
    if (getFaceAngle() < 0)
        setFaceAngle(360 + rotationRate);
    else if (getFaceAngle() > 360)
        setFaceAngle(rotationRate);
}
```

另外，子弹和飞船也有角度，子弹的角度由飞船的角度决定，飞船的角度由游戏玩家通过键盘控制，因此在 gameUpdate()方法里面还应检查键盘输入，如果检测到控制角度的键被按下，也应对飞船的角度进行相应改变，这时 gameUpdate()调用的是：

```java
public void setFaceAngle(double angle) {
    spriteImage.setFaceAngle(angle);
}
```

其中，spriteImage 是这个游戏窗口中代表小行星等 Sprite 的图片，是 SpriteImage 类型的，Sprite 的角度也就由它的图片的角度来表示。

小行星除了围绕自己旋转有一个 faceAngle 之外，还有一个 moveAngle 表示它的运行方向，小行星的运行速度根据 moveAngle 来分解为 x 方向速度和 y 方向速度，所以 Animated Sprite 类里面有关于 moveAngle 的方法，如下：

```
      public double getMoveAngle() {
        return spriteImage.getMoveAngle();
      }
      public void setMoveAngle(double angle) {
          spriteImage.setMoveAngle(angle);
      }
  }
```

3. 更新 Sprite 的动画帧

如果 Sprite 是一个爆炸，那么爆炸就需要更新它的动画帧了，根据第 11 章介绍的动画技术，实现动画需要一张包含所有动画帧的图片，每次绘制动画帧时，先从这张图片中取得合适的一帧，然后绘制。因此 AnimatedSprite 类里面首先有一个加载这张图片的方法，这张图片被加载到一个类型为 SpriteImage 的对象里面，如下：

```
  //把包含有所有动画帧的一张图片加载进来，保存到 animationImage 里面
  public void loadAnimationImage(String filename, int columns, int rows, int width, int height){
      animationImage.load(filename);
      setColumns(columns);
      setTotalFrames(columns * rows);
      setFrameWidth(width);
      setFrameHeight(height);

  /********************************************************************************
  像爆炸这类的动画，在绘制每一帧之前要先从 animationImage 中取出一帧，这一帧暂时用
tempImage 保存，然后将 spriteImage 的图片设置为这一帧，以备显示
  ********************************************************************************/
      tempImage = new BufferedImage(width, height, BufferedImage.TYPE_INT_ARGB);
      tempImageG2d = tempImage.createGraphics();
      setImage(tempImage);
  }
```

AnimatedSprite 类里面有一个帧计数变量 currentFrame，它表示现在要绘制第几帧，每绘制完一帧，它的值加 1。另外，为了对动画显示的速度进行控制，引入了一个 frameCount 变量，它的值超过一定量之后才让 currentFrame 的值加 1，这样的效果是每一帧可能被重复绘制了若干次，frameCount 的控制量越大，动画显示越慢，控制量越小，动画显示越快。如下：

```
  //更新 currentFrame 的计数值
  public void updateAnimation() {
      if (totalFrames > 0) {
              frameCount += 1;
              if (frameCount > frameDelay) {
                  frameCount = 0;
                  currentFrame += 1;
```

```
                                if (currentFrame > totalFrames - 1) {
                                    currentFrame = 0;
                                }
                            }
                        }
                    }
```

currentFrame 的值更新之后需要做的就是根据 currentFrame 的值从 animationImage 保存的图片中找到正确的帧的位置。根据第 11 章介绍的公式寻找正确帧的位置，如下：

```
        frameX = (currentFrame%columns) * frameWidth;
        frameY = (currentFrame/columns) * frameHeight;
```

得到帧的起始位置之后便可以使用 Graphics2D 的 drawImage(img, dx1, dy1, dx2, dy2, sx1, sy1, sx2, sy2, observer)方法把这一帧的图片保存到 Sprite 的图片对象 spriteImage 里面，如下：

```
        public void updateFrame() {
                if (totalFrames > 0) {
                        //计算当前帧的起始位置
                        int frameX = (currentFrame % columns) * frameWidth;
                        int frameY = (currentFrame / columns) * frameHeight;

                        if (tempImage == null) {
                            tempImage = new BufferedImage(frameWidth, frameHeight,
BufferedImage.TYPE_INT_ARGB);
                            tempImageG2d = tempImage.createGraphics();
                        }

                        //把当前帧保存到一个临时图片对象里面
                        if (animationImage.getImage() != null) {
                            tempImageG2d.drawImage(animationImage.getImage(), 0, 0, frameWidth - 1,
frameHeight - 1, frameX, frameY, frameX + frameWidth, frameY + frameHeight, frame);
                        }
                        //然后再保存到 Sprite 的图片对象里面
                        setImage(tempImage);
                }
        }
```

4. 对 Sprite 进行坐标变换部分的代码

Sprite 的位置坐标和方向都更新完毕之后，需要对 Sprite 的坐标系进行变换，以使 Sprite 能在正确的位置绘制正确的图片，如下：

```
        //perform affine transformations
        public void transform() {
                spriteImage.setX(position.X());
```

```
spriteImage.setY(position.Y());
spriteImage.transform();
}
```

对 Sprite 的坐标变换实际上是对代表它的图片进行坐标变换，坐标变换的知识已经在第 11 章介绍过，对 Sprite 的图片进行坐标变换的代码封装到了 SpriteImage 类里面(参考前一小节)。

5. 更新子弹的生存时间

子弹被发射之后，经过一段时间之后应该要消失掉，因此为子弹设置了生存时间，程序中的生存时间并不是真正的计算机时间，而是经过的更新周期数，子弹的位置坐标每经过一次更新，它的生存时间就加 1，达到生存上限之后，将它的生存状态设置为 false，在适当的时机程序对生存状态为 false 的 Sprite 进行清除，如下：

```
public void updateLifetime() {
        //只有子弹设置了生存时间，其他 Sprite 生存时间初始值为零
        if (lifespan > 0) {
            lifeage++;
            if (lifeage > lifespan) {
                setAlive(false);
                lifeage = 0;
            }
        }
    }
```

6. Sprite 之间的碰撞检测部分

当飞船碰撞到小行星之后，小行星爆炸后消失，飞船生命值减少，子弹遇到小行星之后，爆炸之后小行星和子弹均消失。如何检测它们之间是否相撞？程序中使用了一种较简单的方法，首先根据两个 Sprite 的图片大小和位置创建两个围绕图片的矩形，然后调用 Rectangle 类的 intersects(Rectangler)方法判断两个矩形是否有重叠的地方，如果重叠就判断为相撞。如下：

```
//检测两个 Sprite 是否相撞
    public boolean collidesWith(AnimatedSprite sprite) {
      return (getBounds().intersects(sprite.getBounds()));
    }
    //根据 Sprite 的图片和位置返回一个围绕图片的矩形对象
    public Rectangle getBounds() {
      return spriteImage.getBounds();
    }
```

以上是 AnimatedSprite 类的主体部分，【例 12-4】列出了类的完整程序。

【例 12-4】AnimatedSprite.java(完整程序请见附录或从本书网站下载)。

```java
import …

public class AnimatedSprite {
    //变量定义部分
…
    public AnimatedSprite(JFrame f, Graphics g) {
        //初始化部分
…
    }

    //把包含有所有动画帧的一张图片加载进来
    public void loadAnimationImage(String filename, int columns, int rows, int width, int height)
    {
        …
    }
    //更新 currentFrame 的计数值，通过 frameDelay 变量控制动画的快慢
    public void updateAnimation() {
     if (totalFrames > 0) {
            frameCount += 1;
            if (frameCount > frameDelay) {
                frameCount = 0;
                currentFrame += 1;
                if (currentFrame > totalFrames - 1) {
                    currentFrame = 0;
                }
            }
        }
    }
    //获得当前帧
    public void updateFrame() {
        if (totalFrames > 0) {
            //计算当前帧在动画完整图片中的位置
            int frameX = (currentFrame % columns) * frameWidth;
            int frameY = (currentFrame / columns) * frameHeight;

            //tempImage 用来暂时保存得到的当前帧图片
            if (tempImage == null) {
                tempImage = new BufferedImage(frameWidth, frameHeight,
                                                BufferedImage.TYPE_INT_ARGB);
                tempImageG2d = tempImage.createGraphics();
            }
            if (animationImage.getImage() != null) {
                tempImageG2d.drawImage(animationImage.getImage(), 0, 0, frameWidth - 1,
```

```
                     frameHeight - 1, frameX, frameY,
                     frameX + frameWidth, frameY + frameHeight, frame);
            }
            //将当前帧设置为 Sprite 的图片
            setImage(tempImage);
        }
    }
    //根据 Sprite 的速度更新位置坐标
    public void updatePosition() {
        position.setX(position.X() + velocity.X());
        position.setY(position.Y() + velocity.Y());

        //使 sprite 在窗口边缘消失后在窗口另一边再出现
        if (position.X() < 0-getFrameWidth())
            position.setX(frame.getWidth());
        else if (position.X() > frame.getWidth())
            position.setX(0-getFrameWidth());

        if (position.Y() < 0-getFrameHeight())
            position.setY(frame.getHeight());
        else if (position.Y() > frame.getHeight())
            position.setY(0-getFrameHeight());
    }
    //更新 Sprite 的角度
    public void updateFaceAngle() {
        setFaceAngle(getFaceAngle() + rotationRate);
        if (getFaceAngle() < 0)
            setFaceAngle(360 + rotationRate);
        else if (getFaceAngle() > 360)
            setFaceAngle(rotationRate);
    }
    //对 Sprite 的图像施行坐标变换，保证图像在正确位置沿正确方向绘制
    public void transform() {
        spriteImage.setX(position.X());
        spriteImage.setY(position.Y());
        spriteImage.transform();
    }

    //将 Sprite 图像绘制到缓冲图像中
    public void draw() {
        g2d.drawImage(spriteImage.getImage(), spriteImage.getTransform(), frame);
    }
    //检测两个 Sprite 是否相撞
    public boolean collidesWith(AnimatedSprite sprite) {
```

```
        return (getBounds().intersects(sprite.getBounds()));
    }
    //根据 Sprite 的图片和位置返回一个围绕图片的矩形对象
    public Rectangle getBounds() {
        return spriteImage.getBounds();
    }
    ...
}
```

12.3　完善 StarWars.java

程序的辅助类都介绍完了，而整个游戏程序目前还只处于游戏开始前的信息提示阶段，让游戏真正运行起来还有大量的工作要做。本节将逐步完善 StarWars.java 程序。

12.1 节介绍过 StarWar.java 的主要结构，再简列如下：

(1) 类和实例变量定义部分；

(2) StarWars 类的基本构造与背景图片读取部分；

(3) 键盘事件监听的代码部分；

(4) 使小行星、飞船、子弹等运动起来的线程部分；

StarWars.java 还有三部分需要补充，即各个 Sprite 的初始化工作、键盘事件的处理、更新 Sprite 信息。其中，键盘事件处理和更新 Sprite 信息被封装到了 gameUpdate()方法里面。

下面分别介绍这三部分。

12.3.1　Sprite 的初始化

游戏运行之前需要把背景图片、飞船图片、子弹图片和小行星等图片加载到内存，gameStartup()方法完成了这些工作。这时保存图片的不再是 Image 对象，而是 SpriteImage 对象。这个对象封装了对游戏有用的操作。

程序运行时，将会有大量的飞船、子弹、小行星等游戏 Sprite。这些 Sprite 如何管理不仅影响到程序的复杂度和可读性，也影响到程序的运行效率。如果所有 Sprite 都是独立对象且单独管理，这样代码写起来会非常复杂，可读性也不好。解决该问题的一种办法是把所有 Sprite 存放于一个数组中统一管理。这样代码较简单，处理也方便，但是因为游戏中的 Sprite 是动态生灭的，会频繁地增加或删除 Sprite，这样会导致数组元素的频繁增减，而对数组进行增减元素涉及到元素的位置搬移，搬移会占用较多的时间，所以用数组管理 Sprite 的效率不高，尤其当 Sprite 数量非常多的时候，效率更会明显降低。

另外一种管理 Sprite 的方法是使用 LinkedList 类。这个类以链表的方式存放和管理其中的元素，对于增加删除其中的元素比数组增删元素效率要高很多，因此程序中采用了 LinkedList 类来管理 Sprite。

LinkedList 类的使用方法一般是这样的：

先创建一个 LinkedList 对象：

```
LinkedList<E> list = new LinkedList<E>;    //其中 E 是链表中元素的类型
list.add(E e);    //向链表末尾添加一个类型为 E 的元素
list.remove(int index);    //删除特定位置的元素
list.get(int index);    //返回特定位置的元素
list.size();    //返回链表元素的个数
list.clear();    //删除链表所有元素
```

12.1 节的 gameStartup()方法改变如下：

```
/****************************************************************************
    获得背景图片，创建小行星、飞船、子弹、爆炸等对象，并设置它们的图片和其他参数，如速
度和方向
****************************************************************************/
public void gameStartup() {
        //加载背景图片
        backgroundImage = new SpriteImage(this, g2d);
        backgroundImage.load("bluespace5.jpg");
        while(backgroundImage.getWidth() <= 0);

        //创建存放 Sprite 的链表
          spritesList = new LinkedList<AnimatedSprite>();


/****************************************************************************
    加载飞船的图片、创建 AnimatedSprite 类型的飞船对象并设置其代表图片、帧高帧宽、位置坐
标、速度、生存状态等参数
****************************************************************************/
        shipImage = new SpriteImage(this, g2d);
        shipImage.load("spaceship.png");
        AnimatedSprite ship = new AnimatedSprite(this, g2d);
        ship.setSpriteType(SPRITE_SHIP);
            ship.setImage(shipImage.getImage());
            ship.setFrameWidth(ship.getImageWidth());
            ship.setFrameHeight(ship.getImageHeight());
            ship.setPosition(new Point2D(SCREENWIDTH/2, SCREENHEIGHT/2));
            ship.setVelocity(new Point2D(0, 0));
            ship.setAlive(true);
            spritesList.add(ship);

        //加载子弹的图片
        bulletImage = new SpriteImage(this, g2d);
        bulletImage.load("bullet.png");

        //加载小行星图片
        asteroidImage = new SpriteImage(this, g2d);
        asteroidImage.load("asteroid.png");
```

```
        //加载爆炸图片
        explosionImage = new SpriteImage(this, g2d);
        explosionImage.load("explosionspritesheet1.png");

        //加载显示生命值的图形框和图片
        barFrameImage = new SpriteImage(this, g2d);
        barFrameImage.load("barframe.png");
        barImageImage = new SpriteImage(this, g2d);
        barImageImage.load("bar_health.png");
    }
```

12.3.2　键盘事件处理

游戏在一开始运行就已经通过实现的 KeyListener 接口的方法记录了键盘事件,但这时只是通过相应的变量记录了事件的发生,并没有因事件发生而产生进一步的动作。为了让程序能够对事件作出响应,程序在 run()方法里面每次调用 gameUpdate()方法的时候,gameUpdate()方法首先检查发生了哪些键盘事件,然后作出响应。

```
        public void gameUpdate() {
            processKeyEvent();
            refreshScreen();
            if(gameState == GAME_RUNNING) {
                updateSprites();
                testCollisions();

                deleteDeadSprites();
                if(spritesList.size() == 1) {
                    gameState = GAME_OVER;
                }

                drawSprites();
            }
        }
        //处理键盘事件
        public void processKeyEvent() {
        /***************************************************************************
        如果游戏处于 GAME_MENU 和 GAME_OVER 状态,只需要检查回车键是否被按下,如果被按
下,就要通过 initiateGameSprite()方法创建若干小行星,然后设置小行星的随机位置、随机自旋转速
率、随机角度、随机运动方向、随机运动速度等参数,设置完毕之后把小行星对象添加到 Sprite 链
表里面
        ***************************************************************************/
            if(gameState == GAME_MENU || gameState == GAME_OVER) {
                if(keyEnter) {
                    initiateGameSprite();
                    gameState = GAME_RUNNING;
                }
```

```
        }
/*************************************************************************
```
如果游戏处于 GAME_RUNNING 状态，需要检查的键盘事件较多。

如果检测到 ESC 键被按下，游戏状态设置为 GAME_OVER。

如果检测到 "," 键和 "." 被按下，分别顺时针和逆时针调整飞船的角度，调整时要注意到，根据图片特点和 Graphics2D 的坐标系方向，飞船的 faceAngle 和 moveAngle 可能要相差一定的角度。准确设置好 moveAngle 对调整飞船的位置非常关键，而且飞船发射的子弹的 faceAngle、MoveAngle 和飞船的是一致的，这样对子弹位置的移动量的计算也非常方便。因为只要根据 MoveAngele 和符合习惯的正弦余弦方法就可能计算出 x 方向和 y 方向的移动量。
```
*************************************************************************/
    protected double calculateVelocityX(double angle) {
            return (double)(Math.cos(angle * Math.PI / 180));
    }
    protected double calculateVelocityY(double angle) {
            return (double) (Math.sin(angle * Math.PI / 180));
    }
/*************************************************************************
```
如果检测到空格键被按下，就要创建子弹 Sprite，为了使活力强大，可以一次射击发出两发或多发子弹，这多发子弹的发射位置和发射角度要设置得精确一些，如果是两发子弹，子弹的位置可以位于飞船中心偏上位置
```
*************************************************************************/
    double x = ship.getCenter().X() - bullet.getImageWidth()/2;
    double y = ship.getCenter().Y() - bullet.getImageHeight()/2;
/*************************************************************************
```
两发子弹的角度可以分别向逆时针和顺时针旋转一定角度
```
*************************************************************************/
    bullet1.setFaceAngle((ship.getFaceAngle()-4)%360);
    bullet2.setMoveAngle((ship.getMoveAngle()+4)%360);
/*************************************************************************
```
如果检测到向上箭头和向下箭头键被按下，飞船位置向 moveAngle 方向或背向 moveAngle 方向移动一定量
```
*************************************************************************/
    double shipX = ship.getPosition().X() + calculateVelocityX(ship.getMoveAngle())*ACCELERATION;
    double shipY = ship.getPosition().Y() + calculateVelocityY(ship.getMoveAngle())*ACCELERATION;
    ship.setPosition(new Point2D(shipX, shipY));

    double shipX = ship.getPosition().X() + calculateVelocityX(ship.getMoveAngle()+180)*ACCELERATION;
    double shipY = ship.getPosition().Y() + calculateVelocityY(ship.getMoveAngle()+180)*ACCELERATION;
    ship.setPosition(new Point2D(shipX, shipY));
/*************************************************************************
```
可以看到，moveAngle 准确设置之后，坐标移动量的计算非常方便。

如果检测到向左箭头和向右箭头键被按下，让飞船在水平方向移动。
```
*************************************************************************/
        else if(gameState == GAME_RUNNING) {
//ship对象始终位于Sprite链表的首位
AnimatedSprite ship = (AnimatedSprite)spritesList.get(0);

if(keyEscape) {
```

```
                            gameState = GAME_OVER;
      }
      else if(keyComma) {
      //逆时针调整飞船角度
      ship.setFaceAngle(ship.getFaceAngle() - SHIPROTATION);
      //根据飞船图片特征，它的faceAngle和它的moveAngle相差90度
      ship.setMoveAngle(ship.getFaceAngle()-90);
      if (ship.getFaceAngle() < 0)
      ship.setFaceAngle(360 - SHIPROTATION);
      }
      else if(keyPeriod) {
                        //顺时针调整飞船角度
                         ship.setFaceAngle(ship.getFaceAngle() + SHIPROTATION);
                         ship.setMoveAngle(ship.getFaceAngle()-90);
                         if (ship.getFaceAngle() > 360)
                            ship.setFaceAngle(SHIPROTATION);
                }

      if(keyFire) {
                        bulletDelayCount++;
                        if(bulletDelayCount > BULLETDELAY) {
                            bulletDelayCount = 0;
                            fireBullet();
                        }
      }

      if (keyUp) {
                        double shipX = ship.getPosition().X() +
calculateVelocityX(ship.getMoveAngle())*ACCELERATION;
                        double shipY = ship.getPosition().Y() +
calculateVelocityY(ship.getMoveAngle())*ACCELERATION;
                        ship.setPosition(new Point2D(shipX, shipY));
                }
      else if(keyDown) {
                        double shipX = ship.getPosition().X() +
calculateVelocityX(ship.getMoveAngle()+180)*ACCELERATION;
                        double shipY = ship.getPosition().Y() +
calculateVelocityY(ship.getMoveAngle()+180)*ACCELERATION;
                        ship.setPosition(new Point2D(shipX, shipY));
                }
                else if(keyLeft) {
                double shipX = ship.getPosition().X() - ACCELERATION;
                double shipY = ship.getPosition().Y();
                ship.setPosition(new Point2D(shipX, shipY));
                }
                else if(keyRight) {
                double shipX = ship.getPosition().X() + ACCELERATION;
                double shipY = ship.getPosition().Y();
```

```
                    ship.setPosition(new Point2D(shipX, shipY));
                }
            }
        }
```

12.3.3　更新 Sprites

　　gameUpdate()方法里面，有一部分代码是不断更新 Sprite 链表里面各个 Sprite 的位置坐标、角度、动画帧等信息的。

　　飞船的位置通过键盘控制，processKeyEvent()方法里面处理飞船位置的改变，并把这种改变保存到 ship 对象的相关变量中。

　　子弹何时被发射也是由键盘控制，processKeyEvent()方法里面为每发射出的子弹对象设置了运动方向和运动速度。

　　processKeyEvent()方法里面，在 GAME_MENU 和 GAME_OVER 状态下如果检测到回车事件，会在 initiateGameSprite()方法里面创建若干随机小行星，并且为每个小行星设置了自旋转速率、运动方向和运动速度等参数。

　　当各种 Sprite 的各种参数都设置完毕之后，更新这些 Sprite 的代码就简单多了，因为这些 Sprite 都是 AnimatedSprite 类型的，而且在介绍 AnimatedSprite 类的时候已经看到，这个类里面已经完整实现了更新位置坐标、角度、动画等功能，只要在每次循环调用 gameUpdate()方法的时候，直接调用这些 Sprite 对象的相应更新参数的方法就行了。这部分代码在 gameUpdate()方法里面被封装到了 updateSprites()方法里面。

```
public void gameUpdate() {
    processKeyEvent();
    refreshScreen();
    if(gameState == GAME_RUNNING) {
        updateSprites();
        testCollisions();
        //……
        deleteDeadSprites();
        if(spritesList.size() == 1) {
            gameState = GAME_OVER;
        }

        drawSprites();
    }
}

//更新 Sprite 链表里每个 Sprite 的位置坐标、角度、动画帧等参数
    protected void updateSprites() {
        for (int n=0; n < spritesList.size(); n++) {
            AnimatedSprite spr = (AnimatedSprite)spritesList.get(n);
            if (spr.isAlive()) {
                spr.updatePosition();
```

```
                    spr.updateFaceAngle();
                    spr.updateAnimation();
                    spr.updateFrame();
                    spr.transform();
                    spr.updateLifetime();

                    if((spr.getSpriteType() == SPRITE_EXPLOSION) && (spr.getCurrentFrame() ==
      spr.getTotalFrames()-1))
                            spr.setAlive(false);
                }
            }
        }
```

12.3.4　碰撞检测

各个 Sprite 的位置坐标更新之后，就要检测它们是否产生了碰撞。在介绍 Animated Sprite 类的时候已经介绍了检测两个 Sprite 是否碰撞的一种简单方法：根据两个 Sprite 的图片大小和位置创建两个围绕图片的矩形，然后调用 Rectangle 类的 intersects(Rectangler)方法判断两个矩形是否重叠，重叠即为相撞。

```
        //在小行星和飞船、小行星和子弹之间进行碰撞检测
        protected void testCollisions() {
        //链表中的每一个元素都要和其他元素进行碰撞检测
            for (int first=0; first < spritesList.size(); first++) {
                //获得第一个需要进行碰撞检测的对象
                AnimatedSprite spr1 = (AnimatedSprite) spritesList.get(first);
                if (spr1.isAlive()) {
                    for (int second = 0; second < spritesList.size(); second++) {
                        //同一个元素不必进行检测
                        if (first != second) {
                            //获得第二个需要进行碰撞检测的对象
                            AnimatedSprite spr2 = (AnimatedSprite)spritesList.get(second);
                            if (spr2.isAlive()) {
                                if (spr2.collidesWith(spr1)) {
                                    spriteCollided(spr1, spr2);
                                    break;
                                }
                            }
                        }
                    }
                }
            }
        }
        /**********************************************************************
            因为子弹和子弹之间、子弹和飞船之间的碰撞不应考虑，所以检测到碰撞之后还要看碰撞的两
        个 Sprite 是什么类型，根据类型决定是否有进一步动作
        **********************************************************************/
```

```java
public void spriteCollided(AnimatedSprite spr1, AnimatedSprite spr2) {
    switch(spr1.getSpriteType()) {
    case SPRITE_BULLET:
        if (spr2.getSpriteType() == SPRITE_ASTEROID) {
            //如果子弹击中了小行星，增加游戏得分和飞船生命值
            gameScore += 2;
            shipHealth += 2;
            //子弹生命结束，小行星生命结束
            spr1.setAlive(false);
            spr2.setAlive(false);
            //在小行星图片中心产生爆炸动画
            double x = spr2.getPosition().X() - spr2.getFrameWidth()/2;
            double y = spr2.getPosition().Y() - spr2.getFrameHeight()/2;
            startExplosion(new Point2D(x, y));
        }
        break;
    case SPRITE_SHIP:
        //如果飞船和小行星相撞
        if (spr2.getSpriteType() == SPRITE_ASTEROID) {
            //在飞船图片中心产生爆炸动画
            double x = spr1.getPosition().X() - spr1.getFrameWidth()/2;
            double y = spr1.getPosition().Y() - spr1.getFrameHeight()/2;
            startExplosion(new Point2D(x, y));
            //相撞后减少飞船的生命值，生命值小于零之后，游戏结束
            shipHealth -= 1;
            if (shipHealth < 0) {
                gameState = GAME_OVER;
            }
            //相撞后小行星生命结束
            spr2.setAlive(false);
        }
        break;
    }
}
```

确定有效的碰撞后，需要产生一个爆炸的动画，因此要创建一个 AnimatedSprite 类型的爆炸对象，并且设置好动画所需的包含完整帧的图片、图片中帧的列数、帧的总数、帧的宽度和高度(对取得某一帧非常重要)、爆炸的位置等参数，参数设置好之后把爆炸对象添加到 Sprite 链表。那么动画效果就通过循环调用前面介绍的 updateSprite()方法来不断更新当前帧图片来完成了。

```java
//创建一个 AnimatedSprite 类型的爆炸对象；
public void startExplosion(Point2D point) {
    AnimatedSprite expl = new AnimatedSprite(this, g2d);
    expl.setSpriteType(SPRITE_EXPLOSION);
    expl.setPosition(point);
    expl.setAnimationImage(explosionImage.getImage());
```

```
            expl.setTotalFrames(TOTALFRAMES);
            expl.setColumns(COLUMNS);
            expl.setFrameWidth(FRAMEWIDTH);
            expl.setFrameHeight(FRAMEHEIGHT);
            expl.setFrameDelay(FRAMEDELAY);
            expl.setAlive(true);

            //将爆炸对象添加到 Sprite 链表
            spritesList.add(expl);
        }
```

12.3.5　删除与绘制 Sprite

碰撞之后，小行星和子弹的生命结束，子弹到达预定的生命周期后生命也结束，生命结束之后的这些 Sprite 不再需要绘制到游戏窗口中，因此应该把它们从 Sprite 链表中清除，直接调用 LinkedList 的 remove(index)方法即可。

```
        //删除已经结束生命的小行星和子弹
        private void deleteDeadSprites() {
            for (int n=0; n < spritesList.size(); n++) {
                AnimatedSprite spr = (AnimatedSprite) spritesList.get(n);
                if (!spr.isAlive()) {
                    spritesList.remove(n);
                }
            }
        }
```

所有的键盘事件、Sprite 更新、删除生命已结束的 Sprite 等工作都结束之后，就是把所有 Sprite 绘制到缓冲图像中的时候了。

```
        //绘制所有处于生存状态的 Sprite
        protected void drawSprites() {
            //从链表逆序取得 Sprite 对象是为了让飞船绘制在窗口的最前端
            for (int n=spritesList.size()-1; n>=0; n--) {
                AnimatedSprite spr = (AnimatedSprite) spritesList.get(n);
                if (spr.isAlive()) {
                    spr.draw();
                }
            }
        }
```

12.3.6　完整的 StarWars 类

【例 12-5】StarWars.java(完整程序请参考附录或从本书网站下载)。

```
import …
        //游戏主类，实现 Runnable 和 KeyListener 接口；
        public class StarWars extends JFrame implements Runnable, KeyListener {
```

```
    // 变量定义部分
    …

    public StarWars(String title) {
        //初始化部分
    …

        gameStartup();
    }


/**************************************************************************
*********
获得背景图片，创建小行星、飞船、子弹、爆炸等对象，并设置它们的图片和其他参数，如速
度和方向；。
这个函数的功能将逐步扩充。
**************************************************************************
*********/
    public void gameStartup() {
        //加载背景图片
        backgroundImage = new SpriteImage(this, g2d);
        backgroundImage.load("bluespace5.jpg");
        while(backgroundImage.getWidth() <= 0);

        //创建存放 Sprite 的链表
            spritesList = new LinkedList<AnimatedSprite>();
            ……
    }

    public void paint(Graphics g) {
        g.drawImage(backbuffer, 0, 0, this);
    }

    //实现 KeyListener 接口的方法
    public void keyTyped(KeyEvent k) { }
        public void keyPressed(KeyEvent k) { }
        public void keyReleased(KeyEvent k) { }
        public void gameUpdate() {
        //处理键盘事件
        processKeyEvent();
        //刷新屏幕的控制信息、生命值和得分信息
        refreshScreen();
        if(gameState == GAME_RUNNING) {
            updateSprites();
            testCollisions();
            deleteDeadSprites();
            if(spritesList.size() == 1) {
                gameState = GAME_OVER;
            }
            //绘制 Sprite
```

```
                    drawSprites();
                }
            }
        public void run() {
            //变量定义
            …
            Thread t = Thread.currentThread();
            while(t == gameloopThread) {
                frameStart = System.currentTimeMillis();
                gameUpdate();
                repaint();
                elapsedTime = System.currentTimeMillis() - frameStart;
                try {
                    if(elapsedTime < framerate) {
                        Thread.sleep(framerate-elapsedTime);
                    }
                    else {
                        //让垃圾收集器有机会工作
                        Thread.sleep(5);
                    }
                } catch (InterruptedException e) {
                    e.printStackTrace();
                }
                …
            }

        public static void main(String[] args) {
            new StarWars("star wars");
            gameloopThread.start();
        }
    }
```

12.4 Applet 游戏开发与部署

第 11 章和本章到目前为止介绍的都是独立运行的应用程序，它们从 java 类的 main() 方法开始运行，而且 java 类的 class 文件和 java 虚拟机位于同一台机器上。

java 的另一种程序是小应用程序，这种程序的主类继承自 JApplet 或 Applet，小应用程序在浏览器中运行，浏览器在访问 web 服务器中嵌入了小应用程序的网页的时候，首先从 web 服务器端下载这个 Applet 的 class 文件到浏览器，然后启动本地的 java 虚拟机来运行 Applet。

虚拟机执行小应用程序时不是从 main()方法开始执行，而是首先通过默认构造方法创建一个对象，然后调用它的 init()方法进行程序的初始化工作，如可以初始化变量、设置全局参数、加载图片等。如果程序是独立应用程序，这些初始化工作可以放到构造方法里面，但是小应用程序的运行机制不允许在构造方法里面访问一些环境资源，如 getParameter()、getCodeBase()、getImage()等，这些操作必须在 Applet 对象被创建后通过对象来调用，因此，这些访问环境资源的操作都放到了 init()方法里面。

接下来要执行的是 start()方法，如果程序有另外的线程要运行，可以在这里启动线程。start()方法可以被多次调用。例如，当浏览器被隐藏后又恢复，页面离开后又返回时，start()方法都会被重新调用。

start()方法之后就会调用 paint()方法，页面第一次显示和以后每次页面重新返回时都会调用 paint()方法，图形图像的绘制代码就放到这里。

当浏览器被隐藏或离开当前页面后调用 stop()方法。如果有些程序行为可以暂停，代码就写在这个方法里面。

当浏览器被关闭的时候，小应用程序生命周期结束，调用 destroy()方法，这个方法可以用来释放小应用程序占用的资源。

【例 12-6】演示了一个简单的 Applet 小应用程序的一般结构。

【例 12-6】AppletTest.java。

```java
import java.applet.*;
import java.awt.*;
import java.net.URL;

public class AppletTest extends Applet {
    private final int SCREENWIDTH = 900;
    private final int SCREENHEIGHT = 600;
    private Image image;

    public void init() {
        this.setSize(SCREENWIDTH, SCREENHEIGHT);
        Toolkit tk = Toolkit.getDefaultToolkit();
        image = tk.getImage(getURL("bluespace6.jpg"));
        while(image.getWidth(this)<=0);
    }
    //确保图片文件和SpriteImage.java的字节码文件位于同一目录下
    private URL getURL(String filename) {
        URL url = null;
        try {
            url = this.getClass().getResource(filename);
        }
        catch (Exception e) {e.printStackTrace();}

        return url;
    }

    public void paint(Graphics g) {
        g.drawImage(image, 0, 0, SCREENWIDTH-1, SCREENHEIGHT-1, this);
    }
```

```
        public void stop() {
            System.out.println("stop()");
        }

        public void destroy() {
            System.out.println("destroy()");
        }

        public void start() {
            System.out.println("start()");
        }
    }
```

如果希望 Applet 程序能在浏览器上运行，需要把 Applet 程序嵌入到网页中。最简单的方式就是通过 HTML 语言的<applet>标签创建一个 html 文件，如果 html 文件和 Applet 程序的字节码文件位于同一目录下，则一个简单的 html 文件的格式如下：

```
    AppletTest.html:
     <html>
       <head>
           <title>Star Wars</title>
       </head>
       <body>
           <applet
               code = AppletTest.class width=900 height=600>
           </applet>
       </body>
     </html>
```

如果这个 html 文件和 AppletTest.class 文件以及其他资源文件都已经部署到网站上的话，当浏览器打开 AppletTest.html 文件的时候，浏览器下载字节码文件和资源文件，然后使用本地的 JRE 环境在浏览器窗口运行程序。

如果把本章开发的游戏改成 Applet 小应用程序，那么游戏的应用会更广泛，只要有网络就能在浏览器中运行程序。把 StarWars.java 应用程序改成小应用程序只要进行少量的改动即可完成，所需改动如表 12-1 所示，左边为原独立应用程序，右边为改造后的小应用程序。

表 12-1　将程序改动为小应用程序

应用程序 StarWars.java	小应用程序 StarWars.java
import javax.swing.*; …	import java.applet.*; …
public class StarWars extends JFrame implements Runnable, KeyListener { …	public class StarWars extends Applet implements Runnable, KeyListener { …

(续表)

应用程序 StarWars.java	小应用程序 StarWars.java

public StarWars(String title) {
　　super(title);
　　setSize(…);
　　setVisible(true);
　　setDefaultCloseOperation(…);
 	
…
　　}
　　　　…
	public void init() {
	　　setSize(…);
	　　setVisible(true);
	/**
	　　不再需要super(title)调用父类构造方法,因为init()方法
	不是构造方法。
	　　不再调用setVisible()和setDefault()方法,因为它们的设
	定对浏览器没有影响。
	**/
	　　…
	　　}
	　　　　…

…
 	
…
	public void update(Graphics g) {
	　　　paint(g);
	　　}
	/**
	　　重载update()并直接调用paint()方法,否则屏幕会闪烁,
	因为父类update()方法执行时每次都先清除窗口
	**/
	　　…

public static void main(String[] args) {
　　new StarWars("star wars");
　　gameloopThread.start();
　　}
 	
　　}
	public void start() {
	　　　gameloopThread.start();
	　　}
	/**
	　　不再需要创建StarWars类的对象,因为这项工作将由
	浏览器完成,start()方法只要启动循环线程就行了
	**/
	　　}

　　对于 AnimatedSprite 类和 SpriteImage 类来说,为了适应 StarWars 类的改动,需要把这两个类里面所有的 JFrame 类型的对象全部改为 Applet 类型,并且引入 java.applet 包。

12.5　小　　结

　　目前为止,第 11 章介绍了游戏编程的一些基本知识,包括图形图像的绘制、坐标变换、动画生成、闪烁消除和帧同步等基本技术,第 12 章以星球大战这款游戏为实例,从无到有详细展示了游戏的开发过程,并且介绍了独立应用程序和小应用程序两种形式的游戏开发。

　　游戏软件开发是一个知识面涉及很广的课题，仅仅通过两章内容不可能面面俱到。限于本书篇幅，同时因为本书以介绍 Java 语言为主，像游戏的音效和音乐、网络游戏开发、游戏的发布等内容本书没有涉及到。有兴趣的读者可以参考其他教材。

12.6　思 考 练 习

1. 画出本章游戏的状态转移关系图。
2. 简述 Point2D、SpriteImage 和 AnimatedSprite 这 3 个类的功能。
3. 简述 Class 类及其常用方法。
4. 编写程序，通过 Class 类及其方法加载图片。
5. 简述游戏程序中是如何让小行星、飞船和子弹运动起来的。
6. 简述碰撞检测的原理。
7. 简述 LinkedList 类及其方法。

附录　ASCII 码表

目前使用最广泛的西文字符集及其编码是 ASCII 字符集和 ASCII 码(ASCII 是 American Standard Code for Information Interchange 的缩写)，它同时也被国际标准化组织(International Organization for Standardization，ISO)批准为国际标准。标准 ASCII 码使用 7 个二进制位对字符进行编码，对应的 ISO 标准为 ISO 646 标准。

基本的 ASCII 字符集共有 128 个字符。前 32 个一般用来通讯或作为控制之用，它们中的多数无法显示在屏幕上，只有少数能在屏幕上看到效果(如换行字符、归位字符)。前 32 个如附表 1 所示。

附表 1　前 32 个 ASCII 字符

十 进 制 值	十六进制值	终 端 显 示	字　　符	备　　注
0	00	^@	NUL	空
1	01	^A	SOH	文件头的开始
2	02	^B	STX	文本的开始
3	03	^C	ETX	文本的结束
4	04	^D	EOT	传输的结束
5	05	^E	ENQ	询问
6	06	^F	ACK	确认
7	07	^G	BEL	响铃
8	08	^H	BS	后退
9	09	^I	HT	水平跳格
10	0A	^J	LF	换行
11	0B	^K	VT	垂直跳格
12	0C	^L	FF	格式馈给
13	0D	^M	CR	回车
14	0E	^N	SO	向外移出
15	0F	^O	SI	向内移入
16	10	^P	DLE	数据传送换码
17	11	^Q	DC1	设备控制 1
18	12	^R	DC2	设备控制 2
19	13	^S	DC3	设备控制 3
20	14	^T	DC4	设备控制 4
21	15	^U	NAK	否定

(续表)

十 进 制 值	十六进制值	终 端 显 示	字　　符	备　　注
22	16	^V	SYN	同步空闲
23	17	^W	ETB	传输块结束
24	18	^X	CAN	取消
25	19	^Y	EM	媒体结束
26	1A	^Z	SUB	减
27	1B	^[	ESC	退出
28	1C	^\	FS	域分隔符
29	1D	^]	GS	组分隔符
30	1E	^^	RS	记录分隔符
31	1F	^_	US	单元分隔符

　　　后 96 个字符是用来表示阿拉伯数字、大小写英文字母和底线、括号等符号，它们都可以显示在屏幕上。如附表 2 所示：

附表 2　后 96 个 ASCII 字符

ASCII 码		字符	ASCII 码		字符	ASCII 码		字符	ASCII 码		字符
Dec	Hex		Dec	Hex		Dec	Hex		Dec	Hex	
032	20	SPC	056	38	8	080	50	P	104	68	h
033	21	!	057	39	9	081	51	Q	105	69	i
034	22	"	058	3A	:	082	52	R	106	6A	j
035	23	#	059	3B	;	083	53	S	107	6B	k
036	24	$	060	3C	<	084	54	T	108	6C	l
037	25	%	061	3D	=	085	55	U	109	6D	m
038	26	&	062	3E	>	086	56	V	110	6E	n
039	27	'	063	3F	?	087	57	W	111	6F	o
040	28	(	064	40	@	088	58	X	112	70	p
041	29	)	065	41	A	089	59	Y	113	71	q
042	2A	*	066	42	B	090	5A	Z	114	72	r
043	2B	+	067	43	C	091	5B	[	115	73	s
044	2C	,	068	44	D	092	5C	\	116	74	t
045	2D	-	069	45	E	093	5D	]	117	75	u
046	2E	.	070	46	F	094	5E	^	118	76	v
047	2F	/	071	47	G	095	5F	_	119	77	w
048	30	0	072	48	H	096	60	`	120	78	x
049	31	1	073	49	I	097	61	a	121	79	y

(续表)

ASCII 码		字符	ASCII 码		字符	ASCII 码		字符	ASCII 码		字符
Dec	Hex		Dec	Hex		Dec	Hex		Dec	Hex	
050	32	2	074	4A	J	098	62	b	122	7A	z
051	33	3	075	4B	K	099	63	c	123	7B	{
052	34	4	076	4C	L	100	64	d	124	7C	|
053	35	5	077	4D	M	101	65	e	125	7D	}
054	36	6	078	4E	N	102	66	f	126	7E	~
055	37	7	079	4F	O	103	67	g	127	7F	Del

参 考 文 献

[1] (美)WalterSavitch. Java 完美编程[M]. 2 版. 北京：清华大学出版社，2006.

[2] Sharon Zakhour, Scott Hommel. Java 教程[M]. 4 版. 北京：人民邮电出版社，2007.

[3] Thinking in Java (4th Edition) by Bruce Eckel (Paperback - Feb 20, 2006)

[4] Core Java(TM), Volume I--Fundamentals (8th Edition) (Addison-Wesley Object Technolo) byCay S. Horstmann and Gary Cornell (Paperback - Sep 21, 2007)

[5] Absolute Java (3rd Edition) by Walter Savitch (Paperback - Mar 22, 2007)

[6] Java How to Program (8th Edition) by Harvey M. Deitel and Paul J. Deitel (Mar 27, 2009)

[7] Java, A Beginner's Guide, 5th Edition by Herbert Schildt (Aug 16, 2011)

[8] Beginning Programming with Java For Dummies by Barry A. Burd (Apr 10, 2012)